云南大学民族学一流学科建设经费资助

教育部人文社会科学重点研究基地云南大学西南边疆少数民族研究中心文库

·民族学与人类学学术史丛书·

人类学生态环境研究

尹绍亭　著

中国社会科学出版社

图书在版编目(CIP)数据

人类学生态环境研究/尹绍亭著. —北京:中国社会科学出版社,
2021.5

(教育部人文社会科学重点研究基地云南大学西南边疆少数民族研究中心文库·民族学与人类学学术史丛书)

ISBN 978 - 7 - 5203 - 7885 - 7

Ⅰ.①人… Ⅱ.①尹… Ⅲ.①人类生态学—中国—文集②人类环境—中国—文集 Ⅳ.①Q988 - 53②X21 - 53

中国版本图书馆 CIP 数据核字(2021)第 025508 号

出 版 人	赵剑英
责任编辑	王莎莎 刘亚楠
责任校对	张爱华
责任印制	张雪娇

出 版	中国社会科学出版社
社 址	北京鼓楼西大街甲 158 号
邮 编	100720
网 址	http://www.csspw.cn
发 行 部	010 - 84083685
门 市 部	010 - 84029450
经 销	新华书店及其他书店

印刷装订	北京市十月印刷有限公司
版 次	2021 年 5 月第 1 版
印 次	2021 年 5 月第 1 次印刷

开 本	710×1000 1/16
印 张	19.5
插 页	2
字 数	268 千字
定 价	118.00 元

前　言

　　本书为人类学生态环境研究文集，收录 17 篇论文和 2 篇调查报告，内容涉及民族生态学、生态人类学、环境人类学、生态环境史、民族植物学、民族地理学、生态文明、人与自然、生物与文化多样性、文化生态遗产保护、生态博物馆、照叶树林文化等学科领域，时间跨度从 20 世纪 80 年代至今。选编这样一个专题文集，一是因为人类学的生态环境研究一直是笔者耕耘的领域之一，而更重要的是，对于时下备受重视的生态文明建设而言，窃以为该文集的出版正逢其时，具有特别的意义。文章选择主要考虑三点：一是主旨明确，二是资料翔实，三是阐释得当。19 篇文章，大部分曾经公开发表，少数载于内部刊物，此次选编，作了认真修订。生态人类学认为，人与自然的关系是一个相互作用相互影响的动态过程。学术研究亦如此，研究者主观探索与客观存在的相互作用相互影响也是一个长期的互动过程。于笔者而言，探索的过程还将延续，本书的局限与不足，相信能够在未来的研究中得以克服和弥补。

目　录

中国大陆的民族生态研究(1950—2010)

民族生态研究或言人类学生态研究历来为中国大陆学者所重视，半个世纪以来，在此领域曾有不少研究的积累，对此，相关的学术史著作已有一些介绍，[①] 不过感觉尚有修正、补充、梳理的空间。民族生态研究是一个相当宽泛的领域，其间有多种学术取向的探索，而以往的学术回顾不是以"生态文化"统之，便是以"生态人类学"概括，失之笼统。有鉴于此，本文拟按学术取向划分民族生态研究的门类，对中国大陆60年来民族生态研究的状况做一个大略的回顾。

一　马克思主义民族学的研究

"马克思主义民族学"是指在1949年中华人民共和国成立之后，由国家主导的民族调查研究，[②] 由于当时深受苏联民族学的影响，因此也被视为"苏维埃学派"[③]。这一时期的研究成果，主要有

[①]　瞿明安主编：《当代中国文化人类学》第二十三章"中国的生态人类学"，云南人民出版社2008年版；尹绍亭：《人类学生态研究的历史与现状》，载中央民族大学编《中国民族学纵横》，民族出版社2003年版；杨圣敏主编：《中国高校哲学社会科学发展报告》第四章"主要研究成果与焦点问题"（一）：四、"环境问题与发展研究"等。

[②]　"马克思主义民族学"一名，见于云南省编辑委员会编《民族问题五种丛书》之一的《中国少数民族社会历史调查资料丛刊》"出版说明"中（云南人民出版社1983年版）。

[③]　杨圣敏主编：《中国高校哲学社会科学发展报告·1978—2008·民族学》，广西师范大学出版社2008年版，第24页。

《中国少数民族社会历史调查资料丛刊》《少数民族简史丛书》《少数民族语言简志丛书》《民族自治地方概况丛书》《中国少数民族》五种丛书。

那一时期的民族调查研究具有统一的理论指导，那就是马克思主义的社会进化论。该进化论的主要观点为，迄今为止的社会发展史是一个依次进化的历史，原始社会、奴隶社会、封建社会、资本主义社会、社会主义社会（其高级发展阶段为共产主义）是人类社会渐进发展的不同阶段。而社会发展的动力则在于社会生产力和生产关系的矛盾运动。生产力进步更新促进生产关系发生改变，从而使社会从原来所处的阶段向高一级阶段发展演变。

中国大陆20世纪五六十年代进行的三次大规模的少数民族调查以及五种丛书的写作出版，都是在生产力与生产关系互动促进社会进化发展的理论指导下完成的。从此理论的视角、观点、表述框架、概念、术语等来看，显然与当时西方学界流行的文化生态学相去甚远，但是其收集整理的许多资料却是文化生态学研究视为自身主要研究范畴的不可或缺的内容。仅以《中国少数民族社会历史调查资料丛刊》（以下简称《丛刊》）为例，纵观其写作体例，虽然不尽相同，但是大都包括如下内容：概况、经济、社会、历史、物质生活、宗教信仰、婚姻家庭等，其中经济和社会所占分量最大。在《丛刊》的"概况"里，无论详略，通常都有自然地理的描述。"经济"的写法，一般先说当地的经济类型，然后重点记述"生产力"和"生产关系"。在"生产力"的章节中，可以较详细地了解各少数民族的生产工具、耕作技术和耕作制度以及劳动的投入和产出等；在"生产关系"的章节中，则可以了解生产资料的占有形式、土地制度、人们在生产活动中的相互关系等。在"社会"的章节，记录的是政治制度、社会组织和习惯法等。"物质生活"涵盖衣食住行。"宗教信仰"记录一年中所举行的各种宗教仪式及其与生产活动的关系，有的也把"历法"加入其中。上述这些散见于不同名目下的资料，无疑就是时下生态研究十分关心的内容。

如果以现在的眼光，从生态研究的角度审视上述学术遗产的话，那么其价值主要在于给后世留下了大量业已消亡、不可能再生、再调查的文化生态资料，如独龙族、景颇族、佤族、傣族、黎族等的调查资料比较深入详细，尤为可贵。

二　经济文化类型和文化生态区的研究

前文说过，20 世纪 50 年代中国大陆的民族研究曾深受苏联民族学的影响，"经济文化类型" 即为其时中苏合作研究的成果。[①] 20 世纪 50 年代的 "经济文化类型" 理论主要着眼于生计和物质文化差异，将东亚各民族的生计形态划分为三种类型：第一是狩猎、采集和捕鱼起主导作用的类型；第二是以锄掘（徒手耕）农业或动物饲养为主的类型；第三是以犁耕（耕耘）农业为主的类型。三种类型首先被认为是社会经济发展阶段进化的差别，是生产力发展水平差异的表现，其次被认为与自然地理条件有密切联系。[②]

20 世纪 90 年代这一理论发生了一些变化，首先是以 "社会文化类型" 取代了 "经济文化类型" 之称，其次是类型的划分也与 50 年代有所不同。新的划分如下：

1. 渔猎采集经济文化类型。主要分布于我国东北部，包括讲阿尔泰语系通古斯—满语族诸语言的赫哲、鄂伦春和部分鄂温克族。

2. 畜牧经济文化类型。主要包括草原、戈壁草原、盆地和高原四种形式，划归其中的民族有蒙古族、哈萨克族、柯尔克孜族、裕固族、塔吉克族、藏族、达斡尔族等；另有一些民族的部分支系亦可归入此类。

3. 农耕经济文化类型。其亚类型可粗略分为山地游耕、山地耕

---

① 林耀华先生是中国经济文化类型研究的开创者，他与苏联民族学者切博克沙洛夫教授于 1958 年合作编写发表了《中国的经济文化类型》一文，载林耀华《民族学研究》，中国社会科学出版社 1985 年版。

② 见林耀华先生的《中国的经济文化类型》。

牧、山地耕猎、绿洲耕牧、水田稻作和平原集约农业等。但平原集约农业主要是汉族的特征，绝大多数民族地区不适于或难于造就大规模的集约农业生计系统。

除上述分类之外，对于"在解放时保留原始公社制末期及其残余的少数民族或其支系的鄂温克、鄂伦春、独龙、怒、傈僳、佤、德昂、布朗、景颇、基诺等"，依照地理和经济特点，再划分为南方原始农业经济刀耕火种（游耕）类型和北方渔猎采集经济类型。

与20世纪50年代的经济文化类型相比，新的社会文化类型划分虽然仍然主要依据社会发展阶段论，但"少数民族的生计与地理生态环境适应"的观点也同时出现于论著当中，理论参照的视野显然扩大了。[①]

类似于经济文化类型划分的研究，20世纪80年代有民族地理文化区研究的尝试。例如以云南为对象，依据以生计为核心的文化差异，将云南划分为四大文化区八种文化类型。[②] 民族地理文化区研究的意义，一是希望在当时彻底否定环境决定论而回避谈论环境作用的背景下，重新审视生态环境与文化的关系；二是希望地理学不能只有自然地理和经济地理，也应该把人文地理和民族地理纳入研究的视野。

20世纪90年代，受国外生态人类学的影响，又有结合生态人类学理论介绍的"生态文化区"的研究。该研究将我国大陆划分为三个主要的文化生态区：北方和西北游牧兼事渔猎文化区，黄河中下游旱地农业文化区，长江中下游水田农业文化区。除此之外，还可以划分若干较小的文化区，例如南方山地耕猎文化区，康藏高原农作及畜牧文化区，西南山地火耕旱地农作兼事狩猎文化区。该研究通过对国外生态人类学的介绍和对本土生态文化区的划分，意在

---

① 林耀华：《中国少数民族的社会文化类型及其社会主义现代过程》，《民族学研究》1991年第6期。

② 尹绍亭：《试论云南民族地理》，《地理研究》1989年第8卷第1期。

强调大陆在现代化进程中文化调适和生态研究的重要性。①

经济文化类型、文化区域、生态文化区分类的研究都讲文化的空间分布，显然有人文地理学的印迹，而其源头还可以追溯威斯勒（C. Wissler）和克鲁伯（A. l. Kroeber）的文化区域（Culture Area）理论。目前，传统的文化"类型"和"区域"在急剧文化变迁的过程中大多已经面目全非，同质的"类型"和"区域"越来越少，不过它们作为地域研究仍不失为一种方法和途径。

三　生态人类学的研究

大陆生态人类学的民族志研究始于 20 世纪 80 年代初期，相对于国外的同类研究，至少晚了 10 余年。云南是改革开放之后较早开展民族生态研究之地，而且首先把山地民族的刀耕火种作为研究对象。② 云南是当代大陆唯一残留着大面积、大规模、多样化的刀耕火种农业的地区，而刀耕火种又主要分布于云南西南部山地亚热带季雨林和热带雨林之中。雨林的破坏，为当时全球重大环境问题之一，深受国际社会关注，作为"雨林中的农业"的刀耕火种，自然成为不同学科聚焦研究的热点。1987 年，美国夏威夷大学"东西方研究中心"和中国科学院西双版纳热带植物研究所曾在西双版纳联合举办国际研讨会，会议以热带刀耕火种为中心议题，参会者来自十余个国家，作为改革开放之后中外生态人类学的第一次正式学术交流，特别有意义。20 世纪 80 年代初期，改革开放伊始，大陆学者能够获得的国外学术信息还十分有限，对于国外文化生态学和生态人类学的研究状况知之不多，研究的理论方法多半靠在田野中逐渐探索。不过，云南一些学者的研究却颇获国外学者的认同，尝试运用的"人类生态系统"概念及系统分析方法亦引发了同行

---

① 宋蜀华：《中国民族学理论探索与实践》第三章"生态环境与民族文化"，中央民族大学出版社 1999 年版。

② 尹绍亭：《一个充满争议的文化生态体系——云南刀耕火种研究》，云南人民出版社 1990 年版；《云南刀耕火种志》，云南人民出版社 1992 年版；《人与森林——生态人类学视野中的刀耕火种》，云南教育出版社 2000 年版；等等。

的兴趣。① 在此后若干年的研究过程中，云南的生态人类学在国际合作的平台上不断发展，研究领域不断扩大。诸如"传统知识与生物多样性研究"②"湄公河流域民族生态研究"③"亚洲季风区生态史研究"④"红河流域文化生态研究"⑤"东南亚生物多样性和传统知识研究"⑥"水文化与水环境保护研究"⑦"少数民族传统水利灌溉研究"⑧"灾害研究"⑨"传统知识的发掘整理和应用研究"⑩等，均为当代学术前沿课题。上述课题，有的成果成效卓著，在国内外产生了影响；有的还缺乏应有的深度，理论和方法的提升尚需时日。此外，云南大学人类学系于1999年开设生态人类学课程，并设立了民族生态学学位，陆续培养了一批学、硕、博士研究生，云南大学因此成为大陆最早的生态人类学教学科研基地之一。

20世纪90年代之后，涉足生态人类学研究的学者多了起来，成果不少，但本文不打算进行全面的关照和评述，仅就影响较大的团队性、地域性的研究做简略的介绍。目前大陆生态人类学研究引

---

① 尹绍亭：《基诺族刀耕火种的民族生态学研究》，《农业考古》1988年第1期。

② 20世纪90年代中期，由中国科学院昆明植物所的民族植物学者发起，有生态学、植物学、环保科学、民族学等多学科学者参与，成立了"云南生物多样性与传统知识研究会"（简称CBK），10余年间，做了大量的国内国际合作研究。

③ 尹绍亭、［日］深尾叶子主编：《雨林啊胶林——西双版纳橡胶种植与文化和环境相互关系的生态史研究》，云南教育出版社2003年版；［日］古川久雄、尹绍亭主编：《民族生态——从金沙江到红河》，云南教育出版社2003年版；等等。

④ 尹绍亭、［日］秋道智弥主编：《人类学生态环境史研究》，中国社会科学出版社2006年版；秋道智弥、尹绍亭主编：《生态与历史——人类学的视角》，云南大学出版社2007年版，等等。

⑤ 郑晓云、杨正权主编：《红河流域的民族文化与生态文明》（上、下册），中国书籍出版社2010年版等。

⑥ 许建初主编：《生物多样性保护》，云南科技出版社2004年版。

⑦ 熊晶、郑晓云主编：《水文化与水环境保护》，中国书籍出版社2008年版。

⑧ 高力士：《西双版纳傣族传统灌溉与环保研究》，云南民族出版社1999年版；郭家骥：《西双版纳傣族稻作文化研究》，云南大学出版社1998年版；等等。

⑨ 李永祥：《关于泥石流灾害的人类学研究：以云南省哀牢山泥石流为个案》，《民族研究》2008年第50期；《泥石流灾害的传统知识及其文化象征意义》，《贵州民族研究》2011年第4期。

⑩ 尹仑：《江边藏家——和谐德钦论文集》，云南科技出版社2008年版；《应用人类学研究——基于澜沧江畔的田野》，云南科技出版社2010年版。

人注目的地区，除了云南之外，还有黔湘和北方。

黔湘地区生态人类学的研究开展亦较早，近几年尤其活跃。贵州和云南相似，民族文化与生态环境的多样性十分突出，其高校和科研机构均重视生态人类学研究。位于湖南省西部的吉首大学可谓后起之秀，近10年围绕生态人类学学科建设，积极引进和培养人才，大力推进科研教学，经过数年的努力，形成了不同年龄段的研究团队，取得了诸多研究成果，并形成了自身的研究特色。该团队在理论和方法上有三点主张：一是不满足于共时态的田野调查研究，而是注重历史，强调从历史的角度审视文化生态的发展和演变；二是不同意过分夸大个人意识、个人行为的生态作用，认为全面把握一个整体的民族的生态行为及其后果的价值更为重要；三是不满足于单一民族的生态问题研究，认为不应忽视多元文化并存的格局，因为这才是探讨人为生态灾变成因之所在。① 黔湘学者对本土生态知识不遗余力地发掘整理，对少数民族地区的生态问题、生态灾变和发展问题的深切关怀，引人注目。此外，他们在研究中较大跨度地涉入自然科学，锐意创新学术概念的倾向也令人印象深刻。不过，如何立足于自身学科、把握好与自然科学交叉结合的"度"是需要探讨的问题；而且一些新的学术概念的运用，还有待时间的检验和学界认同。

北方地域辽阔，民族众多，文化多样性突出，草原游牧、绿洲农业、干旱区水利、驯鹿文化等为该区生态人类学研究的特色学术资源。与云南、黔贵大致相同，少数民族传统生计的知识、智慧，生态、社会环境的变化引发的社会文化变迁，外来农耕文化与草原畜牧文化的接触、碰撞，移民增加带来的种种生态问题，工业化导致的资源恶性开发、环境污染破坏以及社会公正、住民权益和民族问题等，乃是目前生态人类学、环境人类学应接不暇的研究题材。从研究队伍来看，涉及北方研究的学者更众、机构更多。北京以中

---

① 杨庭硕：《生态人类学导论》，民族出版社2007年版。

央民族大学为首的若干机构、^① 内蒙古自治区以内蒙古大学为首的若干科研机构、^② 新疆维吾尔自治区以新疆师范大学为首的若干机构以及兰州大学、西北民族大学、甘肃社会科学院等，均有致力于北方生态人类学研究的学者。^③

不过，相对而言，北方生态人类学研究群体虽大却比较分散。如何总结已有成果和经验，促进交流合作与发展，也许是北方民族生态研究面临的重要问题。

四 民族植物学的研究

民族植物学（Ethnobotony）1896 年由美国学者哈什伯杰（J. Harshberger）创立，至今已有一百多年的历史。民族植物学是一门研究人与植物之间相互作用的跨学科的学问，它建立在植物学、民族学（或文化人类学）、生态学、语言学、药物学、农学、园艺学等相关学科的基础之上。^④ 经典的民族植物学研究主要从事民族植物学的

---

① 杨圣敏教授基于对新疆维吾尔族、塔吉克族、塔塔尔族、哈萨克族等的长期调查研究，提出"干旱区文化"的概念，著作有《环境与家族：塔吉克人文化的特点》（《广西民族学院学报》2005 年第 1 期）等。包智敏、任国英教授著有《内蒙古鄂托克旗生态移民的人类学思考》（载《黑龙江民族丛刊》2005 年第 5 期）、《内蒙古生态移民研究》（中央民族大学出版社 2011 年版）等。麻国庆教授著有《开发、国家政策与狩猎采集民社会的生态与生计：以中国东北大小兴安岭地区的鄂伦春族为例》（《学海》2007 年第 1 期）、《"公"的水与"私"的水，游牧和农耕蒙古族"水"的利用与地域社会》（《开放时代》2005 年第 1 期）等。色音教授著有《蒙古游牧社会的变迁》（内蒙古人民出版社 1998 年版）等。

② 内蒙古大学以恩和与齐木道尔吉教授为代表，在内蒙古草原做了数个基于生态人类学的田野调查研究，并有多部著述和论文出版、发表。其他学者如阿拉坦·宝力格著有《牧区发展模式与环境保护——对一个蒙古族牧民村落的人类学考察》（胡春惠、徐杰舜主编《少数民族——中国的一个政治元素》，香港珠海书院亚洲研究中心 2009 年版）等；阿拉腾有《文化的变迁——一个嘎查的故事》（民族出版社 2006 年版）等。

③ 新疆师范大学崔延虎教授曾在阿尔泰山区的哈萨克族和乌梁海蒙古族中做了 9 个月的连续调查，他和内蒙古师范大学的呼勒巴特尔等人的成果曾编入英国剑桥大学社会人类学系 Caroline Humphrey 教授与 David Sneath 博士主编的 6 本英文学术著述中，国际学术界评论："这是第一次有中国学者参与的社会人类学对内亚草原文化、生态环境的综合研究项目，其中使用生态人类学的理论和方法在这个地区是第一次。"

④ ［美］盖利·J. 马丁原：《民族植物学手册》，裴盛基、贺善安编译，云南科技出版社 1998 年版。

调查、记载、编目和分析评价。① 民族植物学20世纪80年代初期被介绍到大陆，云南西双版纳是大陆民族植物学产生的摇篮。1987年，昆明植物研究所成立了中国大陆第一个"民族植物学研究室"。同年，在西双版纳举办了中国首届民族植物学培训班。1990年昆明植物所承办了第二届国际民族生物学（Ethnobiology）大会。1990年至2002年期间，与民族植物学相关的10多个国际会议和培训班相继在云南、贵州、四川、西藏和新疆举行。期间云南的多个科研机构以及中国医科大学、内蒙古师范大学、内蒙古大学等10多个单位和上百人次获得过美国麦克阿瑟基金会、福特基金会、世界自然基金会、联合国教科文组织、国际山地发展中心、国际植物遗传资源研究所等国际组织提供的科研资助。这一时期，大陆的民族植物学家还频繁帮助尼泊尔、巴基斯坦、印度、不丹、蒙古、缅甸、泰国、越南、老挝等国家进行人员培训、机构建设和项目指导，为促进亚洲民族植物学的发展做出了卓有成效的成绩和贡献。② 大陆民族植物学的研究，起步阶段系采用美国通行的调查、记载、描述、编目常规方法；20世纪80年代中期开始结合采用美国"夏威夷大学东西方研究中心"提出的人类生态学（Human Ecology）为依据的农田生态系统综合评估方法；80年代后期，在基础研究的基础上，根据我国国情开始进行民族植物学的应用研究和推广试点工作，重点开展了如下五个领域的研究。

（一）民族植物学在植物资源利用与保护中的应用；

（二）民族植物学在生物多样性保护和自然保护区建设中的应用；

（三）民族植物学在传统医药知识的传承与发展方面的应用；

（四）民族植物学在农村社区发展中的应用；

---

① ［美］盖利·J. 马丁原：《民族植物学手册》，裴盛基、贺善安编译，云南科技出版社1998年版。

② 裴盛基、淮虎银：《民族植物学在中国的发展与应用》，载《应用民族植物学——人与野生植物利用和保护》第九章，云南科技出版社2004年版；裴盛基、王春主编：《应用民族植物学》，云南民族出版社1998年版。

（五）民族植物学在农业生物多样性管理中的应用。[1]

民族植物学是横跨自然科学与社会科学的综合性的学科，大陆的民族植物学从一开始便重视与民族学的结合。作为大陆民族植物学先驱和中坚的云南研究团队，在他们举行和开展的大量培训和研究的活动中都有民族学者参加，除此之外，双方还共同培养研究生，创办研究机构，保持了长期密切的交流与合作，在人类学方面，也产出了一批民族植物学和认知人类学的成果[2]，双方的合作一度成为跨学科互动的典范。

几十年来，大陆民族植物学发展迅速，成绩显著，一度走到国际前沿。如果说还存在问题与不足的话，那么即如该学派所总结的那样，大致有四点：一是学科建设不够完善，二是社会认知度不足，三是实际应用有待加强，四是研究地区和研究领域分布不平衡。[3]

五　民族生态学的研究

民族生态学研究特定文化传统的环境知识，它涵盖民族生物学及其诸分支学科，如民族植物学、民族动物学、民族昆虫学等。土著民族对其生境"认知"的传统知识，自然资源的分类知识和利用保护方式是民族生态学考察的核心。和生态人类学、民族植物学相同，中国大陆最早的民族生态学研究亦见于云南。[4] 在教学方面，

---

[1]　裴盛基、淮虎银：《民族植物学在中国的发展与应用》，载《应用民族植物学——人与野生植物利用和保护》第九章，云南科技出版社 2004 年版；裴盛基、王春主编：《应用民族植物学》，云南民族出版社 1998 年版。

[2]　详见尹绍亭、［日］秋道智弥主编的《人类学生态环境史研究》（中国社会科学出版社 2006 年版）和［日］秋道智弥、尹绍亭主编的《生态与历史——人类学的视角》（云南大学出版社 2007 年版）两书中的若干论文，以及崔明昆的新著《象征与思维——新平傣族的植物世界》（云南人民出版社 2011 年版）。

[3]　裴盛基、淮虎银：《民族植物学在中国的发展与应用》，载《应用民族植物学——人与野生植物利用和保护》第九章，云南科技出版社 2004 年版；裴盛基、王春主编：《应用民族植物学》，云南民族出版社 1998 年版。

[4]　裴盛基：《用民族生态学的观点初探滇南热带地区的轮歇栽培》，《热带植物研究》1986 年；尹绍亭：《基诺族刀耕火种的民族生态学研究》，《农业考古》1987 年第 4 期、1988 年第 1 期。

云南大学于 2000 年最早设立民族生态学硕、博士学位，不过其教学研究方向侧重于生态人类学。中央民族大学生命与环境科学院是中国大陆第二家设立民族生态学研究生学位的单位，其学术背景为理科，所以侧重于生态与应用。中央民族大学民族生态学的学科带头人兼任国家环境保护部专家，其学术团队拥有较多的国际国内学术资源，科研取向多为面向国际和国家的民族生态的政策性研究，同时也重视关照全国民族生态的基础性研究。近年来，他们实施了一系列研究项目，其中重要的例如环境保护部支持的"生物资源知识产权战略问题研究""全国重点生物物种资源调查专项——民族地区传统知识调查"，中央民族大学支持的"985 工程"项目——"民族地区传统知识调查与文献化编目"和"民族生物学及生物资源利用技术创新引智基地"，科技部支持的面向国际的"履行《生物多样性公约》支撑技术——民族地区传统知识数据库建立"等。①中央民族大学的民族生态学致力于遗传资源及相关传统知识的获取与惠益分享的研究，其成果为国家所重视和依赖，不仅体现了学术的应用价值，而且形成了该团队鲜明的研究特色。自 2000 年以来，遗传资源及相关传统知识的获取与惠益分享问题，成为国际《生物多样性公约》最为热点的问题。

中国作为《生物多样性公约》的缔约方和 WTO 及 WIPO 的成员国，一直参与国际论坛的相关议题谈判。这是一个非常复杂的问题，不仅涉及生物多样性，还涉及知识产权以及政治、经济、社会、宗教、文化等多方面的问题。中国是世界上生物多样性最为丰富的国家之一，也是遗传资源及相关传统知识特别丰富的国家。在国家层面，中国在近年的立法中已开始关注遗传资源及相关传统知识保护问题，但至今尚没有完整的政策体系和法规体系。有鉴于此，中央民大的民族生态学将此作为重点，研究内容包括介绍遗传资源及相关传统知识的概念，分析《生物多样性公约》及其他相关国际公约和国际论坛有关遗传资源及相关传统知识获取与惠益分配，以及知识产权等问题的政府间谈判的进展和趋势；阐述相关国际组织在此领域的关注和世界各国已有的经验、做法与案例；并在分析中国基本国情的基础上，提出保护遗传资源及相关传统知识、促进其惠益分享的国家战略、法规政策体系和相关措施。作为上述研究的基础课题之一，最近几年他们组织实施了对大陆 55 个少数民族传统知识的调查，按统一格式书写传统知识条目，每个民族的条目均在300 条以上，目前大部分资料已经录入电脑处理，基本上完成了中国少数民族传统知识数据库的建设。①

六　环境人类学的研究

20 世纪 90 年代开始，环境人类学（Environmental Anthropology）在国际学界流行开来，成为具有取代生态人类学趋势的一个新的学科概念。因为生态人类学研究的重点是人类与其周围环境的相互作用，环境人类学的研究对象除此之外，还涉及政策、市场、环境保护运动等对环境的影响以及地球环境、资源保护等与环境相关的问题，所以环境人类学可以看作是包括了生态人类学的更为广阔的学术研究领域。②

相对于国际学界，中国大陆至今仍然主要使用生态人类学的名称，环境人类学仅见于个别研究和译文。不过，如果从环境人类学的取向和研究对象来看，那么中国大陆相关的研究早已开展，因为许多生态人类学研究事象的变迁，均已涉及国家、政策、市场、资源等的分析。如前所述，云南近 10 年来所进行的湄公河流域生态环境史的研究、滇南开垦雨林种植橡胶的研究、水文化和水资源保护的研究、发展和开发与环境关系的研究、澜沧江等大河建筑大坝的研究、泥石

---

① 薛达元等：《遗传资源、传统知识与知识产权》，中国环境科学出版社 2009 年版。
② Patrica K. Townsend：《环境人类学》（日文版），［日］岸上伸启、佐藤吉文译，世界思想社 2004 年版。

流和干旱等灾害的研究、生态移民的研究、旅游与环境关系的研究、人类活动与气候变化的研究、境外罂粟替代种植的研究等，都属于环境人类学研究的范畴。而在贵州、四川、湖北、广西、西藏、新疆、甘肃、内蒙古、东北地区，类似的研究亦很多。虽然如此，但是局限性显而易见：其一，目前中国大陆人类学民族学学者的研究对象绝大多数仍然集中于少数民族和边疆地区，大型、开放社会的研究极少；其二，研究题材大多沿袭传统，诸如工业、矿产、化肥、农药、城市化等造成的环境污染破坏、气候变暖、资源短缺、人类健康和食品安全危机等尚少有涉足。鉴于目前环境问题层出不穷的局面，环境人类学必将更受重视，相信会有更多的学者投身其中。

　　以上简要评述了中国大陆 60 年来民族生态研究的状况。60 年间，作为被研究者的各民族及其生境在不断变化，而作为研究他者的学者们的学理也在不断变化。梳理我国民族生态研究理论的发展，不难看出与国际学界发生的密切关系：19 世纪末 20 世纪初的马克思主义社会科学的生产力决定论，20 世纪二三十年代美国人类学"文化区"学派主张的环境可能论和苏联民族学的经济文化类型，同时期至 70 年代把生态学适应原理引入人地关系研究的斯图尔德的文化生态学和进而运用生态系统概念进行分析的生态人类学，70 年代之后包括文化生态学、生态人类学、民族植物学、民族生态学、环境人类学、政治生态学等在内的多种生态学的蓬勃发展，都给予我国民族生态研究很大的影响。和其他民族学、人类学的各分支学科一样，目前我国民族生态研究面临的主要问题在于，本土化理论创新和如何更好地服务于国家和民族发展的需要。关于此，关键在于两点：一是必须打破学科壁垒，促进跨学科合作研究的机制，努力开掘跨学科研究的深度和广度；二是不能满足于时下论著众多然而平庸浅薄的状况，只有多出精品、产生经典，才会赢得国际学界的尊重。

（原载《思想战线》2012 年第 2 期）

人类学生态研究的历史与现状

2003 年 6 月 19 日是宋蜀华先生 80 华诞。五十多年来，先生教书育人，著述颇丰，深受学界景仰。当我们重温先生的学说，可知在他关注的诸多研究对象中，"传统文化与生态环境" 占有重要的位置。2002 年 7 月，中国民族学学会在湖北恩施市召开第七届学术研讨会，作为会长的宋先生在开幕词中又再一次讲了"传统文化、生态环境与可持续发展的关系"，指出"这是民族学者应当深入研究的重要课题"①。遵照宋先生的教导，本人欲谈谈学习生态人类学的一些体会和我国在这方面研究的情况，以表达对先生华诞的良好祝愿。

一　国外文化生态理论的回顾

关于文化与生态环境的关系，是一个古老的话题。早期的理论是"环境决定论"。所谓"环境决定论"，是指以地理环境为唯一因素解释社会文化差异的认识论。环境决定论的产生可追溯到希腊—罗马时代，17、18 世纪又受到法国的孟德斯鸠（Montesguien，1689—1755）和英国的巴克尔（Henry Thomes Buskle，1821—1862）的进一步宣扬，② 以致这一主要以气候因素解释国家、人种和民族优劣的

① 《中国民族学学会》，《民族学通讯》2002 年第 137 期。
② 王恩涌：《文化地理学导论》，高等教育出版社 1989 年版，第 24 页。

论调得以盛行一时。

　　说到环境决定论，通常也会把德国著名学者 F. 拉策尔（F. Ratzel，1844—1904）作为其代表人物。拉策尔深受达尔文（Charles Rober Darwin，1809—1882）进化论的影响，他认为"人和生物一样，他的活动、发展和分布受环境的严格限制，环境以盲目的残酷性统治着人类的命运"[①]。然而，综观拉策尔的学说，如果全部贴上"决定论"的标签的话，那就错了。[②] 拉策尔其实是一位在人文地理学和民族学两个学科内承前启后、具有卓越贡献的学者。他的大著《民族学》是按照地理分区记述民族文化最早而科学的世界民族志；其另一部名著《人类地理学》则将业已分化的地理学和民族学再度结合，通过考察人种、民族和文化"在哪里"（分布），"从哪里来"（传播与模仿），从而进一步探索民族及其文化与自然环境的关系。[③]拉策尔的地理分区、民族文化分布和传播的理论，对后来的地理学和人类学产生了重要的影响。

　　在拉策尔之后，人类学界仍然保持着较强的人文地理学的倾向。20 世纪前期的美国人类学，在博厄斯所倡导的注重地区调查和实证研究的学风的培养下，很多学者开展了对文化要素分布和传播问题的研究，以探讨自然环境和民族文化之间的关系。尤其是由威斯勒（O. Wussler，1870—1943）提倡，继而又由克鲁伯（Kroeber，Alfred Louis，1876—1960）发展了的文化区（Culture Area）概念，大大推动了民族文化地域研究的发展。威斯勒在其著作《美洲印第安人》（1922 年）中，把新大陆原住民的文化设定为 15 个文化区域，他认为"赋予文化地域特性的因素是经济形态，尤其是食物获取手段，即表现于部落生活中最显著的地域特性乃是食物的获取"[④]。克鲁伯亦非常重视与自然环境差异相对应而表现出的文化特征差异，

　　① 王恩涌：《文化地理学导论》，高等教育出版社 1989 年版，第 24 页。
　　② ［英］罗伯特·迪金森：《近代地理学创建人》，葛以德等译，商务印书馆 1984 年版，第 75 页。
　　③ ［日］今西锦司等编著：《民族地理》上卷，东京朝仓书店 1965 年版，第 11—17 页。
　　④ 同上书，第 18—20 页。

他欲从整体上把握以最能体现自然环境差异、作为人们直接或间接生存资料的植被为基础的文化，怎样具有对应于地域的不同性质。据此，他在其名著《北美土著民的文化区域和自然区域》（1939年）一书中，将北美洲分为6个大文化区、21个小文化区。①

威斯勒和克鲁伯有关"文化区域"的研究，着眼于与自然环境差异相对应的文化差异，并指出不同的文化区即不同的地域文化乃是经济形态和以作为生存资料的植被为基础的文化，这显然是远远高明于地理环境决定论者的真知灼见，抓住了人类文化与自然环境关系的纽带，可以说已经具有生态学的内涵了。

人类学的生态研究，即从人类地理学的模式跨到生态学的视野，斯图尔德（Steward，J. H.，1902—1972）应是开创者和奠基者。前文说过，拉策尔倡导了民族及文化的地理分布和传播的研究，威斯勒和克鲁伯创立了进一步研究文化分布及其地域特征的"文化区域"概念，并注意到了对应于自然环境的文化层面。那么，为什么人类的某些文化总是因自然环境的差异而差异，并且表现出密切的对应关系呢？威斯勒和克鲁伯对此没有做出解释。斯图尔德的贡献就在于他明确地回答了这个问题：以生计为中心的文化的多样性，其实就是人类适应多样化的自然环境的结果。"适应"是生态学的核心概念。从人类学的角度讲，适应包含着两方面的意义：一方面承认自然环境对于生物属性的人类具有不可忽视的强大的规定性；另一方面又强调作为社会的文化的人类对于自然环境所具有的超常的认知、利用甚至改造能力。适应犹如通往文化殿堂的一把钥匙，有了这把钥匙，便获得了阐释人类与自然环境相互关系、阐释文化及其演化的一个有效的视角和途径。斯图尔德的学说之所以被视为人类学独树一帜的方法论，② 而且被称为"跨学科的文化生态学"，就在于他把生态学的"适应"概念引入了人类学，并运用于文化及其演化的阐释。

---

① ［日］今西锦司等编著：《民族地理》上卷，东京朝仓书店1965年版，第12—21页。
② 黄应贵主编：《见证与诠释——当代人类学家》，台湾正中书局1992年版，第180页。

20 世纪中期，人类学范畴或与人类学有密切关系的生态学取向研究不断涌现，并产生了若干既相互联系、相互渗透，又有不同学识背景的边缘学科，如生态人类学、人类生态学、民族生态学、社会生态学、政治生态学等，这一学科领域出现了繁荣的景象。

生态人类学属人类学门类，是在文化生态学的基础上发展起来的。生态人类学以人类的适应——主要是文化适应，也包括生理适应——为研究对象，借鉴应用生态系统的概念，在系统的结构和运动中具体考察各种文化、环境要素之间的相互关系和功能，以发掘和整理作为人类适应的知识和行为体系，从而最大限度地进行生态学角度的文化及其演化的阐释。

人类生态学是古人类学、体质人类学、人文地理学、医学、遗传学等学科与生态学的交叉学科。人类生态学也以人类的适应为研究对象，然而它所关注的却主要是人类机体和生理的适应，进化以及当代的环境问题。其研究领域包括人口、遗传、体质、营养、疾病、生计、资源利用、社会发展等与环境和文化的相互关系。在一些国家，也将古人类进化的研究纳入人类生态学的范畴。

民族生态学来源于民族学、植物学和生态学的相互渗透。民族生态学关心土著民族对其生境"认知"的传统知识，动植物资源的分类知识和利用方式是其考察的核心。参照现代动物学、植物学和生态学的科学体系，去比较土著民族的传统知识体系，从而达到对文化多样性的理解、保护和利用的目的，这就是民族生态学的研究途径。

20 世纪 90 年代以来，在人类学的家族中又多了一个生态学的方向——环境人类学。日本学者绫部恒雄于 2002 年主编的《文化人类学最新术语 100》一书，选录了近 15 年来人类学新生的应用率高且产生了广泛影响的 100 个术语，其中便有"环境人类学"条目。该条目把环境人类学的研究对象概括为以下 6 点：（1）人类进化和适应；（2）人类在生态系统中的位置；（3）自然认知和民俗分类；（4）自然和世界观、信仰体系；（5）围绕共有资源的人类学视点；

（6）政策提案的努力等。①

从环境人类学的研究对象不难看出，它与人类生态学有所交叉，而与生态人类学和民族生态学却很难截然区分。那么，为什么在同一研究领域会不断出现新的学科术语呢？原因便在于人类与自然环境研究空间的广阔和内容的丰富，它蕴藏着人文科学与自然科学众多学科的资源，吸引了多学科学者的关注和参与。不同的学识背景和方法对学术资源不同的发掘和利用，自然会产生多样的视角和观点。

2000 年 10 月，"云南生物多样性与传统知识研究会"联合中国科学院昆明植物所和云南大学人类学系共同举办了国际学术盛会——"2000 年文化与生物多样性国际研讨会"。百余位活跃于当今国际文化生态研究舞台上的专家学者会集云南，进行了十余天的讨论和考察。大会收到的一百多篇论文和热烈的会议发言主要集中于以下 8 个专题：（1）自然资源·地方性社区；（2）地方性知识·宇宙观；（3）农业生物多样性；（4）社区基本资源管理；（5）全球化·市场·生物多样性；（6）生态旅游；（7）不同文化交流·参与性；（8）本土资源权利。这 8 个专题基本上反映了人类学以及其他学科的生态学研究的前沿和趋势，那就是多学科的进一步交叉、融合，社区资源管理利用和地方性知识的重视以及文化、生态的协调和可持续发展。②

二　国内研究概况

在我国，人类学、民族学和人文地理学都是 20 世纪早期从西方引入的学科。20 世纪三四十年代，中国民族学界已出现功能和历史学多种学派的分化，③ 然而却少见人类地理学倾向的专门研究。在

---

① ［日］绫部恒雄编：《文化人类学最新术语 100》，东京弘文堂 2002 年版，第 46—47 页。

② Xu Jianchu, *Links between Cultures and Biodiversity*, Proceedings of the Cultures and Biodiversity Congress, pp. 20 - 30, July 2000, Yunnan, P. R. China, 云南科技出版社 2000 年版。

③ 王建民：《中国民族学史》上卷，云南教育出版社 1997 年版，第 145—160 页。

人文地理学方面，一批学成归国的地理学者编著和翻译了大量有关人文地理学的著作，[①] 但是人类地理和民族地理的研究还很少。20世纪50年代之后，两个学科均受到冲击。人文地理被认为是资产阶级学科而成为禁区；民族学同样遭到取消的命运。然而，由于国家面临着少数民族和边疆稳定的问题，所以民族调查研究并没有停止。现在，我们所看到的由国家民委主持编写的"民族问题五种丛书"，就是20世纪五六十年代大批学者长期深入田野调查研究的成果。

综观20世纪五六十年代的民族调查报告，几乎每篇报告都有民族分布、村寨自然环境、自然资源以及生计方式的记述。有些报告，例如黎族、彝族、佤族、傣族、独龙族、布朗族、景颇族等民族的自然环境与生计方式的调查，可以说是相当的详细，大都成为不可再次搜集的珍贵史料。不过，由于当时的调查完全依据社会形态进化的理论，所以其局限性和缺陷也是显而易见的。按照社会形态进化的理论，各民族的食物获取方式，即生计形态的差异并非是不同民族与不同自然环境相互关系的结果，而只可能是生产力发展水平，亦即社会发展阶段的表现，这种观点与生态学的观点显然大相径庭了。

在进化论占绝对主导地位的情况下，不同角度的文化阐释显然是不合时宜而受到排斥的。尽管如此，文化与自然环境关系的研究并没有完全停止，1958年林耀华先生与苏联民族学家切博克沙罗夫教授合作编写的《中国经济文化类型》一文，便是当时这方面的代表作。在这篇论文里，作者明确指出："东亚各族的各个经济文化类型（全世界范围也如此）反映着它们处在不同自然地理条件下社会经济发展的特点。"[②] 根据这样的观点，作者进一步按照地形气候等自然条件划分具体的经济文化类型，[③] 并就此展开讨论。林耀华先生的经济文化类型研究与美国的文化区域学派和斯图尔德的文化

①　张文奎编著：《文化地理学概论》，东北师范大学出版社1987年版，第75—77页。
②　林耀华：《中国的经济文化类型》，载《民族学研究》，中国社会科学出版社1985年版，第104页。
③　同上书，第107页。

生态学显然存在着某些共同之处。不同之处在于，林先生在重视自然环境所影响的"横向"的经济文化类型的同时，还强调"各个社会经济发展阶段"的"纵向"的"采集、渔猎，锄耕农业，犁耕农业"三组经济文化类型的进化，[①] 形成了环境影响论和社会进化论相结合的阐述方式。

从 20 世纪 80 年代开始，中国人类学"迎来了第二个春天"，人类学领域的生态研究也随之进入了一个活跃的时期。先是《民族译丛》等杂志陆续刊登了有关文化生态学、生态人类学、民族生态学、地理民族学、民族地理学以及文化与自然环境关系的翻译和探讨的文章。此后，在杨堃、庄锡昌、孙志民、童恩正、林耀华、陈国强、黄淑娉、龚佩华、宋蜀华、白振声、和少英、庄孔韶等编著和编译的人类学和民族学通论、概论以及人类学和民族学的理论与方法等著作中，都有文化生态学和生态人类学的专章、专节的介绍和论述。在老一辈的民族学家当中，宋蜀华先生对生态的研究尤为关注。1993 年，宋先生撰文介绍生态民族学；[②] 1996 年，宋先生经过多年研究，发表了名为"人类学研究与中国民族生态环境和传统文化的关系"论文，论述了生态环境与民族发展繁荣和民族文化的关系，根据中国历史文化生态的状况，划分出 8 个大的生态文化区，并强调了传统文化与现代化的矛盾和调适。[③]

北京、贵州、湖南、新疆、福建等地的一些学者，在借鉴和吸取国外理论方法的基础上，锐意探索，致力于本土田野的调查，也发表了一批有影响的生态人类学研究论文和专著。云南由于具有丰富的文化多样性和自然环境多样性以及优良的学术研究传统，因而在这方面的研究尤为突出。在生态学方面，一批中青年学者开拓了

[①] 林耀华：《中国的经济文化类型》，载《民族学研究》，中国社会科学出版社 1985 年版，第 104 页。

[②] 宋蜀华：《我国民族地区现代化建设中民族学与生态环境和传统文化关系的研究》，载《民族学研究》第十二辑，民族出版社 1995 年版。

[③] 宋蜀华：《人类学研究与中国民族生态环境和传统文化的关系》，《中央民族大学学报》1994 年第 4 期。

人文生态的研究，其代表人物云南大学生化学院周鸿教授通过长期潜心钻研，先后出版了《生态学的归宿——人类生态学》（安徽科学技术出版社 1989 年版）、《文明的生态学透视——绿色文化》（安徽科学技术出版社 1996 年版）、《人类生态学》（高等教育出版社 2001 年版）等多部专著和许多论文，对我国人类生态学学科的建设做出了贡献。在植物学方面，中国科学院昆明植物所的裴盛基研究员，于 1982 年在我国大陆首倡属于民族生态学范畴而又自成体系的民族植物学。昆明植物所于 1987 年成立了我国第一个民族植物学研究室，此后又设置了该研究方向的硕士、博士学位点，培养了一批分布于全国各地的优秀人才，在全国举办了与民族植物学相关的十多个国际会议和培训班，带动了西藏、四川、内蒙古、新疆、贵州等省区民族植物学研究的开展。迄今为止，裴和他的同事们已编写出版《民族植物学手册》（云南科技出版社 1998 年版）、《应用民族植物学》（云南民族出版社 1998 年版）等专著十余部，在国内外发表论文五百余篇，取得了丰硕的成果。1999 年和 2000 年，"第二届国际民族生物学大会"和"2000 年文化与生物多样性国际研讨会"在昆明召开；2000 年，裴盛基当选为国际民族植物学协会主席。不言而喻，我国的民族植物学研究影响日益显著，赢得了国际同行的尊重。在人类学、民族学方面，近年来，云南大学充分发挥民族学重点学科的优势，对相关学科进行整合，开设了生态人类学、人类生态学、体质人类学、民族植物学、人类遗传基因、人文地理学等课程，并在硕士、博士学位点和博士后流动站中设立了生态人类学、人类生态学和民族生态学研究方向，培养了一批跨学科的专业人才，组织和实施了若干重大项目，现已成为我国生态人类学研究和相关国际交流与合作的重镇。

三　拓展人类学生态研究的领域

早期人类学中的生态研究在于探索将其作为文化及其变迁的一种阐释途径的可能性。当代的研究，除了保持其文化阐释功能之外，

21

为适应时代的要求和回答社会发展过程中的文化生态问题，还必须有所发展、有所开拓。下面笔者将结合自己的研究，谈一谈生态人类学今后应加强研究的几个方向。

首先谈当代适应的研究。如前所述，人类学的生态研究，目前已经有生态人类学、民族生态学和环境人类学等分支，今后随着各分支学科的逐步完善，不排除还将产生新的边缘交叉方向。然而，不管怎样分化，不管取向如何，既然是生态学的研究，就离不开最基本的立足点，那就是适应。适应的研究永远是生态研究的核心，过去如此，将来也如此。适应是一个变化丰富的概念，不同的历史时期，不同的人类与环境，应具有不同的适应方式和内涵。作为当代人类适应的研究，笔者认为以下三个方面是必须给予充分注意的。

首先，绝大多数人类的生存环境已经从单纯的自然环境变成了复杂的自然、社会环境。在早期生态人类学等学科的研究中，许多土著民族的生态环境基本上是封闭的自然环境。例如，因纽特人生存的北极地带、安第斯山人和西藏人的高寒山原、努尔人等的热带干草原和沙漠、美洲中南部的印第安人和非洲俾格米人等的热带雨林，都是与外界交往很少、十分封闭的自然环境。而在封闭的、单纯的自然环境中的人类适应，包括生理、认知和行为，均非常明显地表现着比较直接和突出的环境特征。例如，分布在靠近北极地带的因纽特人，在生理上，他们的新陈代谢循环率比温带与热带人大约快 60%，这就使得他们的身体和手足能对严寒侵袭产生快速反应，即使其身体的某个部位（如脸、手）短暂地暴露于外，也不会被冻伤；在认知方面，他们具有丰富的关于冰、雪知识，因而能够避免频繁发生的冰雪灾害；在生计方式和行为方式方面，他们采取不稳定的迁徙生活方式，那是因为必须追寻驯鹿并随季节沿河岸和海岸捕捞鱼、海豹和海象。他们一直保持着在捕捞海豹的季节进行合作和分肉的做法，这是增加个体家庭生存机会的合理手段。此外，他们居住在草皮屋和雪屋，穿着鱼皮和兽皮衣服，有效抵御了严寒；

他们信奉萨满教，在冬季有举行盛宴仪式、性交换等习俗，这些都与人在严寒郁闷的状况下需要情绪宣泄和减轻精神压力有关。他们还有延长哺乳期、堕胎和杀婴的习俗，这种控制人口数量、稳定人口结构的方法，与生存资源的稀少和波动不无关系。① 像因纽特人这样独特的生境及其适应，便是早期生态人类学理想的、典型的研究对象。

然而，在全球化、信息化的时代，欲寻找与世隔绝、完全封闭的部落和生境，虽然不能说完全没有可能，但是毕竟越来越少了。我们面对的大多是因国家、移民、市场、现代科技等因素介入之后变化了的原住民和生境。也就是说，当代生态人类学等学科的研究对象已非单纯的自然环境及其适应，而是复杂的生境和适应了。对于这种情况，也许以当代旅游研究为例能更好地说明问题。最近几年，我们尝试从生态人类学的角度研究旅游，其焦点是"旅游生境与文化适应"。所谓"旅游生境"，是指开展旅游活动具体的乡村或社区环境，该环境必须具备自然或人文旅游资源，并且具备开展旅游活动所必需的各种服务设施和条件，而更为关键的是"游客"，它是旅游生境中最重要的"环境要素"。一个村寨或一个社区，从以单纯依赖自然环境的生计为生的生境变化为旅游生境，人们的适应必然会随之发生很大的变化。变化将首先发生于因游客的进入而产生资源观念的转变：可供生存的资源不仅仅是森林中采集狩猎的植物和动物、湖泊河流中可捕捞的鱼虾、草原中可放牧的牲畜以及农田中的作物，森林、湖泊河流、草原、农田本身以及过去毫无食物产出的雪山、峡谷、海岸、沙丘，等等，也都会令人难以置信地转变成为可供出售的"景观"资源，而且价值巨大。不仅如此，传统民居、服饰、饮食、工艺、歌舞、礼俗、节日、仪式等土著文化，也因为游客娱乐和体验的需要而具有商品的意义。市场的发展和游客的需求，极大地激发了当地人的活力，各种适应行为应运而生。

---

① Emilo F. Moran, *Human Adaptability*, Westview Press, 2000, ed., pp. 114 – 135.

23

如我们重点调查的云南省丘北县仙人洞村，10 年前还是一个世外桃源般的十分封闭的村庄，是旅游揭去了它的面纱，使外界看到了它美丽的湖光山色和淳厚的撒尼人及其古朴的文化，同时也使村民看到了外面的世界，并且迅速认识了旅游业和游客。于是，导游和划船业在村中悄然兴起，神山、神洞、神像等作为"景点"开发热闹起来。村头开辟修建了歌舞演出和祭祀的场地，传统自娱自乐的篝火晚会成为招揽游客的重要项目。曾经消失了的传统毕摩祭祀仪式复活了，在原有火把节的基础上又创造了"赛装节""荷花节"等新颖的节日，一些村民把老民居改建成家庭旅馆，"农家乐"的经营活动替代了古老的打鱼种田……①这是何等惊人的文化变迁！这种变迁充满活力和生机，然而也存在着不少消极和危险。它极大地丰富了当代适应研究的内容，同时也提出了更高的要求，促使我们与时俱进，不断开拓。

其次，谈谈传统知识研究的意义。生态人类学关注生境和适应的变化，同时重视传统知识。在各民族的传统知识体系中，具有丰富、独特的关于自然环境保护的观念、伦理、法规和合理利用管理自然资源的经验、措施和技术等，它们是各民族对其生境长期适应的智慧结晶，不仅具有历史、文化的价值，而且对于当代人类的生存和发展仍然具有十分重要的意义。然而令人遗憾的是，就在各民族的传统知识迅速消亡的情况下，人们对其仍然不能正确地认识和评价，仍然自觉不自觉地采取蔑视的态度，甚至总是希望尽快将其淘汰，殊不知这是非常无知和愚蠢的。

笔者从 20 世纪 80 年代初期就从事云南山地民族的刀耕火种研究，历时十余年，观点和结论引发了不少争议，原因何在？归根到底，就在于对传统知识认识的分歧。众所周知，在 20 世纪五六十年代，凡涉及中国西南山地民族的调查报告都毫无例外地将刀耕火种定性为"原始社会的生产力"或"原始社会习俗"。而到了 20 世纪

---

① 尹绍亭主编：《民族文化生态村——云南试点报告》，云南民族出版社 2002 年版，第 98—128 页。

七八十年代，生态环境问题才受到了空前的重视，于是，刀耕火种又成为破坏生态环境的"罪魁祸首"，因而遭到社会和学术界的猛烈批评和指责，甚至当时的中央政府领导人也对其表示过关切。然而问题在于，如果说它是"原始社会生产力"的话，那么，当时社会主义社会建立已经近半个世纪，为什么它却依然延续而屡禁不止呢？如果说它是破坏生态环境的"罪魁祸首"的话，那么，为什么刀耕火种盛行了几千年并延续至 20 世纪 80 年代，像西双版纳那样的"刀耕火种王国"的森林覆盖率却依然高达 60% 以上呢？显然，这两种说法不能令人信服。于是，笔者试图摆脱当时占有绝对主导地位的社会进化论的束缚，同时向极具惯性的文化中心主义和来自自然科学等方面的偏激的自然保护主义提出挑战，希望用"适应"和"传统知识"的观点去认识和解释刀耕火种。这在现在看来应是一种极其正常的探索途径，而在当时却是"离经叛道"的"歪理邪说"，承受着来自各方面的压力和风险。

回想当年之所以涉足"禁区"，多半是因为田野发现的激励。在山地民族刀耕火种的知识库里，接触到他们长期积累的关于天象、地理、植物、动物等方面丰富的知识；了解到他们对自然资源的认识和分类利用的方式；发现了他们对于森林土地资源进行用养结合的轮歇耕种系统；看到了他们因地制宜的各种耕作技术；整理了他们所驯化、引种的大量栽培作物和为了最大限度地利用和保护地力所创造的混作、间作、轮作和粮林轮种等经验和技术；理解了他们将采集、狩猎、农业有机地进行结合，以充分获取生存资料的生产方式；学习了他们有关环境和资源保护、土地分配及管理等种种法规。此外，还涉及他们如何凭借世俗的力量和长者的权威，以及种种宗教仪式来维护社会和生产的正常运行、协调人际关系、规范人们的行为，等等。调查结果充分说明，刀耕火种并不能简单地以"原始社会生产力"和"原始社会习俗"来定义，也不能轻率地将其作为破坏生态环境的"罪魁祸首"来批判，它其实是人类对热带、亚热带森林环境的一种适应方式，是一个有着独特的能量交换和物质循环的人类生态系统，是一份数千年来不断创造、积累的极其宝贵的民族文化遗产。[①] 今天我们研究、整理和发掘像刀耕火种这样的传统知识和文化遗产，其意义不仅在于历史，更重要的是于现实有益。别的不说，仅就刀耕火种的粮林轮作方式和技术而言，就值得继承和发展，因为这种方式和技术的生态效益和可持续利用的价值是现代化学农业所远远不可相比的。

最后，谈谈社会、经济、文化、生态和谐及可持续发展的研究和应用。生态人类学研究是文化阐释的一种途径，而在当代文化多样性迅速消失和生态环境破坏日益严重的情况下，生态人类学关于适应和传统知识等的研究，直接关乎以下重大问题：在我国现代化建设和西部大开发的过程中，如何调适人与自然的关系？如何在各少数民族传统生计的基础上，建造新型的生计模式以摆脱贫困、奔小康？如何谋求社会、经济、文化、生态的协调和可持续发展？这些问题需要理论的探索，更需要通过应用和实践以发挥理论的指导作用。我们常常感到人类学边缘化的寂寞，并不时为本学科和学者所处的非主流地位而感到尴尬，之所以形成这样的状况，笔者认为，其原因并不在于人类学学科本身，很大程度上是由于应用研究的薄弱。在国家和民族面临着巨大发展机遇的时代，学术不仅要重视理论的探索和追求，而且还应努力"转化"研究成果，使之与时代的要求紧密地结合，从而体现学科和学者的价值。我们知道，早期人类学的发展就与西方国家推行的殖民主义有关；第二次世界大战期间，日本对东南亚等地区的研究以及美国对日本的研究等，也多是出于国家利益的需要。目前，在一些国家，人类学学者参与国家的民族事务、文化事业、资源利用、社区发展、环境保护、旅游规划等的咨询、决策和管理，已经非常普遍。中国人类学其实不乏"经世致用"的优良传统，费孝通先生和宋蜀华先生等就是值得我们学习的典范。从学术发展的角度看，积极开展应用研究，也将有力地

----

① 尹绍亭：《人与森林——生态人类学视野中的刀耕火种》，云南教育出版社 2002 年版，第 337—350 页。

推进中国人类学的本土化。

正是基于以上的认识，最近 5 年，我们在应用研究方面投入了大量的时间和精力。1997 年，经过多年的思索，我们提出了"建设民族文化生态村"的构想，这是针对当代各民族的传统文化迅速消亡、持续发展面临危机、急需进行优秀传统文化的保护与传承这一重大问题而设计的一个应用性课题。什么是"民族文化生态村"？简而言之，就是在全球化的背景下，在现代化的进程中，力求有效地保护和传承优秀的民族传统文化，并努力实现文化与生态、社会、经济的协调和可持续发展的乡村发展模式。关于"民族文化生态村"建设的理论和方法，因篇幅所限，此不赘述，笔者在《民族文化生态村——云南试点报告》① 一书中有较为详细的阐释。

结束语

以上粗略地回顾了国内外人类学生态研究的概况，并介绍了我们多年来在该领域的思考和探索。客观而言，我国生态人类学的研究尚起步不远，同时还面临着学科建设、人才培养的艰巨任务。作为承前启后的中年一代学人，我们将在吴文藻、林耀华、费孝通、宋蜀华等老一辈学者开创的基础上继续努力，争取有所建树，有所作为。

（原载中央民族大学编《中国民族学纵横》，民族出版社 2003 年版）

人类学生态研究的历史与现状

---

① 尹绍亭主编：《民族文化生态村——云南试点报告》，云南民族出版社 2002 年版，第 8 页。

人类学生态环境史研究的理论和方法

　　最近 20 年来，一个新的研究领域——生态环境史越来越受到学术界的重视。历史学界自不待言，人类学界亦对其表现出极大的热情，尤其是生态人类学、生态环境史的开拓，无疑又为其展现了一片广阔的空间。生态环境史，顾名思义，是研究生态环境变化的学问。此学科为何产生于当代，那无疑是因为当代出现了许多史无前例的生态环境问题的原因。对于发达国家和殖民地而言，这些问题主要产生于进入工业社会之后的时期。而在中国，则主要是最近 50 年的事情。当代生态环境的急剧恶化，对于人类的生存和发展已构成了严重的威胁。如何改善生态环境，实现人类与自然的和谐共生，成为当代人类面临的最重大的问题之一。解决环境问题，必须依靠科学技术，然而无数事实说明，这还远远不够，还必须回顾历史、总结教训、吸取经验，从而避免重蹈泥沼，制造人为的灾难。正因为如此，涉及多学科的生态环境史才应运而生。而由于我们面临的是当代的生态环境问题，是各地区、各民族发展过程中的生态问题，因而从事田野研究的人类学才具有特殊的"用武之地"。然而综观人类学生态环境史的研究，目前尚处于起步阶段，尚未形成比较系统的理论和方法。2002 年春，日本综合地球环境研究所与中国云南大学达成协议，共同开展"云南热带季风区生态环境史研究"课题，该课题为日本综合地球环境研究所生态人类学学者秋道智弥教授主持的日本文部省重大科研项目"亚洲热带季风区生态环境史研究"项目的一部分。该项目研究地域包括日本、越南、柬埔寨、老挝、泰国和中国云南。秋道智弥教授在日、越、柬、老、泰五国组织的研究团队是以自然科学为主的跨学科团队；而在云南，则是由尹绍亭教授组织的以中国本土人类学学者和民族学者为主的跨学科团队，其成员30余人；此外，云南的研究还有由阿部健一教授负责的一个日本研究小组。5年来，中国方面课题组成员分别在云南省西南部与越、老、泰、缅四国邻近的地带做了较长时间的定点田野调查，迄今为止，写出论文30余篇，积累了一定的经验。本文将结合5年来中日团队的研究实践，就人类学生态环境史研究的理论和方法做一些初步的探索。

人类学生态环境史研究的理论

通常认为，生态环境史是研究人类与自然环境之间的相互关系及其互动演变过程的学科。由于迄今为止我们所认识的人类与自然环境的互动演变过程主要是历史的事象，是人类历史的组成部分，因而生态环境史属于历史学的范畴，被视为历史学的分支学科。正因为如此，所以无论国内还是国外，从事环境史研究的学者大都是历史学者。因而，虽说生态环境史是20世纪六七十年代才产生的新兴学科，然而国内外史学者其实早已涉足其间。就中国而言，"环境史"这一学科名称的出现不过是1990年以后的事情，但是它所研究的对象对于中国史学界，尤其是对于历史地理学界而言却并不陌生，他们在这方面的耕耘和积累早已为学界所瞩目。然而从历史学和地理学的结合，再到历史学和生态学的结合，应该说是一个飞跃，其意义不可低估。

"环境史"（The Environmental History）一词最早由美国学者纳什在《美国环境史：一个新的教学领域》（R. Nash, *American Environmental History: A New Teaching Frontier*）一书中提出，20世纪六

29

七十年代在美国兴起并得到长足发展。① 关于环境史的研究对象和定义，纳什主张这门学科是研究"历史上人类和他的全部栖息地的联系"。另一位美国学者克罗农（William Cronon）把环境史等同于生态史，他认为环境史"将历史的界限延伸到人类制度以外的自然生态系统，经济、阶级和性别系统、政治组织、文化仪式均在自然生态系统中活动"。而环境史学者沃斯特（Donald Worster）则认为：环境史是"研究自然在人类生活中的地位和作用"②。澳大利亚学者伊懋可给环境史下的定义是："环境史不是关于人类个人，而是关于社会和物种，包括我们自己和其他物种，从他们与周遭世界之关系来看生和死的故事。"③ 而他认为更精确的定义则是"透过历史时间来研究特定的人类系统与其他自然系统之间的界面"④。从以上所举几位学者对环境史所做的定义可知，虽然每个人的表述方式都有所不同，然而把人类与自然的关系史或者说人类系统与自然系统的关系史作为环境史的研究对象，这一点看来是为大家所认同的。

生态环境史属于历史学范畴，然而"人类与自然环境的关系"又非史学研究的"专利"，这个"关系"，乃是与诸多学科有缘的公共研究领域。众所周知，地理学是最早注意人类与自然环境关系的学科。晚于地理学产生的生态学，不用说也以此为研究对象，而且能够更为科学和精确地对其进行分析。人类学和生态学一样，至今有一百多年的历史，它分为体质人类学、考古学、语言学和文化人类学四个分支。体质人类学研究人类的起源、进化及遗传差异；考古学根据人类的物质遗存研究人类的历史和文化；语言学研究语言的多样性和文化的关系；文化人类学研究不同的族群及其文化。总而言之，人类学就是研究人类的一门综合的学问。然而无论是研究

① 高国荣：《环境史学在美国的兴起及其早期发展研究》，博士学位论文，中国社会科学院研究生院，2005 年。

② 见前文，第 4 页。

③ 刘翠溶、伊懋可：《积渐所至——中国环境史论文集》，台北"中研院"经济研究所1995 年版，第 1 页。

④ 同上书，第 8 页。

远古的人类进化，还是研究现代的族群差异；无论是研究生物属性的人类，还是研究社会文化属性的人类，都不可能脱离人类赖以生存的生态环境，都不可能忽视生态环境所给予人类的重大影响。因此，人类与自然环境的关系亦是人类学不可或缺的一个永恒的研究主题。

如前所述，人类学中的文化人类学是研究族群及其文化的学问。地球上为什么会存在那么多不同的族群？为什么会有那么丰富的文化多样性？这是人类学家一直致力于研究的问题。在人类学史上，曾产生过许多解释族群及其文化差异和文化变迁的理论，其中就有从自然环境的角度进行解释的学说。例如早在人类学的萌芽时期，便产生过以自然环境差异解释人种及社会文化发展差异的所谓"地理环境决定论"。而当地理环境决定论暴露出其难以自圆其说的缺陷而遭到种种质疑之后，又出现过所谓"较弱"的"环境决定论"或称"可能论"。可能论不认为文化产生的根源在于自然环境，不过却仍然强调自然环境对于文化的某种程度的"决定"作用，即认为自然环境是文化发展水平的严格限制因素。20世纪二三十年代，威斯勒（Wissler）和克鲁伯（Kroeber）等学者在可能论的基础上提出了"文化区"的概念。"文化区"是基于地理分布的文化研究，"文化区"与环境决定论的不同，在于它并不从自然环境的角度去探求文化的生成及其发展差异的根源，而是着眼于特殊地域所对应的特殊文化形态。当然，地域文化所显示的具有特殊形态的文化与环境的对应关系，无疑在一定程度上表现出自然环境对于文化的"塑造"或"模化"。由于地理学乃是孕育和产生人类学的"母体"，因而人类学在很长时间内带有人类地理学或人文地理学的色彩，这都是不足为奇的。然而，传统地理学取向的文化解释，大多仅停留于文化空间分布的分析这样比较表象的考察中，因而其考察的对象主要是生计及其技术的层面。而对于制度文化和精神文化层面，地理学角度的解释一般采取回避的态度，这也正是它的局限之所在。

弱化地理学的观点，吸收和应用生态学的观点是人类学与自然关系研究的一个划时代的崭新阶段。生态学的观点取代地理学的观点，不仅使这方面的研究摆脱了困境，而且使之成为今日人类学研究的最流行的方法之一。[①] 早在 20 世纪 20 年代，生态学的观点就被斯图尔德（Julian H. Steward）引入他所开创的文化生态学的方法之中。斯图尔德认为生态学的"适应"这个核心概念有助于对文化行为的解释，并且认为文化变迁与适应是一个相互影响的互动过程。适应概念的应用，不仅能够较科学地说明人类在自然界"食物网"中的位置，即人类与自然的关系，而且能够解释环境决定论和可能论所提出而又说不清楚的环境对人类及其文化的所谓"决定"和"模化"的真正意义。文化生态学新颖的视野导致了人类学生态研究的迅速进展，至 20 世纪 60 年代，又催生出"生态人类学"这个新的理论流派。生态人类学继承文化生态学立足于"适应"的分析方法，并在两个方面大大拓展了适应的研究。第一方面，厘清了人类适应的三个层面，那就是生理层面、遗传层面和文化层面。三个层面完整地观照了人类的生物属性和社会文化属性。然而许多研究事例却又告诉我们，对应于生态环境，哪怕是非常特殊的生态环境，人类的生理和遗传这两个层面的适应均不如想象得那么丰富，而最为丰富和复杂的适应却是文化的适应，这也就是生态人类学研究的魅力之所在。第二方面，深化了文化适应的层面。文化生态学一般只关心生计和技术适应的层面，生态人类学同样重视这个层面，但不停留于此。在此基础上进一步把分析的触角延伸到制度文化和精神文化适应的深层中去。技术、制度、精神三个文化层面适应的整合，使得人类学的生态研究具备了独特和更为有效的文化解释功能。

生态及其适应观点的流行，一方面促使人类学跨入生态学的领域，从而使人类学获得了崭新的视野并拓展了其研究的空间。另一方面，不少自然科学者也一改传统的"见物不见人"的思维定式，

---

① [美] 唐纳德·L. 哈迪斯蒂：《生态人类学》，郭凡、邹和译，文物出版社 2002 年版，第 15 页。

把目光投向了与"物"关系极为密切的人类及其文化。他们凭借其植物学和生态学等专业知识，兼取人类学文化相对论的观点和主位研究的方法，亦创造出了独特新颖的跨学科的研究途径。由植物学家和生态学家开拓的民族生态学是一门由植物学、民族植物学、文化生态学和认知人类学整合而成的学科，民族生态学以土著族群的传统知识为研究对象。对于植物、动物、土地、时间、空间等自然资源和环境的分类和利用，亦即他们对于周围世界的认知和行为，是其传统知识的集中表现。进行土著族群的认知体系和行为体系的研究，无疑是一条可以深入理解人类与自然关系的有效途径。生态系统是生态学的重要概念，是现代生态学研究的主要对象。生态系统是指在一定空间中共同栖居的所有生物与其环境之间，由于不断进行物资循环和能量转换过程而形成的统一整体。[①] 为了使人类学的生态研究充分吸纳和体现生态学的学理，一些人类学学者不仅尝试运用生态系统对不同族群与环境的关系进行有机整合的研究，而且努力尝试用定量的方法分析系统之中的物质循环和能量流动，并试图建立能够反映系统的功能和机制的模型。这样的研究虽然还面临不小的困难，然而其探索毕竟是十分有益的。

通过以上简略的理论回顾可知，人类与自然环境的关系，乃是一直伴随人类学产生和发展过程的一个无法忽视的课题，无论是地理学的角度还是生态学的视野，人类学学者始终致力于人类及其文化与自然环境相互关系的解释，并且创建了文化生态学、生态人类学、民族生态学、人类生态系统等诸多理论流派。应用这些理论研究人类与自然环境的互动过程，这就是人类学生态环境史研究的角度和特色。

人类学生态环境史研究的方法

人类学研究人类文化，既研究共时性的文化形态，同时也研究

---

① 李博主编：《生态学》，高等教育出版社 2002 年版，第 197 页。

历时性的文化变迁。而从变迁的角度看，即便是"共时"性的文化形态，亦不过是文化变迁中的某个"过程"。文化的变迁，在封闭或较为封闭的社会中是一个十分缓慢或者比较缓慢的过程，而在当代社会，在所谓"全球化"浪潮波及的社会，变迁却来得异常迅猛，以至目前在许多地区和族群当中，我们已难以再进行所谓共时性的文化形态的考察，"变化"已成为几乎每天都让人强烈感受到的现象。为此，研究者不得不调整自身研究的基点和视角，去面对变化、关注变化、探讨变化带来的种种问题。

当代中国和许多发展中国家的变化，最大的驱动力不是别的，乃是市场经济。市场经济的发展必然促使国家体制和政策的变化，必然加快一体化的进程，必然带来人们价值观和生活方式的转变等。其不可避免地导致文化多样性的减少、消失，自然资源的过度消耗以及生态环境的退化和破坏。面对这样的状况，人类不得不检讨、反思自己的行为，不得不重新认识传统文化和传统知识的价值，重新调整人类与环境的关系，探索重建新的环境适应方式，构建新的生态文化和生态文明，谋求人类社会的和谐和可持续发展。正是这样的背景，才催生了生态环境史这门学科。而对于生态环境"变迁、重建"的诉求，则不仅是该学科的研究对象，而且成了其研究的基本思路。生态环境史的基本研究思路，在秋道智弥总结的"区域生态史"的模式中得到了较好的表现。

上面的模式大致表现了生态环境史的构建要素和相互间的关系，而为了揭示和阐述其相互间的关系和互动的过程，还必须采用一些具体的方法。由于目前人类学生态环境史的研究尚属空白，因此本文将主要以笔者主持的"云南生态环境史"① 项目的各项研究为例，把我们 5 年多探索的一些方法做个简单的介绍。

首先，田野调查方法仍然是人类学生态环境史研究的基本方法。人类学生态环境史研究有其独特的视角，其理论取向与历史学生态

---

① 本项目第一期成果见尹绍亭、[日] 秋道智弥主编《人类学生态环境史研究》，中国社会科学出版社 2006 年版。

环境史的研究是有所区别的。不仅如此，在研究方法上也相去甚远。要而言之，两者的不同主要表现为以下几点：其一，由学科的性质所决定，历史学主要根据文献资料进行研究，而人类学则主要靠田野资料进行研究。诚然，国内外也不乏从事田野调查的历史学者，然而通常历史学的调查与人类学的调查无论在目的、角度还是在方法、手段等方面均有很大的差异。其二，历史学利用文献资料可以构筑宏大时空的生态环境史，而人类学依靠田野调查研究的结果，则往往是较短时期和较小空间的比较精细的作品。其三，由于主要采用田野调查方法，因而无文字的族群、现代和当代无文字记录的地区以及许多非文字自然文化遗产的生态环境史，便成为人类学研究的主要对象。

第二，以某种重要的自然资源为对象的研究方法。集中考察人类对某种自然资源的利用管理方式及历史变迁过程，是生态环境史研究的一条有效途径。例如对水的研究，水作为人类生存最重要的资源之一，由于工业社会的快速发展和人口急增的原因，其严重短缺和污染的状况已成为当代社会发展面临的重大问题。近年来，许多学者投身于水资源和水文化的研究，其动向和成果倍受学界的注目。2005 年 9 月，国际水历史学会在昆明举行第三届国际大会，会议的主题即为"水文化与水环境保护"。在我们的项目成果中有两篇关于水的研究论文，一篇是郭家骥的《西双版纳傣族水文化的变迁与可持续发展》；另一篇是郑寒的《大坝与社区：环境变迁中的资源利用与管理——澜沧江流域漫湾镇慢旧村的调查研究》。郭文研究傣族的水文化及其变迁，是从生态人类学角度切入的生态环境史论文。作者对傣族传统水文化的梳理以及对变迁因果的分析，给人留下了深刻的印象。郑文研究漫湾镇资源利用管理的变迁，漫湾镇因在澜沧江建电站、筑大坝而成为国际关注的热点。对于大坝建设是否影响和破坏环境以及是否损害当地人权益的这一"敏感"的话题，人类学的贡献在于，可以凭借其全面、翔实的田野资料和不同视角的整体的综合分析，给人们提供一个理性认识的参照，从而减少感情色彩的偏见和空泛的争论。而对于大坝建设前后资源利用管理状况的对比，时段虽短，但却是典型的生态环境史事象。

第三，以植物和农作物为对象的研究方法。关于文化与植物和农作物的关系及其变迁的研究，在我们的项目中，崔明昆的《云南新平傣族植物命名、分类与环境变迁研究》是民族生态学角度的论文。通过考察新平傣族对植物的命名和分类，进而了解他们的文化和环境的变迁，是这篇论文的独到的方法。这样的研究目前并不多见，因为它需要兼具人类学和植物学的专业知识。李尚雨的《云南省红河州集市药材市场民族植物学初步研究》研究的是中药材市场，作者的学术背景是民族植物学，他的方法是对一个典型农贸市场所出售的植物药材进行跟踪调查统计，根据其种类和数量的变化分析植物资源和生态环境的变迁。邹辉的《哈尼族棕榈种植的传统知识与变迁》、杜薇的《火麻种植与苗族文化》、何蕊丹的《佤族传统农作物取舍的文化透视》三篇文章，均以一种或两种有用植物或农作物为研究对象。精心选择作为一个族群象征性的有用植物或农作物，透过其"物"的表象，解读其所承载或蕴含的文化，同时达到表现人与植物或农作物关系变迁的目的，这样的研究令人有耳目一新之感。论文对于植物或农作物的象征仪式的研究，反映了三位作者所具有的良好的人类学训练。李建钦的《马苦寨哈尼族苹果种植与生态变迁影响研究》一文，同样是通过特殊植物，即经济作物的种植反映人与生态环境的关系和变迁的主题，但它的侧重点不在文化，而是欲反映当代市场经济对于土著族群及其生态环境的巨大影响。

第四，以传统农业变迁和土地利用变迁为对象的研究方法。分布于云南西南部山地的瑶族、布朗族、景颇族、哈尼族、克木人、基诺族等，四十年前均为从事刀耕火种农业的民族。由于历史、文化、生态环境和土地拥有的状况不尽相同，所以各民族的刀耕火种方式及其变迁也有很大的差异。杨雪吟的《适应的变迁——勐海布朗山土地管理的生态环境史研究》、黄贵权的《蓝靛瑶的游居与地权的变迁》、石锐的《景颇族刀耕火种文化的变迁》、王正华的《澜沧拉祜西山地农业与生态环境变迁》、曾益群的《勐宋村民眼中的生态环境变迁》、杨晓冰的《环境变迁与生计方式的调试——曼暖远克木人的刀耕火种文化》、街顺宝的《肥料与传统农业的变迁——红河石屏段江北半坡地带考察》7篇文章，分别论述了7个山地民族的传统的土地制度、刀耕火种和适应方式及其五十年间的变迁。较长时间的定点田野调查，加之各位作者同中有异的观察和写作方式，使文章显得翔实而多彩。这里值得一提的是，街顺宝、黄贵权、石锐、王正华四位作者，本身便是少数民族学者，他们返回故里，研究生己养己的村寨，自有其特殊的感悟和厚重。张佩芳的《云南热带季风区山地流域土地覆盖变化与人地关系互动研究——以西双版纳基诺族为例》的研究，其方法充分体现了跨学科的特点，她主要采用自然科学的遥感信息系统和全球卫星定位系统技术对基诺山35年土地利用和森林植被变化的时空动态进行研究，该研究所展示的跨时空的遥感影视图及其精确的图表分析所反映的土地利用和植被的变化，与人类学的田野调查相结合，可以达到完整解释变迁及因果的目的。自然科学和人类学的交叉研究，应是生态环境史研究最值得期待的方法之一。

最后，以特殊的自然条件或以特殊的地方疾病为对象的研究方法。云南的独龙江河谷是我国交通最为困难、环境最为闭塞的地区之一。该区生态环境对于生存于河谷中的独龙族的社会文化的影响和制约，表现得尤为突出。从交通的角度研究独龙族社会文化的变迁，无疑是生态环境史的一个很独特和典型的课题。朱力平的"疟疾流行史研究"同样是生态环境史不可忽视的课题。云南自古为"瘴疠之区"，疟疾即为"瘴疠"中的主要疾病。历史上，疟疾一直是严重危害各族人民健康的"元凶"，其对各民族社会文化的影响也十分显著。作为生态环境史研究的重要领域，朱力平对疟疾的史学的梳理和跨学科的研究无疑具有多方面的学术价值。

以上所总结的人类学生态环境史的研究方法，国外学者亦十分认同。秋道智弥教授在论述生态环境史方法论的时候，也提出"关注某种独特的野生或驯化资源"这样的研究方法①。在他所列举的"独特资源"，如甘蔗、柠檬、香草、安息香、紫胶、蓝靛、草果、橡胶、竹、象、水牛、大鲶鱼、虎等当中，有的就是我们从事过的研究课题。

中国生态环境史的研究，尚属一个新的领域，而从人类学角度进行的生态环境史研究基本上还处于探索阶段。云南生态史的研究可以说是开拓性的工作，其意义不可低估。中国地域辽阔，民族众多，具有十分丰富的文化多样性和生态环境多样性；中国又是一个发展中国家，数十年来由政治、经济等的变革所带来的文化生态的变迁极为显著，对于人类学生态环境史研究而言，不仅条件得天独厚，而且意义重大深远。相信今后会有更多的同行投身其间，将该学科的研究水平推向国际前沿。

（原载《广西民族大学学报》2007 年第 5 期）

---

① ［日］秋道智弥：《生态人类学和人亚洲热带季风区区域生态史》，桂林"中国生态人类学高级论坛"讲演稿，2006 年 10 月。

文化人类学与民族植物学

民族植物学（Ethnobotany）是研究人与植物之间相互作用的一门学科，它建立在植物学、民族学（或文化人类学）、生态学、语言学、药物学、农学、园艺学等相关学科的基础上，是一门综合性的专门研究领域。它的研究内容是人类利用植物的传统知识和经验，包括对植物的经济利用、药物利用、生态利用和文化利用的历史、现状和特征以及动态变化过程。民族植物学于 1896 年由美国学者首倡，1982 年由裴盛基教授引入中国，并在他的领导推动下得以长足发展。[①]

文化人类学与民族植物学从学科名称上看似乎是不同领域的两个学科：前者属人文学科；而后者属植物学范畴，其实不然，两学科从产生伊始，便相互交叉，相互影响，在研究对象和研究方法等方面具有很多切合点。如果从人类学的角度看，民族植物学也属于人类学范畴，即属于认知人类学和生态人类学范畴，是与文化人类学关系十分密切的交叉学科。这就是两者在研究主旨、理论和研究方法方面具有很多共同点的原因。不过，由于植物学是一门专业性很强的自然科学，即使涉足"民族"认知与利用，也必须立足于植物学的规范。由此出现的问题是，文化人类学学者由于本身知识的局限，极少能深入进行民族植物学的研究，活跃于民族植物学学界

---

① 裴盛基、龙春林主编：《应用民族植物学》，云南民族出版社 1988 年版，第 1、2 页。

的学者几乎都是具有植物学专业背景而缺乏人类学专业系统训练的学者。本文拟将文化人类学基本概念和理论的梳理与民族植物学的研究相结合，意在为民族植物学等交叉学科提供借鉴，以促进学科间的交流与发展。

一 "文化人类学"和"跨文化研究"

"文化人类学"（Cultural Anthropology）是人类学（Anthropology）的一个分支。人类学是对人类进行综合研究的学科，它有英美等国的广义概念和德奥等国的狭义概念之分。英美等国人类学一般分为三个门类，一是体质人类学，二是考古学，三是文化人类学（在英国称之为"社会人类学"）。在德国，人类学是指体质人类学，相当于美国的文化人类学，因此被称为"民族学"（Ethnology）。[①]然而在不同的时代、不同的国家和不同的学派之中，对于文化人类学和民族学的理解和认识却不尽相同。也有美国学者将人类学分为体质人类学和广义的文化人类学两个分支，广义的文化人类学又分为狭义的文化人类学、语言人类学、史前考古学三个门类。而狭义的文化人类学又包括（或称）民族学（Ethnology）和社会人类学（Social Anthropology）。狭义的文化人类学研究人类行为，即研究人类文化。我们通常所说的人类学就是指狭义的文化人类学。我国的人类学、民族学是舶来的学科，1926年蔡元培发表《说民族学》文章，此为我国"民族学"和"文化人类学"的源头。和日本等国类似，在我国文化人类学与民族学一直被混用，并无严格的区分。

文化人类学是研究人类文化或人类行为的学问，具有文化和学习文化的能力，是人类与其他生物的最根本的区别。文化作为人类的基本属性，使得文化的学习成为人类终生不可缺少的功课，正因如此，文化的研究更是不可或缺。人类学在发达国家之所以为社会民众普遍熟悉和重视，并始终作为大学基础教育的学科，原因即在

---

① ［日］石川荣吉等编辑委员会：《文化人类学事典》，东京弘文堂1994年版，第669页。

人类学生态环境研究

于此。

文化人类学研究人类文化，那么首先碰到的问题就是文化的定义。文化现有定义 100 多种，被称为"英国人类学之父"的泰勒（Taylor）1871 年在其所著《原始文化》中所做的定义一直被视为经典："文化，就其在民族志中的广义而言，是个复合的整体，它包括知识、信仰、艺术、道德、法律、习俗和个人作为社会成员所必需的其他能力和习惯。"当然，也有学者对此概念不以为然，美国当代著名人类学家克利福德·格尔兹就认为泰勒的定义是"最复杂的整体"、是"大杂烩"。格尔兹说："我主张的文化概念实质上是一个符号学的概念。马克斯·韦伯提出，人是悬在由他自己所编织的意义之网中的动物，我本人也持同样观点。于是，我以为所谓文化就是这样一些由人自己编织的意义之网，因此，对文化的分析不是一种寻求规律的实验科学，而是一种探求意义的解释科学。"①在人类学看来，民族植物学研究土著的植物利用，自然也属于文化的范畴，属于"由人自己编织的意义之网"之一环。民族植物学的研究在绝大多数场合其实也是在"探求意义的解释"，只不过这种"探求"被赋予了更多的科学和应用的色彩。

文化人类学从诞生至今已有一百多年的历史，其间产生过众多理论流派，日本学者绫部恒雄曾总结有如下十六种理论：文化进化论、文化传播主义、功能主义人类学、文化模式论、荷兰结构主义、文化与人格的理论、新进化主义、马克思主义人类学、结构主义、生态人类学、象征论、认识人类学、解释人类学、文化符号学、现象学和人类学。②另一位英国学者将人类学理论分为社会理论和文化理论两个类别。社会理论为：进化论、功能主义、结构功能主义、互动论、过程论、马克思主义、后结构主义、结构主义、文化区域理论、女性主义。文化理论为：传播轮、相对论、认知研究、阐释主义、后现代主义、文化区域研究、结构主义、后结构主义、女性

① ［美］格尔兹：《文化的解释》，韩莉译，译林出版社 1999 年版，第 5 页。
② ［日］绫部恒雄：《文化人类学的 15 种理论》，国际文化出版公司 1988 年版，第 6 页。

主义。①

最近 30 年，在上述理论的基础上，又形成了众多人类学分支。诸如哲学人类学、经济人类学、艺术人类学、认知人类学、教育人类学、旅游人类学、医学人类学、法律人类学、都市人类学、影视人类学、女性主义人类学、建筑人类学等，涵盖范围极广，凡是与人类活动和行为有关的领域几乎都留下了人类学学者的足迹。②

目前世界上大约 6000 种操不同语言的族群，族群如此之多，文化也千差万别，人类学研究文化，主要就是研究文化差异。人类学学者可以选择一个"他者"或"自我"的文化进行研究，也可以选择多个文化进行比较研究。选择多个文化进行研究，就叫作"跨文化比较"（Cross-Cultural-Comparison）或"跨文化研究"（Cross-Culture-Study）。19 世纪中晚期，西方学术界笼罩着一种关注人类社会进步的意识形态气氛。人类学被这种普遍意识形态所支配，期望从人类社会由低级走向高级理性阶段演化的过程中揭示和发现社会法则。当时的人类学学者集今日属于人类学专业分科领域的考古学、生物人类学和社会文化人类学于一身，从古往今来的人文类型中寻找资料，进行比较研究，概括出关于人类学的一般理论或通则。其代表性的学者是英国的爱德华·泰勒和詹姆斯·弗雷泽、法国的埃米尔·迪尔凯姆、美国的路易斯·亨利·摩尔根。这些学者对人类社会发展过程中的演化阶段进行比较，把与西方同期的那些"野蛮"或"原始"社会文化的资料视为历史文化的"活化石"。③ 这种被称为"人类学古典进化论"的理论曾经对马克思和恩格斯产生过很大影响。马克思主义的五种社会形态单线进化的社会发展规律，就是我们十分熟悉的、曾经长期盛行于我国学界的社会发展史观。

不过，人类学早期的古典进化论现在已经式微。原因很简单，

---

① ［英］阿兰·巴纳德：《人类学：历史与理论》，王建民译，华夏出版社 2006 年版，第 12 页。

② 瞿明安主编：《当代中国文化人类学》上册，云南人民出版社 2008 年版，第 17 页。

③ ［美］乔治·E. 马尔库斯、米开尔·M. J. 费彻尔：《作为文化批评的人类学》，王铭铭、蓝达居译，生活·读书·新知三联书店 1998 年版，第 45 页。

因为那时学者们的研究主要依赖的是旅行家和传教士等的第二手资料，并不是自身调查的第一手资料，又由于"文化中心主义"的"进化"观念的先入为主，所以他们关于社会文化进化阶段的排列实际上成了研究者书房里的主观的想象，他们因此被称为"摇椅上的民族学家"。其实，古典进化论的难以成立并非是运用跨文化研究方法所致，而是因为资料来源和论证方法存在严重缺陷。即如泰勒，虽然他曾经应用统计学的方法对世界上 350 个不同社会的资料进行分析比较，然而遗憾的是，他在摇椅上是无法鉴别资料的真伪和资料所呈现的复杂关系的。

二 文化人类学的田野工作

田野工作（Fieldwork）是人类学的主要研究方法。人类学常被冠以"田野科学"之名，这是因为人类学乃是建立于田野调查之上的学科，田野工作是人类学的核心，是人类学的立足之本，是人类学区别于历史学、社会学、政治学、宗教学等学科的主要特征。[①]一个人要成为人类学学者，田野调查训练必不可少，人类学学者通常把田野调查喻为"通过礼仪"，即一种进入成熟职业身份的成丁礼仪。田野调查是人类学学者获取知识、验证假设的"实验室"。"真正的人类学家"是田野造就的，决定某项研究是否属于"人类学"范畴的唯一重要标准，实际上就是看研究者做了多少"田野"。[②]因此，田野调查远远不只是一种方法，它已经成为"人类学家以及人类学知识体系的基本构成部分"[③]。

人类学学者只能通过远足他乡、进入"田野"，才能体验文化的差异性。[④] 人类学规范的田野调查方法，是由英国人类学家马林

---

① ［美］詹姆斯·皮科克：《人类学透镜》，汪丽华译，北京大学出版社 2009 年版，第 115 页。

② ［美］古塔弗格森编著：《人类学定位》，骆建建、袁同凯、郭立新译，华夏出版社 2005 年版，第 2 页。

③ 同上书，第 3 页。

④ 同上。

诺夫斯基（B. Malinowski）实践、开创、总结、倡导的。要学习人类学规范、科学的田野调查方法，必须认真阅读马林诺夫斯基所著的《西太平洋上的航海者》这本经典著作。此书是马氏于 1914 年 8 月—1915 年 3 月、1915 年 5 月—1916 年 5 月、1917 年 10 月—1918 年 10 月，三次历时两年八个月对新几内亚和特洛布里恩群岛进行田野调查研究写出的"民族志"。马氏在《西太平洋上的航海者》的"导论"中详细论述了多个层次的田野调查方法，以其为基础，结合其他诸多探讨和总结，作为田野调查方法共识性的原则，主要有以下几点：

1. 着眼于微观社区，以小事实说明大问题。

典型人类学家的方法是从以极其扩张的方式摸透细小的事情这样一种角度出发，最后达到那种更为广泛的解释和更为抽象的分析。① 所以格尔兹说，人类学的研究地点并不是研究的对象。"人类学家并非研究村落（部落、小镇、邻里……），他们只是在村落里研究。"②

2. 理论训练与准备

理论是实践的指导，没有任何一项研究可以没有基本理论或方法的指导。理论的选择应当基于它的适应性、操作便利性及解释力。如果预设理论不能发挥指导意义和解释力，它就失去了效用；当理论不能为资料所验证，就应该寻求新的理论。人类学研究通常出于两种取向，一是理论取向，二是问题取向。而不管是哪一种取向，前期的理论训练与准备都是必需的。马林诺夫斯基的经验是：在进入田野之前要"在理论上有良好的训练，并且熟知最新的科研成果"。"如果他带进田野中的问题越多，越能习惯于根据事实来构建理论，并以相关理论来看待事实，那么他对于工作的准备就越充分。"③

---

① ［美］古塔弗格格森编著：《人类学定位》，骆建建、袁同凯、郭立新译，华夏出版社 2005 年版，第 10 页。

② ［美］格尔兹：《文化的解释》，韩莉译，译林出版社 1999 年版，第 29 页。

③ 同上书，第 27、29 页。

3. 必须保证足够长的时间深入田野。

民族志研究通常至少要求一年时间的田野调查。马林诺夫斯基在西太平洋上的田野调查前后进行了6年。为什么花了6年？马氏说："事实上我至少有六次写下过库拉制度的研究大纲，时间是在田野调查中和在远程探访的间歇期里。每一次，新的问题与困难都会自动显现出来。……就大范围的事实而收集具体的材料，……其职责并不仅仅是列举几个例子，而是要尽可能地穷尽可及范围内的全部案例。"①

4. 学习土著语言。

学习和掌握土著语言，是实现交流的基本条件。如果能够熟练运用土著语言交流，就能够比较贴切、准确地理解他们的陈述、解释、情感和观念。此外，如果能说土著语言，会立刻拉近与土著人的距离，获得他们的认同。②

5. 直接居住在土著人中间

"参与观察"是人类学田野调查的最基本最重要的方法，而要有效参与，就必须长期住到土著人中间，与他们"亲密接触"。

6. 克服文化中心主义，坚持文化相对论原则。

前文说过，进入田野之前要具备良好的理论训练，要把问题和理论带进田野，但是要切忌"先入为主"，要始终注意克服文化中心主义，坚持文化相对论原则。

7. 进行"主位"调查。

田野调查有"主位"（Emic）和"客位"（Etic）之分。所谓"客位"调查是指调查者按自己的知识和观点去提出问题和分析问题；"主位"调查则是要尽可能地了解和尊重"他者"的看法、陈述和解释，并将此作为自己进一步解释的参照。努力了解土著人的观点，感知"他"对"他的"世界的看法，对于调查者而言至关重要。

① ［英］布罗尼斯拉夫·马林诺夫斯基：《西太平洋上的航海者》，张云江译，中国社会科学出版社2009年版，第13页。

② 同上。

以上 7 点，对于社会学、民俗学、历史学以及民族植物学等的田野调查，均具有参考价值。

三　文化人类学的民族志研究

人类学研究旨趣在 20 世纪 60 年代转移到解释人类学，并从解释人类学转移到对于民族志研究过程的高度关注。

人类学学者选择适合自己研究旨趣的微观社区进行田野调查，与当地人生活在一起，通过自己的切身体验获得对当地人及其文化的理解之后，就要撰写"民族志"。所谓"民族志"，简单来说，就是田野工作的书面成果。[①] 民族志的基本含义是指对异民族的社会、文化现象的记述[②]，详细一点说，民族志并不只是一个报告，不是资料的堆砌，而必须是一种阐释，是问题、态度、观点、理论的综合。[③] 或者说，民族志是对社区族群及其文化进行详细的、动态的、情景化描绘的方法，探究的是一个文化的整体性生活、态度和行为模式。[④]

前文说过，人类学规范的田野调查方法是由英国人类学家马林诺夫斯基实践、开创、总结、倡导的。马氏的田野调查被认为是人类学田野调查方法的再创造，是人类学学科范式形成的里程碑，其作品《西太平洋上的航海者》是人类学民族志的典范。它的主要创新在于：它将先前主要由非专业人员在非西方社会中进行的资料收集活动，以及由专业人类学学者在摇椅上进行的理论构建和分析活动结合成一个整体化的学术与职业实践。[⑤] 马氏在该书的"导论"中一方面强调了直接观察到的结果、土著人的陈述及解释的重要性，

---

① ［美］詹姆斯·皮科克：《人类学透镜》，汪丽华译，北京大学出版社 2009 年版，第 115 页。

② ［英］维克多·特纳：《象征之林》，赵玉燕、欧阳敏、徐洪峰译，商务印书馆 2006 年版，第 1、116 页。

③ 同上。

④ 同上。

⑤ ［美］乔治·E. 马尔库斯、米开尔·M. J. 费彻尔：《作为文化批评的人类学》，王铭铭、蓝达居译，生活·读书·新知三联书店 1998 年版，第 39 页。

"要掌握土著人的观点、他与生活的关系，认识'他'对'他的'世界的看法"。另一方面指出："在民族志研究中，粗糙的信息材料——它是在学者自己的观察中，在土著人的陈述中，在部落万花筒般时时变化着的生活中所呈现出来的——和最后提出的权威性的结论之间，经常存在着巨大差距。"① 这就说明，民族志不仅必须详细占有资料和充分了解、重视"他者"的陈述和解释，而且必须以自身的"常识与心理的洞察力为基础而得出推论"。

按照格尔兹的说法，民族志写作必须进行"深描"（Thick Description）。所谓"深描"，就是调查研究者必须对田野资料进行解释，而且是第二级和第三等级的解释（第一级解释只有"本地人"才能做出，因为那是他们的文化）。深描的具体方法，是要把文化当作纯粹的符号系统，通过区分其要素，确定其要素间的内在联系，然后按照某一种方式，描述整个系统的特征，只有这样，文化才能得到最为有效的处理。②

民族志是人类学独特的研究呈现。这种微观的、整体的、情景的、他者的呈现和解释，对于相关学科的研究不无参考借鉴的价值。比较民族植物学，就有诸多类似之处。让我们看一下裴盛基先生在其论文《民族植物学从基础到应用的新发展》中对民族、植物学研究的论述。该文将民族植物学研究概括为三个阶段：

（一）描述阶段（Description Stage）。

它包括：1. 记载；2. 编目；3. 四个 W——谁用，用什么植物，如何利用，何时利用；4. 田野调查法——（1）选点，（2）访谈，（3）问卷表，（4）地方名，（5）利用数据库。

（二）解释阶段（Explanation Stage）。

借助六个 W——在上述四个 W 之上，再增加"由谁用"（By Whom）、"为什么利用"（Why）。方法有野外快速编目法、市集调

① ［英］布罗尼斯拉夫·马林诺夫斯基：《西太平洋上的航海者》，张云江译，中国社会科学出版社 2009 年版，第 3 页。

② ［美］格尔兹：《文化的解释》，韩莉译，译林出版社 1999 年版，第 22 页。

查法、定量研究法和分析法等。

（三）应用阶段（Applied Stage）

新产品开发、新药开发、资源管理、植物资源和相关文化保护、参与性村社发展等。①

从上可见，文化人类学与民族植物学虽然在研究目的、对象、方法、解释取向等方面有所差异，然而在"田野""他者""解释"等方面却具有共同的基本准则，而且两者之间的差异正是可以相互参考、学习的地方。

四　人类学与民族植物学相关的研究案例

（一）康克林对菲律宾棉兰老岛哈努诺族的植物认知研究

美国人类学家康克林曾在菲律宾棉兰老岛的哈努诺族中进行过长期深入的田野调查，其对哈努诺族植物分类的研究堪称经典。根据康氏的统计（1954 年），哈努诺族或多或少利用的植物达到 1525 种，占其识别的 9 成以上。该族对植物利用的范围很广，从大的方面讲，可分为食用植物、物质文化、超自然目的、药用、精神生活等几大类。其中食用植物达 500 种以上，用于物质文化的约 750 种，用于超自然目的和药用的多达上千种，诗歌中吟唱的植物有 544 种。在哈努诺族的语言中，关于植物的部位至少有 150 个名称。哈努诺族使用的 822 个基本名词（语源完全不同，不能进行分析的词汇），识别了 1625 个不同的植物类型，哈努诺族进行的最详细的植物分类范畴，大体相当于生物学分类的种、亚种、变种或品种。在 1625 个植物类型中，栽培或受保护的植物约为 500 个，余下的 1100 多个属于野生。哈努诺人如此丰富和详尽的"植物学"知识，是以植物的实用性为基础的，这一点从构成其生计活动基础的丰富的栽培植物种类来看便可以明白。例如魔芋 ［lpomoea batatas（L.） poit］、山芋（热带地区的大型芋类 Dioscored alata L.）、香蕉（Musa sp）等主要

---

① 裴盛基、龙春林主编：《应用民族植物学》，云南民族出版社 1988 年版，第 2、3 页。

作物能够识别的就有 30 种，而稻（Oryza satiua L.）约有 90 种。然而，如果仅从实用性的观点来看哈努诺族人详尽的植物分类的话，那便会失之偏颇。如前面介绍的那样，其实植物在他们的精神生活中也占有重要的地位，所以还必须从另外的角度进行深入的探索。①

康克林关于哈努诺人的民族志的研究，展现了不为人知，或者说是不为人详细所知的土著人的极其丰富的植物利用知识。萨林斯曾经有著名的"原初丰裕社会"说，所谓"原初丰裕社会"，既是指采集狩猎民们所处生境动植物资源的丰裕，同时也是指采集狩猎民们利用动植物资源知识的异常丰富。哈努诺人民族志研究的意义，固然在于该族植物资源的"丰裕"和利用种类的丰富，在于可供未来实用性的开发研究，然而在科学和文化上的价值，则是对他们的植物分类知识体系的发现。这种分类知识体系的存在，让世人看到了世界上除了主流科学的植物分类系谱之外，还可能广泛存在着另一种分类方式，那就是不同地域、不同民族的植物分类方式。这种分类方式作为地方性的知识体系具有很高的历史文化和科学价值，它们应该和主流的科学分类一样予以重视，于是，作为专指土著人植物分类的"民俗分类"（Folk Taxonomy）概念正式登上了学术的殿堂。不仅如此，由于"民俗分类"等的发现和积累，进一步刺激促进了对"传统知识""地方性知识"、土著资源管理、土著自然观和世界观等的认知和重视，随着这些领域研究热潮的兴起，一些新的学科或学科分支，如生态人类学、民族生态学（Ethnoecology）等亦随之兴盛。这样的结果，实际上是由诸如哈努诺人等等的研究不断积累深化而成的。

（二）特纳对非洲恩登布人"奶树"的象征研究

恩登布人分布在中南非洲赞比亚西北部。美国人类学家特纳曾对恩登布人社会进行过深入调查，并以象征人类学研究而著名。恩登布人有多种植物象征仪式，其中"奶树"是恩登布社会的一个主

---

① ［日］秋道智弥、市川光雄、大冢柳太郎：《生态人类学》，范广融、尹绍亭译，云南大学出版社 2006 年版，第 62 页。

要仪式象征符号，在该族大部分仪式中都有奶树的存在。"奶树"又名"穆迪树"，这种树如果削刮它的树干，马上就会渗出颗粒状的白色乳液，所以叫"奶树"。因为这个原因，所以奶树被认为是代表"乳房"和"母乳"。恩登布人由此认为奶树意味着"一个母亲和他的孩子"，即一种社会关系。进一步延伸，奶树又有了表示母系世系的意义。不仅如此，有的恩登布人还说，"奶树是所有母亲的树，它是男人和女人的女祖先"。在一些仪式的阶段，人们认为奶树代表着"女人"或者"妇女的成年状态"，具有"已婚的成年妇女"这个情景意义。又，奶树还表示学习的过程，尤其是学习"女人味"或"智慧"。一个信息提供人说，奶树就好比上学校，"女孩子学女人味就好比婴儿吸取牛奶一样"。特纳在仪式观察中认为，奶树最经典的意义体现在女孩的青春期仪式中，新参加仪式的女孩被裹在毯子里，躺在一棵修长纤细的奶树下。恩登布人说，它的柔性代表女孩子的年轻。①

特纳根据上述诸多资讯进行分析，得出以下认识：奶树的语义结构本身就好比是一棵树。它的根部是其基本意义"母乳"，从这里往上循着逻辑发展就有了一系列更深远的意义。一般的方向是从具体到不断深入的抽象，但是抽象是沿着几条不同的支脉进行的。一个支脉是这么发展的：乳房—母子关系—母系继嗣—以母系继嗣为代表性的恩登布部落或恩登布风俗传统。另一支脉是这样的：乳房的发育—女人的成年状态—已婚的成年妇女—分娩。再一个支脉则从吸奶发展到学习做女人的责任、义务和权力。特纳进一步分析道，尽管象征符号的意义具有这种多重性，但恩登布人还是把奶树说成和想象成一个统一体，甚至是一种单一性的力量，是弥漫在整个社会和自然界中的一种女性或母性原则。奶树这个象征符号，具有仪式效力，能够作用于与它们发生关联的人们和群体，使他们向更好的或所希望的方向改变。特纳的解释并没有到此结束，不过就

---

① ［英］维克多·特纳：《象征之林》，赵玉燕、欧阳敏、徐洪峰译，商务印书馆2006年版，第20页。

"跨学科研究"的参考借鉴而言，这些已经足够了。之所以介绍特纳的研究，是因为象征人类学在民族植物学的研究中占有十分重要的地位。例如云南，就有我们熟知的云南德宏景颇族的"树叶信"，云南文山苗族的"坡芽歌书"，云南西双版纳和德宏傣族寺庙里的众多具有佛教意蕴植物，彝族哈尼族等的神林、神树，至于各民族服饰上的喻义植物则更为丰富。植物的象征研究，无论是人类学还是民族植物学，都有十分深广的天地，而只有像特纳那样的详细调查和层层分析，才能呈现象征符号的深层意义。

康克林的哈努诺人的植物利用研究和特纳的恩登布人"奶树"的研究，一个是民族生态学的取向，一个是象征人类学的取向；一个重在"地方性知识"的发掘，一个关注文化象征意义的阐释。两种理论和方法，均充满学术魅力，影响广泛。

本文通过对文化人类学、跨文化概念、田野调查、民族志以及与民族植物学相关的研究案例的介绍，可知文化人类学是一门研究人类文化的学科，是一门田野工作的学科，是一门深入阐释文化意义的学科。同时表明，文化人类学与民族植物学存在着诸多切合点，例如两者都着眼于微观研究，均以小尺度地域或小族群为研究对象；都将文化行为、文化差异和传统知识作为主要研究内容；都把田野调查作为基本研究方法；都强调主位研究的重要性；基本上都按照"描述""解释""理论构建""应用"的规程进行研究等。两个学科加强交流，增进合作，对于开阔研究视野、开拓研究空间、促进各自学科发展、创新研究成果意义重大。

（原载《云南文史》2019 年第 3 期）

文化人类学与民族植物学

文化人类学的生态文明观

纳菲兹·摩萨迪克·艾哈迈德在其著作《文明的危机》里说道:"今天,全球危机的范围几乎涵盖了社会、政治、经济、文化、道德和心理等人类活动的全部领域。"而其书着力讨论的焦点则集中于六种全球性危机——气候变化、能源短缺、粮食问题、经济危机、国际恐怖主义和军事化倾向——及其相互聚合的趋势。① 在六种危机中,其认为生态、资源危机为最主要的危机,是"因",其他危机则是"果"。由此引出的问题,一是对工业社会的深刻反思,二是生态文明的重建。对此,有来自不同领域、不同学科的许多研究与探索。本文欲从文化人类学的角度,探讨生态文明的定义,梳理历史长河中不同社会类型的生态文明内涵,进而提出新时期生态文明的建设必须考虑的几个问题。

一 何为生态文明

谈生态文明,首先需了解文明的概念。在我国,"文明"最早见于《周易》"见龙在田,天下文明"之语。英文文明写作 civilization,系出自拉丁语 civilis,此词与 civis(市民)和 civitas(都市)关联,含有都市对文明形成具有重要作用之意。

---

① [英]纳菲兹·摩萨迪克·艾哈迈德:《文明的危机》,谭春夏译,新华出版社 2012 年版,第 10—14 页。

英国考古学者柴尔德（G. Childe）认为，都市是文明的基本要素，他把农耕文化的演进称为"都市革命"，在他看来，都市不仅是文明的特征，而且是文明的创造体。① 恩格斯在《家庭、私有制和国家起源》一书中指出："国家是文明社会的概括……文明时代的基础是一个阶级对另一个阶级的剥削。"我国学者吴楚克据此认为："国家的出现是原始社会终结文明社会的开端，可以说文明是较高的文化发展阶段。"② 马塞尔·莫斯在其所著《论技术、技艺与文明》（*Techniques, Technology and Civilization*）一书中有对文明的专篇论述，他把文明看作是"一种超社会体系"，他指出，哲学家、语言学家、政治家对文明有不同的认知。有的人将文明视为一个完美的国家形态，有的人认为人类文明是抽象的、未来的，有的人则把西方文明视为唯一的文明。③

上述对于文明的解释，主要聚焦于古代文明的起源和特征，把文明看作是人类社会从原始、蒙昧、野蛮时代脱胎而出的后原始社会的都市和国家的文化形态。不过，在现实社会中通常所说的文明，大多与文明的古典意义相去甚远。例如当下社会常见的话语："建设社会主义精神文明和物质文明""提高全民的文明素质""从农业文明到工业文明"等等，就是不同于古典文明定义的现代文明概念。如果从现实社会对文明概念的应用来看，笔者以为理解文明大概有以下几点值得注意：其一，文明已经不再被完全视为某一特定历史阶段唯一的特定的典型文化，而是在整个人类发展的历史中，在不同的时空中形成、更替的具有不同性质的典型的文化。其二，文明不是一个绝对的由低级向高级发展进化的概念，文明可以随着社会进化而新生，也可以随着社会进化而颠覆、消亡和取代。其

---

① ［日］石川荣吉、梅绰忠夫等：《文化人类学事典》，东京弘文堂平成6年版，第680页。

② 吴楚克：《文明论纲》，内蒙古大学出版社2003年版，第3页；晏昌贵：《中国古代地域文明纵横谈》，湖北人民出版社2000年版，第1页。

③ ［法］马塞尔·莫斯等：《论技术、技艺与文明》，蒙养山人译，罗杨审校，世界图书出版公司2010年版，第72、73页。

三，文明是一个相对的概念，是相对于"野蛮""原始""落后""封闭""愚昧"等所使用的概念。其四，文明并非是大国家、大民族或先进国家、先进民族的"专利"，文明具有多样性，既有纵向的多样性，还有横向的多样性。各种文明之间存在着相互影响、相互交融的关系。其五，在当代社会生活中，文明被赋予了更多的世俗性，人们对它的理解和应用往往偏重于"道德修养和价值判断"。

那么，什么是生态文明呢？人类生态学者周鸿在其所著的《走进生态文明》一书中是这样定义和解释生态文明的："生态文明是创造新的生态文化与环境协同共进、和谐发展的社会文明形态，是人类摒弃了农业文明阶段不合理的土地利用方式和工业文明阶段以牺牲环境为代价的生产方式、生活方式和思维方式的人类高级文明。生态文明是社会文明与支撑文明的环境高度和谐的文明，是高效的循环经济、社会公正、生态和谐相统一的新型社会。在生态文明社会，人人享有生态民主、生态福利、生态公正、生态正义和生态义务，社会能提供可持续发展的生态安全保障。"① 周鸿定义的生态文明，是指从农业社会和工业社会脱胎而出的"社会文明形态""人类高级文明"和各种因素和谐统一的"新型社会"。周鸿的定义代表了自然科学界许多学者的看法，目前社会所提倡的生态文明，指的多半就是这种理想的后工业社会的高度和谐、公正、安全、可持续的文明。

周鸿生态文明的定义，乃是对工业社会深刻反思后得出的生态文明观，是一种前瞻性的生态文明观。然而问题在于，生态文明是否完全是以往历史的"摒去"和未来社会的"创造"？不然。以人类学的观点观之，文化是人类在历史长河中不断适应、探索、创造、积累、传承的过程，是动态流变的事象；文化如此，文明自然也如此，作为人类文明组成部分的生态文明当然也无例外，它并非无源之水，而是源远流长。② 也即，生态文明并非当代的发明，也不是

---

① 周鸿：《走进生态文明》，云南大学出版社 2010 年版，第 3 页。
② ［日］石川荣吉、梅绰忠夫等：《文化人类学事典》，东京弘文堂平成 6 年版，第 680 页。

后工业时代的专利，而是古已有之。有学者就认为："自有人类文明史以来，一切文明的共同基础是生态文明。"① 在大约 300 万年漫长的石器时代，人类赖以生存的狩猎采集经济里；在数千年青铜和铁器时代，人类发明创造的农耕、畜牧、渔捞等生活方式中，就蕴含着丰富多样的生态文明。生态文明在不同的族群和不同的历史时空中不断萌生、发展、传承、演变，周而复始，衍生进化，成为人类文明史的重要组成部分。因此，说生态文明，还需着眼于整个人类的历史，而从人类学的角度考虑，笔者以为生态文明可做如下定义：生态文明是人类文明的重要组成部分，是不同时代人类认知自然、适应和顺应自然规律、合理利用自然资源、维护人类与生态环境和谐共生的知识、技术、教育、伦理、道德、信仰、法制的综合文化生态体系。

二　前工业社会的生态文明

人类学家朱利安·斯图尔德（J. Steward）认为文明是一个历史的过程，其形成经历了如下几个阶段：世界几大古代文明虽然发生于不同的地区和不同的时间，然而都经历了大致类似的发展阶段，那就是狩猎采集期、初期农耕期、形成期、地方开花期和征服期。人类随着农耕的开始而定居，生产剩余，人口增长，出现了制陶和纺织，由于财富的积累而产生贫富差距，形成了社会阶层，促进了职业分化，权利逐渐集中，都市随之形成。② 世界文明的发展有阶段可寻，生态文明同样有多种演化形态。下文将对前工业社会的几类生态文明做一番简略的回顾，以加深我们对生态文明较为全面的理解。

在文化人类学的理论中有"古典进化论"和"文化中心主义"

---

① 姜春云主编：《中国生态演变与治理方略》，中国农业出版社 2004 年版，第 1 页。

② ［日］石川荣吉、梅绰忠夫等：《文化人类学事典》，东京弘文堂平成 6 年版，第 680 页；参见［美］F. 普洛格、D. G. 贝茨《文化演进与人类行为》，吴爱民、邓勇译，辽宁人民出版社 1988 年版。

的概念，在持有这种理论和立场的人看来，原始社会，即所谓"未开化社会"是没有文明和生态文明可言的。采集狩猎民巢居穴处，茹毛饮血，赤身裸体，原始野蛮，生存状态与动物没有多大区别，由于不会从事农业和畜牧业，食物直接从大自然掠夺、攫取，严重破坏自然，生存艰难而寿命极短——这曾经是人们对采集狩猎部落社会深信不疑的看法。然而这种看法却与许多人类学家的田野经验相悖，不断受到质疑。1965 年 75 位人类学家集聚于芝加哥，参加一个以"狩猎民"为题的研讨会。他们仔细检阅了当时全球尚存的"部落觅食者"或称"狩猎采集者"的田野研究结果，揭示出的事实表明他们生活稳定，满足于现状而且生态合理，完全颠覆了以往传统的偏见。许多资料说明，部落觅食者一直控制着自然资源，健康状况相对较好，具有较长寿命，同时他们能使自己的需求维持在一定水平，这些需要能在不危害环境的前提下充分而持久地得到满足，所以美国人类学家马歇尔·萨林斯（Marshall Sahlins）把采集狩猎社会称为"原初的丰裕社会"。① 在研讨会结束时，与会者一致认为采集狩猎生活方式占了人类文化跨度的 99%，是目前人类已经获取的"最为成功和持久"的适应。② 人类学家的所谓"原初的丰裕社会"之说，当然不可能覆盖所有的采集狩猎民族的所有生活状况，不过却非空穴来风，中国西南少数民族的许多田野资料也能支持此说。在 20 世纪 50 年代，由国家民委等组织进行调查编辑出版的"中国少数民族社会历史调查资料丛刊"中，就不乏独龙族、布朗族、景颇族、拉祜族、佤族、黎族等采集狩猎食物十分丰富的记录。笔者 20 世纪 80 年代初期，对云南西南山地民族的田野调查，以及 90 年代杨六金对芒人的调查等都证实了这一结论的可靠性。③

---

① ［美］马歇尔·萨林斯：《原初丰裕社会》，丘延亮译，《台湾社会研究季刊》1988 年第 1 卷第 1 期。

② ［美］约翰·博德利：《人类学与当今人类问题》，周云水、史济纯、何晓荣译，北京大学出版社 2010 年版，第 6 页。

③ 参见尹绍亭《人与森林——生态人类学视野中的刀耕火种》，云南教育出版社 2000年版；杨六金：《芒人》，云南民族出版社 2008 年版。

许多山地民族的肉食来源主要依赖狩猎，"吃野味"可谓家常便饭，采集食物的种类多达数百种，[①] 其丰富的程度是局外人难以想象的。采集狩猎社会为什么大都能够保持"丰裕"的状况？实行有效的适应策略无疑是重要的原因，他们对自然的适应即使不能过誉为"目前人类已经获取的最为成功和持久的适应"，然而称之为"在特定的历史条件下自觉的能动的适应"，却并无不妥。大量研究业已说明，采集狩猎民具有异常敏感的万物有灵观念，对于大自然极度地敬畏，他们视动植物为共生的生命体，在获取植物或动物的同时，他们会产生内疚和负罪感；面对各种异常的自然现象和灾害，会联想和自省自身的行为，并频繁举行祭祀神灵的仪式，借以洗赎采集狩猎残害动植物生命的"罪恶"。更值得注意的是，由于没有追求奢侈和积累财富的欲望，所以对自然资源的"攫取"危害较小；[②]他们经常迁徙，分散居住，客观上起到防止一地资源过度利用造成对生态系统的破坏；他们集体从事生计活动，平均分配食物，不私占资源，没有贫富之分，权利均等，社会公平，人与人、人与自然相对和谐。因此，一向被认为"尚未跨出原始社会门槛"的采集狩猎民，其实是最亲近自然的具有朴素的生态文明的人类。

在人类发展史上，畜牧业和农业几乎是同时出现的"孪生兄弟"，采集孕育了农业，狩猎则进化出畜牧。在森林地带，畜牧始终伴随农业而发展，两者合而为一，畜牧产生的粪便和肉乳成为社会坚实的不可或缺的能量支撑。在干旱草原地带，畜牧形成独立的

---

① 1984 年笔者与北京自然博物馆的研究小组在基诺山调查，曾经采集到基诺族日常生活中利用的近 500 种植物标本，其他民族的采集植物同样十分丰富。关于采集的经典的人类学民族志，首推菲律宾棉兰老岛哈努诺族的植物知识。在哈努诺族的语言中，关于植物部位的名称至少有 150 个，该族人使用 822 个基本名词识别 1625 个不同的植物类型。在 1625 个植物类型中，栽培或受保护的植物约为 500 个，余下的 1100 多个属于野生种。1625 种植物，有1525 种被该族利用，其中食用植物达 500 种以上，用于物质文化的约 750 种，诗歌中吟唱的植物有 554 种，用于超自然目的和药用的多达上千种（参见 ［日］秋道智弥等《生态人类学》，范广融、尹绍亭译，云南大学出版社 2006 年版，第 62 页）。

② 这一点客观上符合中国传统文化尊崇的"天人合一""道法自然""知足常乐，只止不殆""建素抱朴，少私欲""去甚、去奢、去泰"的理念和行为。

经济形态，它的分布横跨东亚、中亚、西亚，东非、西非以及西藏高原和南美安第斯山高地等地域，与湿润森林农耕地带并列，是人类最重要的经济形态之一。① 早期的畜牧业，不论何地，皆为游牧形态，即"居无定所，逐水草而居"。游牧每年移动于夏、冬季草场或更广阔的地域之间，这种畜牧方式，可以躲避灾害，可以让草场自然恢复，是对草地循环和可持续利用的策略，是畜牧民生态智慧的高度体现。② 不过，对于游牧而言，仅看到其循环利用的生态意义还远远不够，游牧社会还有更多的文化生态内涵，例如，畜牧民对牲畜、草原、绿洲、沙漠、气候、水源等所具有的丰富知识，将狩猎、采集、农作、贸易等作为辅助生计的策略，其部落社会极强的管理、协调、组织的机制和功能，萨满教等体现"天人合一"的观念等。③ 畜牧社会上述生计方式、社会组织和宗教信仰等的文化生态内涵，即为畜牧社会的生态文明。类似于游牧，以循环利用的方式努力平衡自然生态系统，从而实现可持续利用和发展的生计方式是刀耕火种。刀耕火种轮歇农业，是森林民族对森林生态环境的适应方式，是森林民族生态智慧的集中表现。学者们通常认为，刀耕火种经济是采集狩猎进化之后的人类社会发展阶段，它使得"人类单纯地向大自然'攫取'、'掠夺'转变为依赖自然的食物生产"。④ 的确，刀耕火种农业实现了植物的驯化和栽培，并由此带来了人类经验、知识和技术等的一系列变化和革命。

根据笔者的研究，刀耕火种社会除了兼容采集狩猎社会生态文明的全部内涵之外，还有如下诸多发展：1. 自然观——在浓郁的自

① ［德］约阿希姆·拉德卡：《自然与权力——世界环境史》，王国豫、付天海译，河北大学出版社 2004 年版，第 49 页。

② 参见孟和乌力吉《沙地环境与游牧生态知识——人文视域中的内蒙古沙地环境问题》，知识产权出版社 2014 年版；李凤斌等《草原文化研究》，中央编译出版社 2008 年版；阿拉腾《文化的变迁——一个嘎查的故事》，民族出版社 2006 年版等。

③ 参见王明珂《游牧者的决策——面对汉帝国的北亚游牧部族》，广西师范大学出版社 2008 年版。

④ 参见尹绍亭《一个充满争议的文化生态体系——云南刀耕火种研究》，云南人民出版社 1990 年版。

然崇拜之上，增加了一系列农耕神灵祭祀仪式；2. 社会组织——产生了代表和体现部落民权益并进行有效管理的长老或头人制度；3. 资源管理利用——土地和自然资源为氏族或村寨公有，人们按需分配、利益均等、和谐互助；4. 生产技术——因地制宜、轮歇耕作、轮作栽培；5. 信息交换——与低地灌溉农耕社会建立、保持着生态互补物质能量的流动交换关系。

历史上，许多地区由于人口增长，导致土地资源短缺，结果不得不改变粗放的农业形态而从事集约灌溉农业。刀耕火种农业向灌溉农业转换，便是这样的进化。灌溉农业社会无论在生产工具、生产技术、肥料、园艺、交通运输、谷物加工、食物制作等方面，还是在社会组织、政治制度、法律体系、宗教、艺术等方面，均有长足的创造。以精耕细作闻名于世的中国江南的灌溉农业堪称传统集约农业的典型代表，被人们誉为"人间奇迹"的云南哀牢山的壮丽梯田农业则为山地集约农业的典范。灌溉农业很大程度上传承着敬畏、顺应、维护自然的传统知识，同时为了土地利用效益的最大化而不懈努力，结果创造了由高度发达的水利系统、精耕细作的技术体系、农畜结合的互补高产系统、崇尚天人合一共生的自然观念相整合的独特灌溉农业社会生态文明。

三　当代生态文明建设

我们强调以往传统社会的生态文明，并不是厚古薄今，以古非今，也并非要否定时代的进步和发展。应该知道，由低级向高级进化，乃是人类社会和文明不可否认的发展规律。然而问题在于，文化、文明的进化发展，只有继承才能弘扬，没有继承，就会成为无根之木、无源之水而枯萎变异。从采集狩猎、畜牧火耕、到灌溉农业社会，可以说是从火的文明向水的文明、从森林文明向土地文明、从粗放文明向集约文明、从部落文明向国家文明的转换和发展。这种转换和发展，有其内在的生态变迁的脉络，有着传承、嬗变、包容的"血缘"关系。遗憾的是，这种文明演替的"脉络"和"血缘"关系,却在工业社会的发展中断裂、淘汰和消解了。

工业社会具有巨大的优越性,那就是它创造了神话般高度发达的科学技术和物质文明。然而另一方面,其对生态环境的负面影响却也暴露出了空前的野蛮。表现于下:第一,蔑视自然,以自然的主宰和征服者自居;第二,崇拜金钱财富,追求豪华奢侈,对自然资源索求无度;第三,凭借高度发达的科学技术疯狂掠夺自然资源,不惜杀鸡取卵、竭泽而渔;第四,毁灭性地消耗不可再生资源;第五,滥用化学,污染环境;第六,高耗能高排放,造成地球温室效应等。回顾人类历史,未开化的原始社会经历了漫漫数百万年,然而原始人对地球的影响却微乎其微,而工业社会才短短数百年,就弄得地球面目全非,千疮百孔,使人类濒临重重危机甚至绝境。面对如此严酷的现实,人类难道不应该深刻反思吗!

最近30年来,针对工业社会存在的不可持续的弊端,学界展开的关于生态文明的研究大致有四种取向。第一种可以称之为后工业社会的生态文明观,这是基于生态学的立场,反思工业社会高耗、高能、高碳、高污染的危害,提倡以科学技术和相关的政治、政策、法律等进行综合治理,从而实现"后工业时代"或"后碳时代"的生态文明。前述周鸿生态文明的论述即属此类。第二种是历史生态文明观,其研究的目光不是投向未来的"后碳时代"而是"前碳时代",其探讨的不是"信息时代"的生态文明,而是前工业时代的生态文明。根据历史文献的记载,整理、研究农耕社会的天人合一观念以及相关生态实践,以期以史为鉴,古为今用。这方面的研究已经有不少成果,例如出自许多学科背景的"生态文化"研究①,以及最近30年国内外兴起的环境史研究。第三种为宗教哲学生态文明观,和历史生态观一样,此亦为现实引发的历史生态研究,不过其关注的对象则集中于古代宗教、哲学。从宗教圣贤哲人的教义和学说中探寻关于人与自然的超凡脱俗、博大精深的思想精华,反观

---

① 代表著作如王玉德、张全明等《中华五千年生态文化》,华中师范大学出版社1999年版;佘正荣:《中国生态伦理传统的诠释与重建》,人民出版社2002年版等。

今日自然观之肤浅、庸俗和野蛮，发人深思，给人启迪，教化、借鉴意义不言而喻。此类研究发足于西方学界，基督教、伊斯兰教、佛教以及我国古代儒学和道家的世界观和生态观均深受国内外学者关注。① 第四种是民族生态文明观或称传统知识生态文明观，此为生态人类学、民族生态学等的学科取向。学者们以世界各地的土著民族或世居民族的传统知识，即生态认知、观念、智慧、行为、实践等作为研究对象，通过田野调查研究，发掘存在于民间现实生活中丰富多彩的人与自然和谐共生的传统知识，彰显其宝贵的价值和功能，欲为当代生态危机开具独特的治理良方。②

上述四种研究取向，相辅相成，殊途同归，其目的均在于当代生态文明的建设。第一种深刻反思现世弊端，它的实现有赖于政治、体制、制度、法律的变革完善以及科学技术的进步，任重道远，为长远追求的目标。第二种和第三种意在继承和发扬古代社会和宗教哲学的生态文化遗产，当代自然观和价值观的重建以及如何处理人与自然的关系，确有必要从古代闪光的生态哲理、思想、智慧和经验中汲取营养。第四种为不同地域不同族群适应不同环境、承袭历史植根故土、因地制宜行之有效的传统知识研究，它既具学术性，又具应用性，尤其对于中国这样一个文化和生态多样性十分突出的国度，活态传统知识的传承无疑更显重要。不过从文化人类学的角度探讨生态文明建设，除了重视传统知识之外，从学科的基本理念出发，还应特别强调以下两点：③

第一，文化适应是生态文明的重要视点。

从文化人类学的角度来看，生态文明是人类文明的重要组成部

① 西方学界有"世界宗教与生态丛书"，江苏教育出版社翻译出版了其中的三种：由安乐哲主编、彭国祥执行主编的《儒学与生态》《佛教与生态》和《道教与生态》。

② 该领域的研究近30年来已成蓬勃发展之势，国内代表性的研究如云南大学、中国科学院昆明植物所、中央民族大学、吉首大学、内蒙古大学、新疆师范大学等的研究团队的众多成果。中央民族大学生命与环境学院首席科学家薛达元的团队近年来致力于"中国少数民族传统知识数据库"的建设，意义重大。

③ 尹绍亭：《从人类学看生态文明》，《中国社会科学报》2013年5月31日第A05版。

分，是人类在历史长河中认知、利用、维护自然的经验、智慧、技术、科学、伦理、道德、制度、法律、宗教、信仰的综合体现。人类学自诞生之日起，便把目光投到人类与自然的关系，即人类创造的不同的生态文明之上，并由此产生出多种生态解释的理论：或认为自然环境是影响人类生存方式的决定因素；或认为自然环境对于人类的生存方式并不具有决定性的作用，然而却存在着不同程度影响的可能性；或又主张文化决定论，认为在人与自然的关系中文化起着主导的作用；而目前主流的看法，则是把人类的生存方式，即人类文化看作是对自然环境适应的工具或过程，这就是生态人类学的文化适应论。①

以适应看待人类与自然环境的关系，是对极端的人类中心主义和自然中心主义的否定，它包含两层意义：一是认为人类和其他生物一样，是自然界的一个生物物种，人类不可能超越自然而生存，也不可以凌驾于自然之上为所欲为，而只能顺应自然的规律，在特定的生态系统中进行生活所需的能量循环和物质交换；二是人类与其他生物不同，人类能够认知自然，能够传承和积累有关自然的经验和知识，并且能够把经验和知识转化为利用自然、与自然和谐共生的有效工具。两层含义，构成了人类适应的理论核心。

第二，文化多样性是生态文明的丰富内涵。

在这个地球上，无论是自然还是文化，其最突出的特征之一就是多样性。文明和生态文明也不例外，没有多样性的视野，就谈不上对文明和生态文明的理解，生态文明的多样性可从三方面来看。

首先，生态文明的演进是一个历史悠久的过程，有着纵向的丰富的多样性。现在社会流行着一种看法，认为文明的进化是这样的一个系列：农耕文明——工业文明——生态文明，认为生态文明是

---

① 参见［美］F. 普洛格、D. G. 贝茨《文化演进与人类行为》，吴爱民、邓勇译，辽宁人民出版社 1988 年版。

从工业文明脱胎而出的"先进"文明形态，是后工业时代或后碳时代的社会形态。此看法不妥，生态文明是文明的重要组成部分，而非一种独立的文明形态；"生态"与"农耕""工业"不属同一范畴，有农耕社会、工业社会，而不会出现单纯的生态社会。而生态文明作为文明的一部分，古已有之，而非工业社会面临生态危机的今天才产生、才建设。历史悠久深厚的积累，可以为当今社会生态文明的培育提供有益的借鉴、有用的资源。重视传统资源、重视传承和发展有可能事半功倍、卓有成效。

其次，生态文明是一种多元并存的状态，有着横向的丰富多样性。世界上存在着众多的族群及其文化，我国有 56 个民族，东南亚地区有几百个族群，全世界族群多达数千，文化可谓千姿百态。地球上从极地到赤道，从高地到平原，地貌多变，气候复杂，自然环境千差万别。千姿百态的族群文化和千差万别的自然环境相互作用，自然会形成异彩纷呈的生态文明。从这样的认识出发，有两点值得注意：

一是应该尊重众多并存的生态文明，应该充分认识文明差异的价值和意义，而不能以一种所谓"先进"的生态文明一统天下，去评判、取代和改造其他的文明。仅以我国最小的两个民族——西南怒江峡谷的独龙族和东北大兴安岭的鄂伦春族为例，两个民族都只有数千人，不到汉族人口的百万分之一，然而他们在适应各自特殊的自然环境的历史过程中，均创造了能与自然和谐共生的独特生态文明。① 如果我们不承认其文明、蔑视其文明，执意采用发达地区或大民族的生态文明去彻底取代其文明的话，那么结果必然事与愿违、适得其反。

二是应该看到，文明是相互影响、相互学习、相互渗透、相互

---

① 独龙族千百年来与自然共生，该族利用速生树种水冬瓜树与农作物进行轮作的"粮林轮作农耕系统"，具有很高的生态文化科学价值，堪称资源保护和循环利用的有机农业的杰作。鄂伦春族世代代以采集渔猎为生，其集动植物的认知、经验技能和自然崇拜为一体的森林文化体系，蕴含着深厚独特的原始生态文明，参见吴雅芝《最后的传说——鄂伦春族文化研究》，中央民族大学出版社 2006 年版。

融合的，生态文明也同样，一个民族良好生态文明的育成，往往是兼收并蓄的结果。例如中华民族的生态文明，乃是多民族长期融合共生的结晶；在东亚一些国家的生态文明中，不难看到儒家学说的深刻影响。文明的兴衰是历史发展的规律，中国文明也不例外。我们常为"中国文明是世界上唯一没有中断的文明"而自豪，然而面对现实却不得不承认，我国正面临着深刻的生态文明危机。这种由野蛮工业社会阶段制造的危机，我们其实不是始作俑者，而是步人后尘，盲目发展，重蹈覆辙。如果我们在发展工业化之初，便能清醒地认识国情，坚持优良文化传统，总结发达国家所走弯路的教训，理智地吸取借鉴他们的经验，超前提出适合中国国情的和谐发展战略并切实付诸实践的话，那么情况就大不一样了。历史上许多国家曾经虚心学习中国文明，今天我们建设生态文明，也应虚心向发达国家学习，学习其文明的精华，以丰富自我文明的内涵、提升自我文明的品质。

最后，和谐共生是生态文明的核心理念。生态文明讲究人与自然的和谐共生，而人与人的和谐则是人与自然和谐的保障。费孝通先生曾用16个字概括人类学的思想精髓，那就是"各美其美，美人之美，美美与共，天下大同"。费先生的16字箴言是对人类和文化中心主义、霸权主义、利己主义、拜金主义等的否定，它提倡在处理国际、族际和人际关系方面应该秉持相互尊重和包容的态度，追求人类和世界和谐发展共同繁荣。然而令人遗憾的是，在当今社会，"共美大同"的理念并未受到重视。主要原因就在于不懂得或不屑于"各美其美，美人之美，美美与共"的道理。所以当下生态文明的培育，不能仅就生态危机说修复，仅就环境破坏说治理，即不能只讲科学技术而不讲文化，只注重现象而忽视根源。此外，无论何种文明，均植根于对客观世界的精神感悟、观念、理想和信仰；而在全球化的时代，无论何种文明，都必须充分体现公平、正义、民主并建立和完善相关的法制；有了理想和信仰、正义和法制，才会形成高尚的伦理道德和良好的行为规范。

结　语

　　生态文明建设是在当代特殊的语境中产生的特殊话语。这一特殊的话语今天之所以受到特殊的重视，是因为它干系到人类和地球的安全和生命。习近平主席曾言："生态环境保护是功在当代、利在千秋的事业；要清醒认识保护生态环境、治理环境污染的紧迫性和艰巨性，清醒认识加强生态文明建设的重要性和必要性，以对人民群众、对子孙后代高度负责的态度和责任，真正下决心把环境污染治理好、把生态环境建设好，努力走向社会主义生态文明新时代，为人民创造良好生产生活环境。"[①] 本文通过对生态文明定义、传统生态文明和当代生态文明建设的阐述，说明生态文明的发展是一个积渐所致、曲折演进的过程。当代生态文明的建设不能只局限于现代科学技术的运用和相关政策法规的制定和实施，还需要学习人类上万年适应自然的历史，正视和包容现实世界文化的多样性，汲取不同文化传统知识的精华。而且，欲追求人与自然的和谐，必须维护人与人、社会与社会的和谐，必须消除一切形式的文化中心主义。因为在工业化、全球化的时代，生态、政治、法治、教育、道德、伦理、信仰、制度、物质、科技等各类文明密切关联，相互制约，相互影响，没有相关因素的高度文明，就不会有生态文明。所以，要让生态文明在祖国大地生根、开花、结果，还需要综合治理，协同奋进，唯其如此，才是当代生态文明建设的可行之道。这就是文化人类学生态文明建设的视角，一种兼收并蓄、整体观照的生态文明观。

（原载《中南民族大学学报》2013 年第 2 期）

文化人类学的生态文明观

---

　①　据新华网北京 5 月 24 日电，习近平总书记在中共中央政治局的讲话。

多样性演变

——中国西南的环境、历史和民族

多样性及其演变，是世界各地环境史普遍存在的现象。多样性包括生态环境多样性、生态系统多样性、生物多样性、族群多样性、文化多样性等。多样性深刻地塑造了各地历史的走向和进程，而历史反过来又给予多样性以巨大影响，两者的互动，演绎了环境与历史的复杂过程。中国西南地区是世界上多样性最为富集的地区之一。重视多样性及其演变研究，对于认识和理解自然与人类的相互关系，对于历史经验的总结和借鉴，对于当代生态文明建设和人类社会可持续发展，均具有积极意义。

一 西南地区的多样性

中国西南地区位于西南亚与东亚、东南亚与北亚的十字路口，是古代南亚恒河文明与东亚黄河文明和长江文明、东南亚雨林文明与海洋文明的交汇地。如此特殊的地域，有其突出的特征，多样性即为其显著特征之一。

中国西南地区的多样性表现于自然和人文的方方面面。

1. 生态环境和生态系统多样性。

生态环境是纬度、地貌、气候、地质、生物等自然因素综合形成的复合生态系统。生态系统指在自然界的一定空间内，生物与环境构成的统一整体，在这个统一整体中，生物与环境之间相互影响、相互制约，并在一定时期内处于相对稳定的动态平衡状态。西南地区位于中国地势第一级阶梯"世界屋脊"向第三级阶梯低地过渡地带，海拔高程从六七千米渐次降至不足百米，落差十分显著。区内分布有盆地，河谷，丘陵，草原，低、中、高山山地，纵横峡谷，高原雪山，地貌极其复杂。该区受印度洋西南季风和太平洋东南季风交叉控制，加之纬度地势等的综合作用，热带、亚热带、温带、寒带所有气候类型一应俱全。该区有"亚洲水塔"之称，境内水系发达，金沙江、澜沧江、怒江、珠江、岷江等大河纵横奔流，滇池、洱海、抚仙湖、泸沽湖、琼海等众多湖泊散布其间。特殊的自然地理条件，形成了形态各异、尺度大小的生态环境和生态系统。如云南从热带到高山冰缘荒漠等各类自然生态系统，共计 14 个植被型，38 个植被亚型，474 个群系，囊括了地球上除海洋和沙漠外的所有生态系统类型，是全国乃至世界生态系统最丰富的地区。① 在相当长的历史时期内，它们各具形态，生生不息，演绎着共生共荣的自然史。

2. 生物多样性。

生物多样性又称物种歧异度，是指在一定时间和一定地区所有生物（动物、植物、微生物）物种及其遗传变异和生态系统的复杂性总称。它包括遗传（基因）多样性、物种多样性、生态系统多样性和景观生物多样性四个层次。西南地区是世界生物多样性富聚区。例如云南国土面积仅占全国 4.1%，各类群生物物种数均接近或超过全国的 50%，是我国生物多样性最丰富的省份。② 被誉为"世界生物基因库"的世界文化自然遗产"三江并流"地，其面积占中国国土面积不到 0.4%，却拥有全国 20% 以上的高等植物和 25% 的动物种数。又如被称为"植物王国""动物王国""绿色王国"的云南西双版纳，有高等植物 4000—5000 种，约占全国总数的 1/6；有

① 杨质高：《云南为全国生态系统类型最丰富的省份》，《春城晚报》2018 年 5 月 23 日第 A04 版。

② 同上。

脊椎动物 539 种，鸟类和兽类种数分别占全国 1/3 和 1/4。[①] 清末至民国年间，西方传教士等在中国西南采集动植物标本数量之巨也颇能说明问题。1868 年至 1870 年，法国传教士谭微道到四川采集植物标本 1577 种带回巴黎植物园培育；传教士赖神甫在 1882 年至 1892 年的 10 年间曾为法国巴黎国立自然历史博物馆在大理洱海周边及邓川、宾川、鹤庆、剑川、丽江等地采集植物约 20 万号，含 4000 个种，其中 2500 个种是从未记录过的新种；英国海关官员韩尔礼自 1882 年至 1898 年间曾在西南多地海关任职，在宜昌、蒙自和思茅任职期间曾采集植物 15 万号，约 5000 个种，送往英国和欧美各国培育。[②]

3. 民族多样性。

当代西南民族，按国家认定的类别，贵州有世居民族 18 个，四川有 13 个，广西壮族自治区有 12 个，云南有 26 个。追溯当代西南民族的来源，最早有氐羌、百濮、百越等几大古老族群，而后相继有汉、苗瑶、蒙古、回、满等族群进入，形成了集聚与杂居并存的分布局面。而无论是从族群"集聚"看，还是从"杂居"看，都存在"生态位"的划分和选择。从平面分布看，百越系的傣族、壮族、布依族、侗族等大都分布于该区较低纬度地带，氐羌系的白族、彝族、纳西族、傈僳族、景颇族、普米族等分布于该区中高纬度地带，同为氐羌系的藏族分布于该区纬度最高的地带。从垂直分布看，百越系的民族大都分布于海拔七八百米以下的盆地河谷地带；氐羌系和苗瑶民族以及汉族大都分布于海拔八九百米至两千米地带，藏族、珞巴族等则分布于两千米以上的高海拔地带。[③] 为什么会产生平面和垂直的交叉分布？适应性选择应该是其主要原因。百越系族群发源于热带，对湿热环境较为适应；氐羌系族群、苗瑶族群以及

① 许建初等主编：《中国西南生物资源管理的社会文化研究》，云南科技出版社 2001 年版。
② 曹津永：《近代西方视域下的西南环境与文化——金墩·奥德科考研究活动研究》，博士学位论文，2017 年。
③ 尹绍亭：《试论云南民族地理》，《地理研究》1989 年第 8 卷第 1 期。

汉族等发源于寒温带，通常喜欢选择纬度或海拔较高的凉爽地带生存，即使迁徙到低纬度地带，也大都居处山地，而很少深入低地。族群垂直分布，不同族群居于不同的生态位，分散了人口压力，平衡了自然资源的分配和利用，在很大程度上避免了为争夺资源而发生的矛盾和战争。中国西南乃至相邻的南亚和东南亚山地，被西方学者称为"左米亚"山地。斯科特著名的《逃避统治的艺术》一书，极力主张该区山地民族的迁移及其生活方式的选择均出于"逃避被统治"的考量，即完全是"政治适应"的策略。[①]斯科特的观点有其一定的依据，不过显然太过绝对。在笔者看来，更多的资料支持却聚焦于"生态适应"，这是较"政治适应"更为普遍的现象。

4. 文化多样性。

文化的多样性源于族群多样性。在西南各民族中，不难发现迄今为止人类所创造的所有采集狩猎农耕畜牧类型、所有原始传统的交通方式、所有原始传统的聚落形态和民居建筑、所有原始和传统的食物加工方式、种类繁多异彩纷呈的原始和传统的民族服饰等。在进化论主导的时代，该区被认为存在着世界罕见的"前资本主义诸种社会形态"，因而被视为"社会发展的活化石"。其实该区众多族群及其支系大都具有自身独特的社会组织、制度和风俗习惯，传统的社会形态远远不止进化论所划分的原始社会、农奴社会、奴隶社会、封建社会几类。除社会形态之外，文化多样性还体现于各民族的宗教信仰、文字古籍、节庆祭祀、诗歌传说、歌舞戏剧、文学艺术等方面。

二　多样性长期保持的原因及其生态意义

西南地区以富聚多样性著名。由此产生的问题是，该区为何能长期保持多样性繁盛的状况？原因得从自然环境和族群及其文化中

---

① ［美］詹姆士·斯科特：《逃避统治的艺术：东南亚高地的无政府主义历史》，王晓毅译，生活·读书·新知三联书店2016年版。

多样性演变

69

去寻找。

"蜀道之难难于上青天!"这是古人面对蜀地交通发出的感叹!在古代,蜀道之难实为西南交通的普遍状况。直至 20 世纪 50 年代,西南高山深谷里的交通,大多还是悬崖峭壁上开凿的天梯栈道、峡谷激流上架设的竹藤溜索吊桥。古代遍布崇山峻岭的茶马古道,是时下人们津津乐道的话题,其实它并不像人们想象的那般诗意浪漫。据笔者 20 世纪 80 年代在云南怒江傈僳族自治州贡山县的调查,仅该县境内每年翻越高黎贡山累死和坠崖的马匹就多达上千匹!昔日哪一条茶马路上不是白骨成堆,冤魂缭绕。交通屏障不仅是高山大河,还有极端气候的影响。康藏高原的严寒和缺氧,曾经使汉人数千年无缘于该区。横断山脉高地积雪时间长达半年以上,其间商旅绝迹。

西南交通除了山川阻隔,"瘴疠"亦是一大障碍。"欲到夷方坝,先把老婆嫁",这是昔日云南广为流传的俗话。据 20 世纪 50 年代医务工作者的调查,西南地区的瘴疠或瘴气主要是以疟疾、鼠疫、天花、霍乱、流行性乙型脑炎、白喉、各类伤寒、回归热、痢疾、猩红热、流行性脑脊髓膜炎、麻疹、流行性感冒、传染性肝炎、脊髓前角灰质炎、百日咳、炭疽病、狂犬病、羌虫病钩端螺旋体病等的传染病群。瘴疠不仅严重危害外来人群,土著居民亦常因这些传染病的爆发而大量死亡。1904—1910 年修筑滇越铁路,曾在越南和云南等地招民工二三十万,有十多万人死于疟疾,故有"一根枕木死一人"之说。1933—1940 年云南云县疟疾大流行,七年死亡三万多人。1919—1949 年思茅疟疾大流行,原来 7 万多人的城镇,1951年仅剩 1092 人。[①] 1987 年笔者到云南省勐海县布朗山调查,刚好碰上从缅甸传来的恶性疟疾爆发,乡政府所在地新曼峨寨一天之内死亡十余人,高音喇叭不断播放村民死亡消息,进入村中,不时可见摆放于家门口的死尸,哭声此起彼伏,惨不忍睹。地处蛮荒,远离文明；山原苍茫险峻，江河纵横汹涌；气候或严寒缺氧，或酷热卑湿；蛇蝎肆虐，虎豹横行；烟瘴弥漫，毒疠遍野……如此险恶的"原生态"，曾使历代天朝帝国的征服图谋难以如愿，富商大贾望而生畏，中原豪强不敢冒进，内地流民视为畏途。

西南生态环境的多样化和碎片化，不可能形成大的政治共同体和大文明体系，反之却利于促进族群的分化、变异，利于小而丰富多彩的文化类型和形态各异的寡国小民的产生。西南历史最早的文字记载《史记·西南夷列传》说："西南夷君长以什数，夜郎最大；其西靡莫之属以什数，滇最大；自滇以北君长以什数，邛都最大……其外西自同师以东，北至楪榆，名为巂、昆明，……自巂以东北，君长以什数，徙、筰都最大；自筰以东北，君长以什数，冉駹最大。……自冉駹以东北，君长以什数，白马最大，……"① 这就是西南古代政治图景的写照。"君长"如此众多，其下还有多少部落、氏族，那就不得而知了。而君长、部落、氏族各有习俗，内部认同性极高，对外则高度戒备排斥。汉武帝曾派遣使者"出西南夷，指求身毒国"，"为求道西十余辈。岁余，皆闭昆明，莫能通身毒国"，② 那么多使者想方设法想走"西南丝绸之路"，却始终没能通过昆明族群控制的地盘。西南地区众多土著族群出于自我保护而对外族高度戒备和防范，为了生存或为反抗压迫剥削而对他族不惜采取暴力和极端手段等，和上述险恶的生态环境一样，对于阻止历代王朝的直接统治图谋和东部移民的进入，同样发挥了重大作用。这方面的情况古代文献记载甚多，例如三国时代诸葛亮"五月渡泸，深入不毛"费尽心力征服了南中，却无法直接统治，只能依靠土著大姓间接治理。

历史上佤族的猎头习俗闻名遐迩，一般外族人绝对不敢踏入佤山半步，这一习俗一直延续至 20 世纪 50 年代才被废除。在大凉山，历史上不知有多少外族人被彝族头人虏为"娃子"（奴隶），其中甚

---

① 司马迁撰：《史记卷一百一十六"西南夷列传第五十六"》，中华书局 2000 年版。
② 同上。

至有不慎落到该区的西方飞行员。20世纪二三十年代，人类学家杨成志曾经记录过他前往川滇交界地区进行民族调查的经历，其情况之险恶令人难以想象。① 匪患猖獗，也是西南地区给人的突出印象，匪患在中国不独西南，而西南肯定是一个重灾区。鉴于西南地区特殊的生态环境和族群生态，中央王朝始终未能直接统治西南全境，于是不得不采取特殊的"以夷制夷""羁縻"控制等策略。元、明、清三朝在西南地区先后设置的土司曾多达2569家。② 土司制度，实为中原王朝适应边地状况的政治创造。

交通因自然和人文因素长期受阻，人口数量和密度一直维持在较低水平，西南的环境和社会之所以能够长期保持"原生态"状况，各种多样性之所以能够长期繁盛不衰，与此关系密切。

三　社会变革与多样性衰变

环境人类学、环境史等学科把人与自然的关系过程作为研究对象，但是历史乃至近代屡屡发生的环境巨变却并非是"空泛"的人类行为，而多半是国家化、殖民化、工业化和市场化的结果。中国西南环境的变化也如此。在1949年以前的数千年乃至上万年的时期，西南广大山地环境的变化是十分缓慢的，一些地方甚至一直保持着"原生态"的状况，变化主要发生在交通较为便利或邻近中原的低地地区。然而1949年以后，西南也和中国广大地区一样，发生了翻天覆地的变化。不言而喻，变化动力主要来自外界，来自国家社会主义改革的巨大能量。请看下面几项始于20世纪50年代的改革，从中既可以看到改革的显著成效，也能感知随之带来的生态和文化多样性的严重衰变及其后果。

1. 政治体制改革。

中华人民共和国成立之后，西南地区不管是民国的行政建制和残留的土司制度，还是部落和村社的头人长老制，统统改革为和全

---

① 《杨成志人类学民族学文集》，民族出版社2003年版。
② 引自"百度百科"资料。

国统一的省、区、县、乡、村行政体制，实现了中央政府的直接统治。在少数民族集聚区，则在大一统的体制内建立相应的民族自治的区、州、县、乡，让少数民族当家作主，行使自治的权力。西南地区长期存在的不同地区独立、半独立的状态和各民族传统社会制度至此全部终结。

2. 社会主义改造。

按照马克思主义社会发展史观，20世纪50年代，西南地区各民族多样性的社会形态，即"前资本主义社会的不同发展阶段"，都必须进行社会主义改革。为了彻底改变各民族原有的生产关系和生产力，西南也和内地一样，首先进行了政体变革，接着实行合作化、公社化改造，并先后发动了"以粮为纲""以钢为纲"的"大跃进""学大寨""文化大革命"等运动，改革开放之后则又实行家庭承包连产责任制等一系列改革。经过诸多激烈的革命、运动和改革，各民族传统的生产关系和生产力被迅速改变和淘汰，以内地社会经济为标杆的同一化取代了各民族传统社会的多样化。

3. 资源大开发。

中原或东部中心主义，是我国几千年封建社会沿袭的意识形态。历代社会经济发展布局和资源利用格局均受此支配，中华人民共和国成立之后，状况依然如故。边疆从属于政治经济发展中心，不发达地区依附发达地区，双方的生态关系定格为边疆资源生产和内地产品加工的互动互补。云南是我国铅、锌、锡、铜、铁等矿产的重要产地，其储量和开采量均列全国前茅。森林是西南的优势资源，自明以降一些交通便利的地方植被已多有破坏，然而广大山地高原依然林海茫茫。从20世纪50年代开始，国家设立林场，调动大量工人进入西南，开始了空前的木材采伐大会战。1966年冬天，笔者曾参加红卫兵长征队步行穿越康藏地区，沿途林场鳞次栉比，到处可见砍伐之百年大树堆积如山。木材靠江河"裸运"，在川西石棉和雅安，大渡河面飘满原木，日夜顺流滚滚而下，场面触目惊心。移民农垦是云南大开发的又一举措。农场以种植国家急需的橡胶、甘蔗、咖啡等经济作物为主。"大跃进"时期，以外来移民为主建立的云南国营农场多达 90 个。橡胶和甘蔗等的种植，彻底改变了云南热带亚热带自然景观，给生活于那一地区的各民族带来了史无前例的深刻变化，影响极其深远。①

4. 改善环境。

一方面，20 世纪 50 年代为了巩固新建立的政权和国防，国家把交通作为首要大事，投入大量人力物力，付出巨大代价，修筑了通往各个边境地区的公路。康藏公路（成都至西藏）、壁河公路（云南碧色寨至河口）等极具战略意义的公路相继建成。深山老林悬崖绝壁江河激流中依靠栈道、竹藤桥、竹藤溜索、皮囊等出行的原始交通状况得到极大改善。② 另一方面，由国家组织"中央防疫队""民族卫生工作队"奔赴西南地区，在各地政府组织的防疫队配合下，大力开展瘴区的卫生防疫工作。云南于 1956 年消灭鼠疫，1960 年消灭天花，1962 年消灭回归热，同时霍乱传染得到有效防治，一些急性传染病发病率大为降低。以作为瘴疠首害的疟疾为例，云南 1953 年发病数为 41 万多人，发病率为 2379.59/10 万，1965 年发病率降为 110.80/10 万。最近全省疟疾发病率基本上降到了万分之五以下。③ "瘴疠之乡"已成为历史。

5. 人口增长。

交通改善、疾病防治取得巨大进展，彻底改变了西南的封闭状况，加之社会经济长足发展，为人口快速增长创造了条件。西南几个省区 20 世纪 50 年代人口都在 2000 万以下，据 2015 年统计，云南人口 4742 万，广西 4796 万，四川 8204 万，贵州 3530 万，重庆

---

① 目前西双版纳等地的橡胶种植面积已达到 360 余万亩，云南甘蔗种植面积达到 469.35 万亩（2007 年），产糖 1938.7 万吨，超过广东、福建，成为我国蔗糖业重点发展地区。而这样的业绩是以牺牲热带雨林亚热带森林为代价的。西双版纳 20 世纪 50 年代热带雨林和季雨林覆盖率接近 70%，20 世纪 80 年代即下降到 28%。

② 仅以公路为例，云南 20 世纪 50 年代的公路里程为 2783 公里，20 世纪 70 年代公路里程已达到 20 世纪 50 年代的 15 倍，现在包括高速路在内的公路长达 20 余万公里，约为 20 世纪 50 年代的 80 倍。

③ 郑玲才：《郑玲才同志在省防疫站建站三十周年纪念会上的工作报告》，档案资料。

3017 万，均为 20 世纪 50 年代各省区人口的大约 3 倍。①

上述几项重大改革、开发和建设，对于保障国家统一、巩固国家政权和国防、促进社会和经济发展等，无疑意义重大。然而如果从生态角度看，后果却出人意料。国家同一化的权力行使方式和政策举措在诸多方面并不适应多样化生态环境与资源的管理利用，各地各民族传统社会组织的彻底改革已然对传统文化体系、包括文化生态体系形成强烈冲击；"落后生产力"的改革与取缔打乱了各民族千百年来形成的多样性的适应系统，干扰了人与自然的平衡和谐，地方传统知识迅速流失。大力采掘矿产资源，盲目追求工业化，致使资源枯竭，昔日云南东川"铜都"和个旧"锡都"名存实亡。长江上游川滇原始森林毁灭性的采伐，导致严重水土流失，地质和洪涝灾害频频发生，1998 年长江中下游发生百年一遇的特大洪灾，曾使数亿人生命财产遭受重大损失。大规模移民，垦殖热带雨林和亚热带天然林，盲目扩大外来农作物和经济作物种植，致使生物多样性锐减，病虫害频发，污染加剧，气候变异，水源干涸，酿成种种生态灾害。② 人口快速增长，压力过大，许多地方环境资源不堪重负。为缓解危机，扩大耕地毁林开荒，生境遭受严重破坏。为追求作物产量，稻作曾一度依靠行政手段强行推广，种植诸如"广西稻"等劣质多产稻谷，传统稻谷品种及其遗传多样性严重受损，云南各民族千百年来驯化积累的 5000 余种水稻和 3000 余种陆稻品种至今已所剩无几。

四 多样性保护与生态文明建设

历史业已证明，生态环境及其生物多样性是物质世界丰富繁荣的根基，是形成人类社会经济文化多样性的源泉和可持续发展的保障。而人类社会经济文化是否能与之适应，而不是走向人类中心主义、政治中心主义、物质中心主义、发展中心主义的歧途，将不仅

---

① 引自"中国产业信息网"。

② 尹绍亭、深尾叶子主编：《雨林啊胶林——西双版纳橡胶种植与文化环境相互关系的生态史研究》，云南教育出版社 2003 年版。

对自然环境、也将对人类的生存和发展产生重大影响。对于这个道理，人类社会从无知到觉醒，从盲目到自觉，从忽视到重视，从任意破坏到严格保护，经历了漫长曲折的过程，付出了惨痛的代价。面对生态环境破坏、多样性锐减的严重后果，作为大自然报复的回应，20 年来，我国国家层面的生态观也发生了显著变化，生态环境保护被提上了重要议事日程，随之采取和实施了一系列措施、工程和战略，收到良好效果。

1. 建立"自然保护区"。

自 1956 年起，经过 50 多年的努力，截至 2010 年年底，全国已建立各种类型、不同级别的自然保护区 2588 个，保护区总面积约14944 万公顷，陆地自然保护区面积约占国土面积的 14.9%。其中，国家级自然保护区 319 个，面积 9267.56 万公顷。约 2000 万公顷的原始天然林、天然次生林和约 1200 万公顷的各种典型湿地、中国80% 的陆地生态系统种类、85% 的野生动植物种群和 65% 的高等植物群落，特别是国家重点保护的珍稀濒危动植物绝大多数都在自然保护区里得到较好保护。西南地区现有国家级自然保护区 69 个，其中的四川阿坝州卧龙自然保护区、贵州梵净山自然保护区、云南西双版纳热带雨林自然保护区位列全国十大自然保护区之中。①

2. 建立国家公园。

1982 年参照美国生态环境和生物多样性保护模式建立"国家公园"（National Forest Park），至 2011 年全国已有国家级森林公园 746处和国家级森林旅游区 1 处，西南地区有国家级森林公园 115 处。②

3. 实施遗产保护。

世界遗产是指被联合国教科文组织和世界遗产委员会确认的人类罕见的、目前无法替代的财富，是全人类公认的具有突出意义和普遍价值的文物古迹及自然景观。世界遗产包括文化遗产、自然遗产、文化与自然遗产三类。中国于 1985 年 12 月 12 日正式加入《保

---

① 引自"360 百科"。

② 同上。

护世界文化与自然遗产公约》。截至 2017 年 7 月 9 日，中国申报成功的世界遗产已达 52 项，西南地区有 10 项。著名的四川九寨沟、四川大熊猫栖息地、中国南方喀斯特、云南三江并流自然景观、中国红河哈尼稻作梯田文化景观等名列其中。① 从 2002 年起，联合国粮农组织联合国开发计划署和全球环境基金开始设立全球重要农业文化遗产（GIAHS），联合国粮食及农业组织（FAO）将其定义为："农村与其所处环境长期协同进化和动态适应下所形成的独特的土地利用系统和农业景观，这种系统与景观具有丰富的生物多样性，而且可以满足当地社会经济与文化发展的需要，有利于促进区域可持续发展。"中国迄今为止获准 17 项，西南有 3 项：贵州省"从江侗乡稻鱼鸭系统"、云南省"红河哈尼稻作梯田系统"、云南省"普洱古茶园与茶文化系统"。②

4. 实施"天保工程"和"退耕还林"工程。

"天保工程"即天然林资源保护工程。1998 年长江流域特点洪涝灾害后，针对长期以来我国天然林资源过度消耗而引起的生态环境恶化的现实，国家从社会经济可持续发展的战略高度做出实施天然林资源保护工程的重大决策。该工程旨在通过天然林禁伐和大幅减少商品木材产量，有计划分流安置林区职工等措施，主要解决我国天然林的休养生息和恢复发展问题。在 2000—2010 年，工程涉及西南实施的目标之一是切实保护好长江上游、黄河上中游地区 9.18 亿亩现有森林，减少森林资源消耗量 6108 万立方米，调减商品材产量 1239 万立方米。到 2010 年，新增林草面积 2.2 亿亩，其中新增森林面积 1.3 亿亩，工程区内森林覆盖率增加 3.72 个百分点。③

"退耕还林"工程自 1999 年开始实施。长期以来，由于盲目毁林开垦和进行陡坡地、沙化地耕种，造成了我国严重的水土流失和

---

① 《中国的世界遗产》，中国政府网，2013 年 5 月 22 日。

② 闵庆文：《农业文化遗产及其动态保护探索》，中国环境科学出版社 2008 年版；《农业遗产及其动态保护前沿话题》，中国环境科学出版社 2012 年版。

③ 引自中国城市低碳经济网，2013 年 1 月 5 日。

风沙危害，洪涝、干旱、沙尘暴等自然灾害频频发生，人民群众的生产、生活受到严重影响，国家的生态安全受到严重威胁。退耕还林工程就是从保护生态环境出发，将水土流失严重的耕地、沙化、盐碱化、石漠化严重的耕地以及粮食产量低而不稳的耕地，有计划、有步骤地停止耕种，因地制宜地造林种草，恢复植被。工程建设范围包括四川、重庆、贵州、云南、西藏、海南、陕西、甘肃、青海、宁夏、新疆等25个省（区、市）和新疆生产建设兵团，共1897个县（市、区、旗）。根据因害设防的原则，按水土流失和风蚀沙化危害程度、水热条件和地形地貌特征，将工程区划分为10个类型区，即西南高山峡谷区、川渝鄂湘山地丘陵区、长江中下游低山丘陵区、云贵高原区、琼桂丘陵山地区、长江黄河源头高寒草原草甸区、新疆干旱荒漠区、黄土丘陵沟壑区、华北干旱半干旱区、东北山地及沙地区。同时，根据突出重点、先急后缓、注重实效的原则，将长江上游地区、黄河上中游地区、黑河流域、塔里木河流域等地区的856个县作为工程建设重点县。国家实行退耕还林资金和粮食补贴制度，按照核定的退耕还林面积，在一定期限内无偿向退耕还林者提供适当的补助粮食、种苗造林费和现金（生活费）补助。工程目标任务为：至2010年，国家总投资超过1000亿元，完成退耕地造林1467万公顷，宜林荒山荒地造林1733万公顷，陡坡耕地基本退耕还林，严重沙化耕地基本得到治理，工程区林草覆盖率增加4.5个百分点，工程治理地区的生态状况得到较大改善。①

5. 生态文明建设。

综观中国历史，作为国策，指导思想和理念最具科学性、决策层次最高、宣传力度最大、涉及范围最为深广的环境保护变革运动应是当前国家大力倡导的生态文明建设。十八大报告提出：建设生态文明，树立尊重自然、顺应自然、保护自然的生态文明理念，努力建设美丽中国，实现中华民族永续发展。十九大报告再次指出：

---

① 引自中国城市低碳经济网，2013年1月5日。

建设生态文明是中华民族永续发展的千年大计。必须树立和践行"绿水青山就是金山银山"的理念，形成绿色发展方式和生活方式。要求为着力解决突出环境问题，必须全民共治、源头防治，构建清洁低碳、安全高效的能源体系，优化生态安全屏障体系，政府主导、企业为主体、社会组织和公众共同参与的环境治理体系。提出绿色发展战略和乡村振兴战略，实施重要生态系统保护和修复重大工程。同时实行最严格的生态环境保护制度和法律法规，实行环境督查、巡查制度和环境终身追责制度等。从经济发展优先、政绩追求为大而不惜肆意糟蹋破坏生态环境，到"视生态环境为生命""宁要绿水青山，不要金山银山"，中国的变化可谓巨大！然而，生态文明的建设不能只着眼于自然科学的视野，还应该立足于多样性的吸纳和重建。众所周知，中华文明之所以被认为是世界五大古老文明唯一延续至今的文明，究其原因，就是能够在历史长河中不断吸纳众多民族文明精华融合发展的结果。生态文明也一样，只有立足于多样性的吸纳和重建才能欣欣向荣、历久不衰。

如何立足多样性，笔者以为，一是要尊重和吸纳纵向丰富的文明多样性——原始文明、农耕文明、工业文明等的精华；二是要尊重和吸纳横向丰富的文明多样性——不同地域、不同民族、不同国家的生态文明精华。① 此外，更重要的是要尊重和坚持多样性和谐共生的核心法则。这个法则，可以用"各美其美，美人之美，美美与共"这句话进行概括，这句话不仅应该作为人与人、文化与文化的关系准则，而且应该作为人类与生物、人类与生态环境、人类与大自然的关系准则。如果那样的话，生态文明的建设就有希望，未来环境与历史的关系就能够形成良性互动局面。

（原载周琼主编《转型与创新：生态文明建设与区域模式研究》，科学出版社 2019 年版）

---

① 尹绍亭：《从人类学看生态文明》，《中国社会科学报》2013 年 5 月 31 日第 A05 版。

文化生态遗产之保护与可持续发展

——中国西南生态博物馆与民族文化生态村建设的理论与实践

20 世纪 60 年代，西方工业社会爆发了环境保护运动，与之密切相关的生态学学科随之勃然兴起。无独有偶，这一时期在国际博物馆学界也出现了基于生态学的变革潮流，一种崭新的博物馆理念——"生态博物馆"首先在欧洲应运而生，并很快在世界各地蓬勃发展。我国的生态博物馆建设发端于贵州，始于 20 世纪 90 年代中期，此后陆续出现在广西和内蒙古等地。值得注意的是，就在贵州建设生态博物馆的同时，云南也开始从事以文化和生态环境保护为宗旨的"民族文化生态村"建设的探索实践，在国内外许多学者看来，"民族文化生态村"也就是"生态博物馆"。那么，什么是"生态博物馆"？贵州等省区是怎样建设生态博物馆的？"生态博物馆"与"民族文化生态村"有哪些不同？它们各自有哪些经验和教训？它们给社会留下了哪些学术和文化的遗产？本文将就以上问题进行探讨和回答。

一　什么是生态博物馆

生态博物馆于 20 世纪 60 年代最早产生于法国，生态博物馆法语为 ecomusee，英语将其译作 ecomuseum。生态博物馆是生态（ecology）和博物馆（museum）的合成语。"eco"作为"ecology"（生态）和"ecionomy"（经济）的语源，出自希腊语"oikos"，即"家"的意思。20世纪六七十年代，工业社会在经历了辉煌的文明之后，其对社会思想、文化遗产、生态环境和自然资源等的消极影响日益显现，社会性的危机感、焦躁感悄然涌动，以致形成了一股强大的波及社会各界的反思和批判的潮流。生态博物馆就是在这样背景下出现的对于传统博物馆进行贵族性、殖民性、都市性、国家性、垄断性等反思和批判的产物。①

那么什么是生态博物馆呢？

被称为"生态博物馆之父"的法国博物馆学家乔治·亨利·里维埃（Georges Henri Riviere）是这样定义生态博物馆的："通过探究地域社会人们的生活及其自然环境、社会环境的发展演变过程，进行自然遗产和文化遗产的就地保存、培育、展示，从而有助于地域社会的发展，生态博物馆便是以此为目的而建设的博物馆。"另一位法国博物馆学家雨果·黛瓦兰（Hugues de Varine）则如是说："生态博物馆是居民参加社区发展计划的一种工具。"法国的《生态博物馆宪章》把生态博物馆定义为："生态博物馆是在一定的地域，由住民参加，把表示在该地域继承的环境和生活方式的自然和文化遗产作为整体，以持久的方法，保障研究、保存、展示、利用功能的文化机构。"②

通常认为，生态博物馆必须具备以下三个要素：

第一，生态博物馆必须在现地保存其地域的自然环境、文化遗产和产业遗产。

第二，为了住民的未来，生态博物馆必须由住民参与管理运营。

第三，生态博物馆必须开展各种活动。③

三个要素具体包括如下一些内容：地域内遗产的现地保护包括地域博物馆、文化遗产、露天博物馆、自然公园、历史环境、国际托拉斯等的保护。住民主体参与管理运营的对象包括地域博物馆、

① ［日］大原一兴：《生态博物馆之旅》，鹿岛出版社1999年版，第6页。
② 黄春雨：《中国生态博物馆生存与发展思考》，《中国博物馆》2001年第3期。
③ 苏东海：《生态博物馆在中国的本土化》，《中国博物馆》1999年第3期。

共同体博物馆、近邻的博物馆、街区建造、地域振兴、城镇等的保护等。博物馆的活动包括资料的收集保存、调查研究、展示教育以及博物馆、资料馆、学习场馆等的设施建设。①

从上面的介绍可知，生态博物馆与传统博物馆在许多方面有所不同，挪威生态博物馆学家约翰·杰斯特龙总结了两者之间的差异，并归纳为：

生态博物馆 —————— 传统博物馆

遗产 —————— 藏品

社区 —————— 建筑

住民 —————— 观众

文化记忆 —————— 科学知识

公众知识 —————— 科学研究②

如上所言，生态博物馆产生于法国，而法国生态博物馆的发展过程则大致可以分为三代。第一代指 20 世纪 60 年代后期随着"地方自然公园"的诞生而建立的生态博物馆，也包括"生态博物馆"这个名字出现之前所做的一些尝试性的建设雏形。第二代生态博物馆以第一代生态博物馆为基础，发生于 20 世纪 70 年代前期，是城市地方自治政府设立之后的产物。这一代生态博物馆的代表，是以产业遗产等社会环境为中心、由地域的生活者主导建设并服务于公众的都市生态博物馆。第三代生态博物馆形成于 20 世纪 70 年代后半期，特别是 1977 年以后，围绕都市的产业、文化、生活等各种各样的记忆收集、保护为中心的生态博物馆大量出现，而小型的生态博物馆在其中占了不小的比例。因在发展的过程当中，由于一些博物馆背离了生态博物馆的既定精神，粗制滥造，所以被认为是生态博物馆的堕落、是"博物馆的倒退"而受到批判。

法国的生态博物馆，发展至今已遍布全国。有学者对法国国家承认的数十座生态博物馆进行了调查研究，将其分为六种类型：一

---

① 苏东海：《国际生态博物馆运动述略记中国的实践》，《中国博物馆》2001 年第 2 期。

② 苏东海：《关于生态博物馆的思考》，《中国博物馆》1998 年第 3 期。

是研究基础型，即以学术研究事业为主的生态博物馆；二是保护基础型，即以保护为第一目的的生态博物馆；三是共同体型，即把共同体事业置于优先地位的生态博物馆；四是文化事业型，即以文化事业为主的生态博物馆；五是领域活动型，即以领域（地域）事业为主的生态博物馆；六是地域经济型，即以经济事业为基础的生态博物馆。①

　　生态博物馆在法国产生，创造了不同的类型，形成了较为完整的理论、方法和管理体系，并在世界上很多地区产生了影响。1980年以后，生态博物馆为法语圈、西班牙语圈、葡萄牙语圈、意大利亚语圈以及拉丁语系的许多国家所接受，其理念在欧洲、北美洲、南美洲、非洲、大洋洲和亚洲得到了普及，并出现了迅速发展的势态，迄今为止，全球的生态博物馆数量已达 300 多座。中国贵州省与挪威政府于 1998 年在贵州合作建设生态博物馆，为中国生态博物馆的滥觞。毫无疑问，生态博物馆作为一种新颖的博物馆形式已被学界和社会广泛关注，然而也有例外，如英语国家对生态博物馆的态度就比较冷淡，英国甚至拒绝接受生态博物馆，说明生态博物馆尚存在着某些局限性。

　　生态博物馆的产生，在博物馆领域乃至在整个学术领域，都有十分积极的意义，它在某种程度上反映了社会对于文化事业的目的和功能的诉求，它所提倡的尊重文化拥有者和使博物馆社区化的理念，体现了文化伦理的回归。不过，我们也应该看到生态博物馆产生的历史还不长，要使其在世界上不同的国家、不同的地区生根发芽开花结果，无疑还要经历相当长的探索过程。作为博物馆的一种派生的模式，尽管它具有广阔的前景，可是由于"社区"的局限性，它只可能是都市博物馆的一种补充，而不可能获得取代都市博物馆的主流地位。

---

① ［日］大原一兴：《生态博物馆之旅》，鹿岛出版社 1999 年版，第 12 页。

二 贵州的生态博物馆

1986 年，中国博物馆学会常务理事苏东海研究员首次在他主编的《中国博物馆》杂志上介绍生态博物馆。1995 年在他的倡导下，贵州省开始建设生态博物馆，这个工程得到了挪威政府的援助，被纳入"1995 年至 1996 年挪中文化交流项目"中。贵州生态博物馆建设选择了四个地点：梭嘎［苗族］、镇山［布依族］、隆里［汉族］和堂安［侗族］。

贵州生态博物馆建设的指导思想，集中体现于由挪威专家和苏东海、胡朝相等中国专家共同制定的"六枝原则"之中，其内容如下：

1. 村民是其文化的主人，有权认同与解释其文化；2. 文化的含义与价值必须与人联系起来，并应予以加强；3. 生态博物馆的核心是公众参与，必须以民主方式管理；4. 旅游与保护发生冲突时，保护优先，不应出售文物但鼓励以传统工艺制造纪念品出售；5. 避免短期经济行为损害长期利益；6. 对文化遗产进行整体保护，其中传统技术和物质文化资料是核心；7. 观众有义务以尊重的态度遵守一定的行为准则；8. 生态博物馆没有固定模式，它们因各自的文化不同和社会条件的差异而千差万别。9. 促进社区经济发展，改善居民生活。①

2005 年 5 月，笔者参加了"贵州生态博物馆国际论坛"，其间参观了梭嘎和镇山两个生态博物馆。参观完毕之后，中外代表所获印象大致相同，兹归纳于下：

1. 两地都建设了资料中心，其建筑都具有较大的规模，展示资料也较为丰富，说明当地政府十分重视，投资不小，项目组的专家学者也确实花了心血，做了大量的工作。不过，所谓"资料中心"似乎还不能发挥其预期的功能，目前将其直接叫作展览馆或博物馆更为恰当。

---

① 苏东海：《中国生态博物馆的道路》，载中国博物馆学会编《2005 年贵州生态博物馆国际论坛论文集》，紫禁城出版社 2006 年版，第 6 页。

2. 非常明显的问题是，两地"资料中心"的建筑均与村寨的景观不相协调，不仅没有体现当地村寨的空间文化结构意象，还与其现代化的建筑与传统民居形成强烈的反差；此外，其展示的内容和方法也与当地文化不甚融合，一看便知那不是当地人所为，而明显是外来专家的操弄。资料中心与村寨，两种差异极大的文化景观被生硬地组合到一起，其动机显然是希望实现"文化的就地保护和整体保护"，然而让人感受到的却是博物馆专家们又把自己熟悉的文化——城市博物馆搬到了乡下。

3. 最关键和最核心的问题在于，代表们所看到的正如苏东海先生所言，其生态博物馆建设的所有工作"都是政府和专家的行为，当地人完全被置于被动接受的地位"。这样的结果显然与国际公认的生态博物馆的核心原则背道而驰，这不能不说是一个极大的遗憾！它说明目前要在中国实现"六枝原则"还不具备条件，困难极大，还需要有一个较长的探索发展的过程。诚然，目前世界各地建设的生态博物馆并没有统一的模式，形式是多样化的，然而其公认的核心原则是不能放弃和改变的，如果我们一些核心的基本准则放弃和改变了，那么就不是生态博物馆了。许多人认为，贵州生态博物馆的建设有缺陷，我想他们所说的最大"缺陷"，就在于"文化拥有者"没有成为"原则"中宣称的"参与者"，更不是"主人"，而只是"附庸者"或"旁观者"。

对于来自学术界的诘难，对于 2005 年国际论坛的参会代表，尤其是国外代表提出的质疑和批评，苏东海先生以强调"中国国情"和"本土化"作为辩解的理由；胡朝相先生则认为"社区居民对民族民间文化价值的认识处在一个蒙昧的阶段"[1]，他们都强调社区居民目前尚不可能完全成为文化的参与者和主人。[2] 这样的说法，可以视为是他们通过实践之后对其所制定的"六枝原则"的反思和修

---

① 胡朝相：《论生态博物馆社区的文化遗产保护》，《中国博物馆》2001 年第 4 期。

② 胡朝相：《论生态博物馆的非物质文化遗产保护》，《中国博物馆通信》2002 年第 10 期。

85

正。这一认识的转变，极富启发的意义，它告诉人们：生态博物馆乃是西方发达国家的"土壤"和"气候"催生的非传统的新潮的博物馆文化，当你决心移植的时候，对于被移植地的文化"土壤"是否适宜？对于接受外来文化"嫁接"有没有足够的认识？对于自身是否具备"移植"的操作能力及条件的充分准备？这是必须注意的基本前提。而当地居民拒绝或难以接受一种陌生的外来文化，还不能简单地以"蒙昧无知"进行解释，在全球化和市场经济的影响下，当地居民其实也早已不是想象中的理想状态，而变成了接受各种欲望的群体。对此，许多专家学者是缺乏基本的认识和必要的准备的。正因为如此，所以文化的操弄和走向往往不以专家学者们的意志为转移。专家学者们（包括我们在内）也许还得时时提醒自己，不能仅凭良知和热情办事，因为你涉及的对象之复杂，是你在城市的博物馆里根本不可想象的。

关于贵州生态博物馆的评价，笔者认为有三点值得注意：其一，贵州首先引进生态博物馆模式并付诸实践，此项事业的开创，在全国产生了重大影响，其多方面的贡献必将载入史册。其二，生态博物馆的建设作为一笔珍贵的文化遗产，尽管存在缺憾，然而其开拓探索的经验和教训，值得认真深入总结和研究，此项事业应该传承和发扬。其三，对于学界而言，关注和批评是必要的，然而简单的否定未必妥当，此项事业和我们从事的民族文化生态村建设一样，其艰难和复杂的程度是局外人难以想象的，我们应该知道，对他者的批评其实是得益于他者实践的启发和验证，因此第一批"吃螃蟹的人"最值得敬佩。总而言之，生态博物馆是一个新生的事物，其"移植"的实验不可能在短时期内完成，暂时的成功和失败并不十分重要，有时失败也许比某种程度的成功更有意义。重在参与，重在过程，不断积累，不懈努力，才是应取的态度和事业发展的保证。

三 广西的民族生态博物馆

2003 年，广西壮族自治区政府选择南丹里胡怀里（瑶族）、三江（侗族）和靖西旧州（壮族）作为试点，建设民族生态博物馆。在取得一定经验的基础上，2005 年由广西民族博物馆编制《广西民族生态博物馆建设"十一五"规划及广西民族生态博物馆建设"1＋10 工程"项目建议书》，并获得自治区民族民间文化保护工程领导小组的批准。广西的"1＋10 工程"，即一个"龙头"博物馆——广西民族博物馆和 10 个民族生态博物馆的组合。10 个生态博物馆为前述 3 个馆加后来追加的 7 个馆：贺州市莲塘镇客家围屋生态博物馆，融水苗族生态博物馆，灵川县灵田乡长岗岭村汉族生态博物馆，那坡达文黑衣壮族生态博物馆，东兴京族三岛生态博物馆，龙胜龙脊壮族生态博物馆和金秀县瑶族生态博物馆。[①]

广西的民族生态博物馆，是在参考贵州生态博物馆的基础上，结合自身的研究成果和广西的实际情况，所进行的文化保护建设事业。笔者曾应邀参加过广西生态博物馆实施建设方案的研讨，并实地考察过龙脊，靖西旧州和那坡达文三个民族生态博物馆，感受较深的印象有以下几点：

1. 定位定性比较结合实际。广西民族生态博物馆的建设宗旨为"促进社区文化保护、传承和发展，推动社区居民生活水平的改善"。其基本任务界定在两个方面：一是通过民族生态博物馆所进行的文物征集、整理、展示和保护等工作，发挥宣传和教育的作用，传播民族文化和科学知识；二是要把民族生态博物馆建设成为研究民族文化的基地和广西民族博物馆的工作站和研究基地。[②] 这样的定性，基本上没有超出传统博物馆的业务范畴，方案切实可行。

2. 模式构想思路清晰。广西民族生态博物馆的模式被设计为"信息资料中心"和"生态博物馆保护区"两者的组合，所谓"信息资料中心"，其实就是一座博物馆，所谓"生态博物馆保护区"，便是村寨；两者之间的关系，定为相互结合，相互促进的关系，即

①　广西壮族自治区文化厅：《广西民族生态博物馆"1＋10 工程"建设项目》资料集，内部文件资料，2005 年。

②　同上。

"馆村结合，馆村互动"的模式。① 看得出来，在模式的构想设计上，虽然是贵州模式的沿袭，但是他们没有使用贵州"六枝原则"所提倡的所谓"村民是文化的主人""必须以民主方式管理"等超前的话语，不失为一种有较大灵活性的策略。

3. "1＋10"博物馆体系是创造性的尝试。广西的"1＋10"博物馆体系理论构想为：将正在建设中的广西民族博物馆与未来陆续建设的各个民族生态博物馆结成"联合体"，建立起长期、稳定的互动与延伸关系，编织信息网络，构建交流与合作平台，把握生态博物馆的目标与发展路线，设计总体规划，提供专业可行的理论支撑。与此同时，在保护文化遗产和培育文化自觉的基础上，使社区群众最大限度地主动以各种方式参与到项目中来，一同发掘社区传统文化中的精华。广西的"1＋10"博物馆体系，在国内尚无先例，它丰富和扩展了传统博物馆的内涵和外延，可视为生态博物馆本土化的探索。

4. 制定了比较健全的建设和管理制度。广西民族生态博物馆的建设由广西文化厅直接领导，先后制定出台了《项目建议书》《管理暂行办法》《项目责任书》《建设相关单位主要职责和工作制度》等文件。由自治区政府批准颁布执行的《建设相关单位主要职责和工作制度》，明确具体地规定了自治区文化厅、财政厅、发展和改革委员会、民族事务委员会、交通厅、民政厅、旅游局、建设厅、国土资源厅、卫生厅、教育厅、扶贫开发领导小组办公室等13个相关部门的职责和工作制度。

5. 有较详细的规划。每一个生态博物馆在申报之前都认真做好建设的"详细规划"，"详细规划"包括总体思路、选点依据及相关图表、历史文化遗存、民族文化资源、保护方法和措施、居民的组织和参与方案、民意诉求、项目建设与当地社会经济文化发展的关系，尤其是与当地居民生活改善的关系、创新性和可操作性、详细

---

① 容小宁：《广西生态博物馆建设探索与规划》，载中国博物馆学会编《2005 年贵州生态博物馆国际论坛论文集》，2006 年，第 29 页。

的投资预算等。

综上所述，广西民族生态博物馆建设学习借鉴了贵州的经验教训，不盲目照搬国外生态博物馆的理论，试图结合该区的实际情况，开拓具有本土特色的模式，具有一定的创新性和前沿性。当然，从国际视野的生态博物馆角度看，广西的民族生态博物馆建设才刚刚起步，"1 + 10"博物馆体系虽然是一条新路，但要真正实现其整合，达到"馆区结合，馆区互动"的目标还有不小的距离和困难。另外，就该区现在已经建成的几个生态博物馆来看，它们所设立的"资料中心"同样面临贵州的问题，尚不能完全融入社区之中，"当地居民参与"的动力和机制依然缺失。在目前建设成绩的基础上，如果要巩固提高，具有更高的追求，就仍然绕不开村民在文化中的角色和可持续发展等难题。

四　云南的民族文化生态村

"民族文化生态村"的建设，是笔者于 1998 年主持实施的一个以人类学学者为主、包括其他学科专家学者参与的应用研究开发项目，是一个以地域和民族文化的保护和传承为主旨，由住民、政府和学者等相关群体参与的行动计划。

关于地域和民族文化的保护和传承，并不是一个新的问题，它从来都是文化事业和学术研究的一个重要组成部分。然而由于中国刚刚经历了"文化大革命"，传统文化遭受了前所未有的浩劫，紧接着又进入了体制改革、发展市场经济和现代化建设的时期，而随着国家的改革开放，全球化的浪潮也席卷而来，在这样的形势下，破坏严重、残缺不全的地域和民族文化又面临巨大的冲击和新的挑战。地域和民族文化在以往被丑化、消化、同化，涵化的基础之上，又被严重地异化、伪化、商化和造化，显然，民族文化的保护传承与重建，已是刻不容缓，必须提到国家的重要议事日程上。国家需要决策的参考依据，社会需要认识和行动的理论，民间需要建设的参照和经验，这些都有待我们去实践、探索、研究和总结。建设

"民族文化生态村"，就是在这样的背景下产生的将理论研究和实践应用相结合的开拓性项目。建设民族文化生态村，从文化事业的角度看，意在探索地域和民族民间文化以及文化遗产保护传承的新途径；从学术的角度看，是以人类学为核心的多学科结合的应用研究新课题；从现代化建设的角度看，则可为国家实施的"社会主义新农村建设"发展战略提供参考性的理论方法和经验。

选择具有地域文化和民族文化特色的村寨，依靠村民的力量和当地政府及专家学者的支持，制定发展目标，通过能力和机制建设、进行文化生态保护、促进经济发展等途径，使之成为当地文化保护传承的样板和和谐发展的楷模，为广大乡村提供示范，并促进学术的发展，这是本项目基本的运作思路。

那么，什么是民族文化生态村呢？我们给了它下面这样的定义：

> 民族文化生态村，是在全球化的背景下，在中国进行现代化建设的场景中，力求全面保护和传承优秀的地域文化和民族文化，并努力实现文化与生态环境、社会、经济协调和可持续发展的中国乡村建设的一种新型模式。①

民族文化生态村建设以民族文化保护为宗旨，认为文化是民族的"根"和"魂"。由于文化并不是孤立的事物，它与社会经济生态是一个不可分割的整合体，没有经济基础，没有社会的进步，就不会有文化的发展和繁荣。因此，从事文化保护事业不能仅仅着眼于文化本身，还必须有综合的关照和整体的思考。另外，我们还应该保持十分清醒的认识，从事民族文化生态村建设，进行民族文化保护，不能脱离中国特定的时空条件，不能不考虑国情民情，对于国外同类保护事业及其相关的理论方法和经验范式，应该虚心学习，积极参考借鉴，但不可盲目照搬。基于以上的考虑，我们拟

---

① 尹绍亭主编：《民族文化生态村——云南试点报告》，云南民族出版社 2002 年版，第 5 页。

定了建设民族文化生态村应该努力实现的六个基本目标：

第一，具有突出的、典型的、独特而鲜明的民族文化和地域文化特色。第二，具有朴素、醇美的民俗民风。第三，具有优美良好的生态环境和人居环境。第四，摆脱贫困，步入小康。第五，形成社会、经济、文化、生态相互和谐和可持续的发展模式。第六，能够发挥示范作用。

这六个基本目标，是第一层次的目标，在基本目标之下，还必须制定由若干层次的目标组成的目标体系。下面的目标属于第二层次：

其一，村民热爱本地区、本民族的文化，具有较高的文化自觉性。其二，建立由村民管理、利用的文化活动中心。其三，依靠村民发掘、整理其传统知识，并建立传统知识保存、展示和传承的资料馆或展示室。其四，建立行之有效的可持续文化保护传承制度。其五，主要依靠村民的力量，改善村寨的基础设施和人居环境。其六，改善传统生计，优化经济结构。其七，有一批适应现代化建设、有较高文化自觉性、有开拓和奉献精神、能力强的带头人。其八，有比较健全的、权威的、和谐的世俗和行政的组织保障。其九，有良好的、可持续的管理运行机制。[1]

如果将生态博物馆与民族文化生态村进行比较的话，那么不难发现，两者在一些基本理念上具有相同或相似之处。例如：生态博物馆主张尊重地域、社区和住民的权利，主张依靠地区政府和住民做好当地的事业；主张生态博物馆由政府和住民共同构想、共同创造、共同利用，尤其重视村民参与和主导的作用；主张把生态博物馆所在地的自然环境和住民生活方式作为一个不可分割的相互联系的整体；主张对自然遗产和文化遗产进行就地保存、培育、展示和利用；主张生态博物馆是社区发展的"工具"等。生态博物馆的这些原则和理念，值得民族文化生态村学习、参考和借鉴。

然而，生态博物馆与民族文化生态村也有不同之处。两者的不

文化生态遗产之保护与可持续发展

---

[1] 尹绍亭主编：《民族文化生态村——云南试点报告》，云南民族出版社 2002 年版，第 7 页。

同或区别，主要表现于下面几点：

第一，两者产生的背景不同。生态博物馆产生于发达的工业社会，是对工业社会和工业文明反思和批判的产物，它所要表达的是该社会社区和住民对于权利、发展以及自然和文化遗产保护的诉求；而民族文化生态村则产生于发展中国家及其欠发达地区，是对在盲目追求经济发展过程中造成传统文化和生态环境破坏的反思和批判的产物，是追求建立和谐和可持续发展社会的需要。

第二，两者产生的社会经济文化基础不同。生态博物馆产生于西方发达国家，社会经济文化基础雄厚，建设条件优越；民族文化生态村建设于中国云南省的乡村，为欠发达或贫困的地区，社会经济文化基础薄弱，建设条件很差。

第三，两者产生的倡导者不同。最早的生态博物馆是由地区行政机关和当地住民共同构想、创造、推进的；而民族文化生态村最早则是由学者构想、倡导、宣传、推进的。

第四，两者的性质不完全相同。从自然和文化遗产保护的角度看，两者的性质是相同的，而从建设的模式来看，却不一样。生态博物馆的某些理念虽然已经超出了传统博物馆的范畴，它体现了博物馆发展的新潮流和新趋势，然而它仍然属于博物馆的范畴；民族文化生态村在每一个试点的规划中，也把博物馆作为建设内容的一个重点，然而其整体不是博物馆，而是致力于民族文化保护和可持续发展的新型乡村建设模式。

第五，两者的要素和功能不完全相同。生态博物馆遵循博物馆的建设运作范式，必须把建筑、藏品、研究、展示、教育等作为其必不可少的要素和功能。民族文化生态村不必按照博物馆的规范进行建设和运作，它将根据各地区的情况，创造性地进行自然和文化遗产、物质文化和非物质文化遗产的研究、保护、发展、创造和利用。

第六，两者的建设方式不同。生态博物馆凭借发达国家优越的条件和雄厚的基础，能够进行理想的规划和完善的建设，可以建立合理规范的制度和进行良好的管理及有效的运作；民族文化生态村建设则不然，由于不具备各种必要的条件，所以一切都不可能一步到位，只可能是逐步推进、逐步建设、逐步发展、逐步完善。

第七，住民参与的自觉性存在着差距。发达国家的住民，由于生活富裕，有更多的时间、精力和兴趣从事社会文化和生态环境的保护和建设事业；而贫困地区的住民则必须先保障自己的生存，然后才可能参与公益事业和进行更多的精神追求。①

以上差别说明，民族文化生态村与生态博物馆是在不同的国家、不同的时空、不同的文化背景、不同的经济基础的情况下不同的选择和创造。民族文化生态村可以参考借鉴生态博物馆的有益和成功的操作方法和管理的经验，然而更需要根据本国的国情走自己的道路。现在我国的一些乡村有建设生态博物馆的愿望，然而如果不了解生态博物馆的实质，不考虑本土的实际情况，不明确自身的目标，生硬地、不加取舍地将其照搬于欠发达或贫困地区，那么注定要走弯路，结果也会适得其反。再者，生态博物馆毕竟已经有了 40 年的发展历史，在世界各地其数量已多达 300 多座，其基本的理论方法及模式在世界博物馆学界早已形成了基本的共识，因此，如果要建设生态博物馆，那么还有一个规范的问题，即不能随意而为或者只取其名而不顾其实。我们为什么不采用"生态博物馆"之名而采用"民族文化生态村"，便是基于以上所说的诸多道理。

五　云南民族文化生态村建设的两个案例

云南民族文化生态村项目为期十年（1997—2007），进行了 5 个不同民族试点的建设，下面简要介绍其中两个试点的情况。

1. 和顺乡——从文化生态村到魅力小镇

和顺乡属云南保山市腾冲县，位于县城西南 4 公里的一个小盆地的边缘。村庄依山而建，山涌清泉，河流环绕，田畴相望，景致优美，传统风水意蕴特浓。该村住民为汉族，他们的祖先是明代内

---

① 尹绍亭主编：《民族文化生态村——理论与方法》，云南大学出版社 2008 年版，第 23—26 页。

地成边军屯之民，经数百年生息繁衍，现有人口 6000 余。腾冲县与缅甸山水相连，是古代中国西南与缅甸和印度交通"蜀身毒道"上的要冲，中缅两国边民自古交往密切。数百年来，包括和顺人在内的大量腾冲人，"穷走夷方急走场"，每遇困顿厄难，即往缅甸谋生，富裕之后，又尽力扶持家乡建设。和顺乡之所以有那么多的历史建筑精粹，有不同于一般乡村的发达教育和文化，在很大程度上是受惠于在海外艰苦创业的乡亲。目前旅居海外的和顺华侨超过了本村的人口，他们分布于欧美及亚洲 13 个国家和地区，所以和顺乡又是著名的侨乡。

和顺乡现存寺庙宫观殿阁八大建筑群和八座宗族祠堂；遗存汉式民居一千余栋，其中传统经典的"三坊一照壁"与"四合五天井"的四合院、多重院以及中西合璧建筑尚余一百多栋；村中有建于 1924 年中国乡村最大的图书馆，有著名哲学家艾思奇的故居纪念馆；此外，和顺乡还有文笔塔一座，石拱桥六座，洗衣亭六座，闾门和牌坊十六座，月台二十四座，公园一个。由于文化积淀深厚，因此和顺乡素有"极边第一村"的美誉。

然而不幸的是，自 20 世纪 50 年代之后，和顺乡曾多次遭到摧残：主村落中的七座标志性高大石牌坊被捣毁，宗祠的牌位、柱表等被拆除，宗祠、寺观、民居的大量匾额、楹联、雕刻被当作"四旧"遭到严重破坏，许许多多珍贵文物被毁弃、焚烧。生态环境方面，部分水域、湿地被填为水田，山林大多被开垦为农地，受工厂和生活垃圾的污染，昔日清澈的河水变黑发臭。尤为遗憾的是，部分村民不再珍视文化传统，盲目拆除传统民居，乱盖乱建钢混楼房，严重破坏了景观和环境。几经磨难，至 20 世纪 80 年代，和顺乡就像一个"破落地主"，落到了萧条破败的境地。为了唤起社会对文化遗产的重视，重振和顺的人文精神，再现侨乡的历史辉煌，1998年，我们选择和顺乡作为试点，开始了文化生态村的应用性研究。

建设和顺文化生态村，得到当地各级政府的理解和支持。腾冲县委、县政府和乡政府的领导担任了文化生态村建设领导小组成员，并将文化生态村作为腾冲文化强县建设的重要工程，投入大量资金修筑道路、修复古建筑和名人故居。与此同时，项目组也开展了以下工作：

1. 和村民一起，进行调查研究。调研内容涉及乡史、侨史、商贸史、环境史、建筑史、抗战史、乡土文化、建筑文化、宗教文化、宗祠文化、社团文化、饮食文化、楹联文化、民间艺术、婚姻家庭、风俗习惯、文物古迹、教育和人物等。

2. 从该乡的各类建筑和文物古迹中，筛选出 90 余项，在悉心调研的基础上，写出中英文的简要说明，提交政府有关部门，建议树碑立牌，制定管理措施，把它们作为重点保护对象进行管理和保护。

3. 对该乡代表性的寺院、宗祠、公共建筑和民居进行测绘，获得了较全面的建筑实测图，为该乡建筑文化遗产的研究、规划、保护、开发利用提供了详细的资料和科学依据。

4. 举办文化遗产展览和不同形式的座谈会，意在提高村民的文化自觉和参与意识，并扩大宣传和影响。

5. 为了弘扬和顺的建筑文化遗产，项目组利用李氏家族民居"弯楼子"建了一座民居博物馆，设置了"悠久历史""著名侨乡""建筑集萃""极边名村"四个专题常设展。

6. 策划了"和顺写和顺"计划，组织村民数百人，参与撰写本乡的历史文化。作者中，年少者 12 岁，年长者近 90 岁；有农民、干部、知识分子，还有旅居世界各地的村民华侨。文章结集为《乡土卷》《华侨卷》《人文卷》出版。

随着环境的整治恢复，古迹和民居的修缮，传统文化的传承复兴，和顺乡知名度不断提高，旅游者开始大量增加，其所蕴含的巨大而深厚的文化资源价值日益显现，敏锐的商家于是盯上了这块宝地，结果导致了和顺命运的巨大改变。2004 年，作为县政府大力推行招商引资开发旅游的一项重要举措，和顺乡被名为"柏联集团"的企业收买，和顺人的家园，从此成为由柏联集团开发打造、管理运作的旅游村。

政府主导出卖或转让文化旅游资源，由企业和商家收购占有，进行开发利用、经营管理，这是中国现行体制与市场经济大潮结合的产物。其优点是依靠企业的经济实力和运作经验，可能在短时期内高标准、大规模地建设旅游基础设施，形成比较完善的商业体系，从而打造出知名旅游品牌。其弊病也显而易见，那就是文化资源的创造者和拥有者的权益可能受到侵害。由政府和企业主导买卖村民的家园，如果习惯于以权代法、暗箱操作，村民没有知情权，他们的权益、利益和诉求得不到保障的话，那么必然会引发矛盾、纠纷、甚至动乱，在社会主义社会，这绝对是应该杜绝的现象。

和顺乡现在已成为云南旅游市场中的后起之秀和靓丽"名片"。之所以能够如此，根本原因在于它拥有不可多得的品质优良的文化生态遗产。云南是发展文化产业的先进省份，旅游在其文化产业中占有重要地位，和顺乡的开发，就被认为是"企业主导"发展旅游的一个"成功模式"。因为随着我国法治的逐渐完善健全，百姓民主维权意识的增强，政府对于建立和谐社会的高度重视，像和顺乡那样，只需官员和企业家敲定即可轻松买卖百姓家园的做法也许不再那么容易实行了，所以，所谓"和顺模式"的复制和推广肯定不容乐观。既然资源是属于百姓的，是不可能彻底买断的，那么百姓的权益就是一只挥之不去的"无形之手"。和顺乡是否能够真正实现企业与村民的"双赢"，恐怕还将是一个需要长期磨合、调适的过程。

2. 仙人洞村——一个贫困村庄的巨变

仙人洞村是云南省丘北县普者黑行政村下属的一个自然村。村民173户，759人（2000年），除一户是汉族外，其他全是彝族撒尼人。村庄地理环境为卡斯特地貌，山峰不高，一座座形如石笋拔地而起，奇峭秀丽。山峰之间是宽阔的湖泊，湖面如绸似缎清流舒缓，湖苇摇曳。村子靠山临湖，景致十分优美。然而在1999年以前，仙人洞村却是一个非常贫穷的村寨。"远看青山绿水，近看破烂不堪"，就是其当时的真实写照。

1999 年，当地干部和仙人洞村村民为了改变贫困的面貌，积极主动要求作为文化生态村的试点，并获得批准。经过深入的调查研究，项目组、县有关部门的干部和村民一道，进行了村寨的规划，开办了以提高村民能力建设为主要目的各种培训班，用了五六年的时间，实施了以下几个重要的行动计划。

1. 树立民族自信心，继承和发扬本民族的优良传统。在村民小组的领导下，村民们对比时下种种不良的社会风气，重新认识本民族的优良传统，提高了对保护民族文化重要性的认识和自觉性。在原有习惯法和村规民约的基础上，结合现实状况，制定了新的村规民约和行为规范准则，并把发扬优良传统、传承民族文化作为建设文化生态村的核心目标。

2. 改善和修复生态环境，建设美好家园。原来的仙人洞村，周围山好水好，但是走进村寨却是"脏、乱、差"的景象。村中全是泥土路，旱季灰尘漫天，雨季则烂泥遍地；土墙老屋，年久破败，人畜共居，臭气弥漫。环境如此之差，怎么能称得上"文化生态村"。贫穷思变，脏乱思改。有了奋斗目标，认识发生了改变，于是村民团结一心，男女老少齐上阵，家家户户搞卫生，人畜分居，土路改筑成石头路，清理扩大荷塘，在村子周围增加种植了数千株竹子和树木。在短短的时间内，村容村貌发生了巨大变化。

3. 发掘文化资源，传承民族文化。该村撒尼人传统文化十分丰富，然而经过"文化大革命"等运动，大部分消失了。对文化有了新的认识之后，村民们投入了极大的热情，以各种形式恢复、传承文化。他们按年龄组织了若干歌舞队，每天晚上自觉开展活动；年轻人希望学习本民族的文字，村里一度开办了彝文夜校；火把节等传统节庆活动多年不举行了，1999 年后又陆续恢复起来；在撒尼人的文化中，神灵和祖先崇拜占有重要的地位，由于被认为是封建迷信活动因此取消了多年，在建设文化生态村的过程中，祭天、祭神、祭祖等仪式也一一恢复。

4. 继承传统，发展创造。为了更好、持久地保护传承民族文化，同时为了发展旅游事业，增加经济收入，改变贫穷的状况，除了遵循传统，村民们还创造了许多形式新颖独特的文化活动。例如经常举行"篝火歌舞晚会"，组织周边各民族举办"民族赛装会"，于不同季节举办"旅游节""荷花节""花脸节""辣椒节""对歌赛"等。这些活动既具有很强的娱乐性和参与性，又有丰富的文化底蕴，所以深受当地民众和外来游客的欢迎。

5. 利用自然资源，开发旅游景点。在烟波浩渺的湖泊中划船游览，赏游鱼、荷花，听故事、船歌，深受游客欢迎，这些都是村民的拿手好戏，是村民首先开发的旅游活动。后来被旅游公司模仿，成为普者黑风景区的主要旅游项目。溶洞崖窟颇具观赏和探险价值，普者黑第一个溶洞的开发，也是出于仙人洞村民之手。该村背山面湖，村民还别出心裁，沿山开凿石径，在山顶辟出观景台，登顶眺望，湖光山色尽收眼底，美不胜收，令人流连忘返。

6. 兴建民宿旅馆，开办"农家乐"。为了给游客提供较好的食宿条件，村民们改变观念，大胆贷款建盖新房或改造老房子。现在大部分人家建造了宽敞明亮的民居旅馆，全村每年接待游客十几万人，每逢节假日，家家爆满，经济收入一年比一年好。过去该村人年均收入不过几百元，现在上升到数千元，年收入十万元以上的人家也已不在少数。

仙人洞村能在短短数年里彻底改变面貌，主要得益于两点：一是村民高度自觉。该村村民朴实、团结，热爱自己的文化、热爱自己的家园，在村干部的带领下，能够同心协力，奋发图强。二是村里有一个强有力的领导班子。该村领导班子除了党支部书记、组长副组长之外，宗教祭司"毕摩"、各家族长老、妇女主任都参与大事的讨论和决策。行政权力与世俗权威结合，能够形成有效的运作机制。

仙人洞村作为文化生态村建设的一个的试点，取得了很大的成绩，发挥了示范作用，所以先后被评为"民族团结示范村""国家级精神文明村"等等。然而，在欣欣向荣气象的背后，也存在不少问题挑战。例如旅游发展太快，一些村民不顾规划和景观随意建造房屋；随着经济收入的增加，一些年轻人的文化意识逐渐淡薄；"农家乐"千篇一律，层次低，文化含量少；文化传承没有与时俱进，文化设施不足等。该村村干部已经意识到上述问题如果不积极解决，那么就会丧失特色和优势，难以持续发展。

结　语

　　本文粗略地介绍了生态博物馆的基本理念、产生的背景、理论方法、模式类型、发展过程以及中国贵州、广西两省区致力于生态博物馆建设的状况，同时介绍了云南民族文化生态村的建设并与生态博物馆进行了比较。据上可知，一个新的科学概念的形成，一种新的文化事象和一类新的博物馆模式的产生，必然有其产生的特定背景、时代、环境和空间。文化和传播是相互影响的，任何一种新生的具有生命力的文化，都能够突破区域的、国家的、洲际间的界限而为不同的族群所接受，从而达到全人类的共享。然而，由于各地域的社会、环境、文化等存在着显著差异，文化在传播、交流的过程中，往往也会出现不相适应、难于融合甚至矛盾冲突的情况，这种情况有时是暂时的，然而也不排除始终难以和谐的结果。生态博物馆产生于欧洲，本质上属于西方发达国家的博物馆文化，将其移植到中国，肯定需要有一个探索、改良、适应的过程。民族文化生态村虽然为本土学者所提倡、是基于"国情"和本土"土壤"的文化生态保护模式的创造，然而在全球化和市场经济的背景下，付诸实践亦非易事，面临着重重困难。历经10余年的探索和开拓，无论是贵州和广西的生态博物馆建设，还是云南的民族文化生态村建设，既取得了宝贵的经验，也产生了广泛深远的影响，留下了许多值得总结和发掘的文化和学术遗产，同时也有诸多的遗憾和教训。重复前文说过的一段话，生态博物馆和民族文化生态村的建设，乃是新生事物，无论是"移植"还是"创造"，都不可能在短时期内达到预期的目标。笔者通过实践认识到，暂时的成功和失败其实并不十分重要，有时失败比某种程度的成功更有意义。只有重在开拓，重在参与，重在过程，不断积累，不懈努力，我们培育文化事业的"生命之树"，才能生长发育，茂盛长青。

（原载陈倩等主编《生态与文化遗产——中日及港台的经验与研究》，香港中华书局 2014 年版）

试论当代的刀耕火种

——兼论人与自然的关系

自 20 世纪 60 年代始，热带、亚热带的刀耕火种在人类学研究中的地位凸显出来，国际上不少人类学家以极大的热情投入这一领域的调查研究之中。仅以我们的邻邦泰国为例，迄 80 年代初，已经有以美国学者为首，包括澳大利亚、新西兰、日本以及泰国学者在内的 107 篇刀耕火种研究报告和著作发表。① 尽管如此，国内外学术界对于这一独特的文化并没有统一的认识，存在着分歧和争议。有鉴于此，本文将根据田野调查资料探讨其文化生态内涵，进而讨论人与自然的关系。

刀耕火种原始残余质疑

不少人认为，刀耕火种是原始社会的原始残余。一般而言，论据不外如下几点：

1. 刀耕火种多见于原始民族之中；
2. 刀耕火种生产工具原始简陋；
3. 刀耕火种耕作粗放；
4. 刀耕火种总是与采集、狩猎联系在一起。

---

① *Part Eive of Swidden Cultivat in Asia*，Narorig Srisawas：Thailand，1983.

从农业发展史的角度看，刀耕火种确实是人类早期的农业形态之一，但上述论点并不能证明当代的刀耕火种必然原始，理由如下：

其一，刀耕火种固然多见于昔日的原始民族之中，然而在当代，真正与世隔绝、巢居穴处、茹毛饮血、完全未染现代文明的原始民族已极其少见，而刀耕火种在辽阔的热带和亚热带地区却仍然盛行，这是什么原因？即如云南，新中国成立40年了，对于彝族、哈尼族、瑶族、苗族、拉祜族、氏族、布朗族、基诺族、景颇族、德昂族、傈僳族、怒族、独龙族等少数民族来说，应该是早已跨出"原始社会的门槛"而进入社会主义社会了，然而这些民族直到今日或多或少还从事着刀耕火种，以致在滇西南山地，仍然存在着一个刀耕火种带，这难道还能说是"原始民族的原始残余"吗？而且，自古迄今络绎不绝迁往滇西南山地的内地汉民，一旦定居也不免刀耕火种起来，须知他们是早已开化、并无丁点"原始残余"的先进民族。再说，如果此说成立的话，那么，水田灌溉农业也应该和刀耕火种一道划入"原始残余"之列，因为同样是上述"原始"民族，有的很早就从事着水田灌溉农业了。由此看来，欲根据从事刀耕火种的对象去定论刀耕火种性质的做法，是不会得出正确结果的。

其二，刀耕火种的生产工具，尤其是云南山地民族称之为"懒火地"（即一年耕种休闲地）的刀耕火种的生产工具，确实比较简陋，其最具代表性的就是点播棒和木锄。点播棒有的头部镶嵌宽八九厘米、长十余厘米的铁铲头，有的要装大头直径六厘米至十厘米大小不等的铁锥，而有的干脆就是一根头部削尖或再稍加烧炙的竹木棍。至于锄头，则有大有小，小者宽仅五六厘米，长十余厘米，木柄长三四十厘米；怒江峡谷的傈僳族、怒族、独龙族以及迪庆高原的藏族，则还使用过取自天然弯拐的树枝削制而成的小木锄。在科学技术如此发达的今天，这类工具的存在，无疑会令不少人感到惊讶。然而事实是，即使是独龙族、苦聪人那样被认为"最原始落后"的民族，早在20世纪50年代以前，在使用木质工具的同时，也使用着铁制的农具了。这些民族并非"尚处于木石工具时代"，也并非还"停留在木铁工具的过渡阶段"。木质工具与铁锄、铁犁的并用，主要是因为其各具功能，也是因为不同耕地、不同耕作方式的需要。最简单的例子，在五六十度的陡坡上进行生产，别说机耕、犁耕，就是使用稍大的铁锄也会感到笨重和不便，而使用铁制或木制的小锄头和点播棒之类的工具，则不仅轻巧方便，而且有利于保持水土。事实上，几乎所有的刀耕火种都有根据海拔高低、坡度大小、土壤肥瘠等划分地类的知识，哪种地类应当采用何种耕作方式，从而又必须使用什么样的生产工具是很有讲究的。诚然，在科学技术史上，宏观地看，石器、铜器、铁器这种进化的发展系列是无可否认的。然而，那种认为金属工具产生之后就必然完全取代木石工具、锄耕出现之后就必然取代刀耕、犁耕又必然取代锄耕的僵化的进化模式论，那种简单地以生产工具去衡量生产力发展水平，从而划分先进落后的教条的认识论，都是不可取的。任何生产工具的发明与利用，都源于人类物质生产的需要，而其形式和大小，则取决于使用的效率和方便。由于生产条件的千差万别，某地某种先进的生产工具未必绝对普遍适用，某地某种适用的生产工具又未必一定具有优良的材质和先进的制造工艺，这就是今天地球上种类繁多的生产工具同时存在的原因。所以，刀耕火种民在铁锄、铁犁之外，还使用着木锄和点播棒等，也就不能简单地以"残余"视之了，它们的存在，就证明其合理性和适用性的不灭。

其三，通常认为，粗放农业标志着落后，集约农业代表着先进。这种看法正确与否，不能一概而论。如果从节约土地资源的角度看，可以说集约先进，但如果从投入产出的关系看，就未必如此。粗放比集约省力，相同的劳动投入，粗放农业一般能获得较多的产出，这种情况凡农民都有深切的体验。基于这一原因，只要生产条件允许，农民多半会选择粗放的耕作方式而不情愿集约耕作，只有当优越的生产条件丧失之后，农民才不得不实行集约。以刀耕火种最常见的"懒火地"、锄挖地、牛犁地三种耕作方式来说，最为粗放的懒火地耕作不仅投入最少产出最高，而且森林更新最快，对维护良好的自然生态环境最为有利，因而也最为农民所喜用。至于懒火地不使用铁锄和犁进行耕作，这是因为那样做可以最大限度地保护利用经过焚烧后充满灰肥、极少害虫草子的表土，同时可以避免伤害树根，使树木能够迅速生长。也就是说，刀耕火种的粗放，是山地民族在森林旱作条件下比较、选择的结果，并非原始的、盲目的、无知的粗放。

其四，刀耕火种农业与采集、狩猎有密切的联系，也不能由此得出原始的结论。既然刀耕火种是纯粹的森林农业，那么，只要有森林，也便有了采集和狩猎的条件。事实上，在刀耕火种农业生态系统中，采集和狩猎就是两个重要的组成部分。

刀耕火种不能笼统地称为原始残余，那么，应该如何为其正名呢？

山地民族的适应方式

如果从农业形态的角度看，刀耕火种可被称为森林旱作轮歇农业，而如果从人与自然相互关系的视野观之，它却是山地民族对于生境的适应方式。那么，山地民族为什么要从事刀耕火种而不从事别种农业，为什么只选择这种适应方式而不选择其他适应方式呢？

适应，是生物学的一个重要的概念。"物竞天择，适者生存"是自然界的一条永恒的法则。那么，对于人类来说，其生存繁衍是否也是适应自然环境的过程呢？回答是肯定的。人类无论与其他生物有多么的不同，不管其大脑多么发达、体格如何健全，但其仍然首先是生物的人、自然的人。人类的生物属性决定了人与自然之间的基本关系，那就是适应的关系。

当然，人类对于生境的适应与其他生物的适应是有本质的区别的。人类不仅是生物的人，而且是社会的人、文化的人、技术的人，因而人类的适应就不单纯是生理的适应，而且还有文明的适应。文明赋予人类的适应以能动性，使人类在适应生境的过程中能够认识自然，把握其发展的规律，从而达到充分利用自然的高度，而且，由于人类社会进化和科学技术水平的不等以及文化的差异，即使在相同的自然环境中，不同民族的适应方式也会表现出突出的个性和鲜明的文化特色。

　　然而，人类对于自然的能动改造利用所能达到的程度却是有限的，而且任何改造利用都必须以适应为前提。比如人们要改变一个山区的刀耕火种生产方式，代之以永久性的水田灌溉农业，技术、资金、人力、物力自然是必备的条件，然而，该山区的气候、降雨量、土壤、坡度以及开垦水田后对于该区自然生态系统将产生什么样的影响，更是要首先充分考虑的问题。如果自然条件不允许或者改变后将引发一系列自然生态的严重后果，那么，即使人类具有多么了不起的改造能力，也是无济于事的。至于同一生境中不同民族适应方式中的文化特性，也并不能脱离共性的母体。例如在热带和亚热带山地，不同民族的刀耕火种方式具有很大的差异，其差异性可能表现于生产组织、耕作方式、轮歇周期、栽培作物、生产工具，以至属于宗教范畴的农耕礼仪等所有方面，然而，砍伐焚烧森林作为土地投入，抛荒休闲以恢复地力，却是共同的适应原理。

　　人类不应该忘记自身的生物属性而过分夸大其社会和文化属性。可是，当人类进入工业社会之后，由于科学技术的突飞猛进，强者意识萌生并膨胀起来，于是表现出对于自然的严重傲慢与轻蔑。自然似乎不再是人类生存的摇篮，不再是应该协调相处的"朋友"，而是阻碍发展的"绊脚石"和必须扫除的"障碍"了。人们相信只要依靠意志和科学技术，就可上九天揽月，下大海捉鳖；可令高山低头，使大海让路，于是公然向自然宣战，要战胜自然，征服自然。总而言之，人类相信自身已成为凌驾于自然之上的主宰了。

　　大自然对于人类的妄自尊大回报以无情的嘲弄和严厉的惩罚。且不说多少"征服自然"之举的失败及其带来的种种严重的生态后果，就说我们讨论的问题——人类对于生业形态的选择，至今仍然摆脱不了自然的支配，人仍然是屈从于自然意志的"仆人"，而远非可以随心所欲的"上帝"。例如广布于阿拉斯加、加拿大北部和格陵兰的爱斯基摩人，只能依靠猎取海豹、海象、鹿、熊等动物和捞鱼为生；蒙古草原牧民只能逐水草而居，以畜牧为业；中亚干燥地带自古迄今皆以麦、稷等为主要栽培作物；而亚洲热带、亚热带湿润地带却一直是水稻的主要产地。人类能使北极冰原爱斯基摩人的渔猎业变成水稻种植业吗？又能以其渔猎业去取代蒙古人的畜牧业吗？现在不能，将来也颇值得怀疑。当然，人类能够以迁徙的方式去选择生存环境，这样的事例举不胜举，然而却不能在特定的自然环境中任意地选择从事什么样的生业。这就是说，自然环境虽然并不对人类的一切具有决定性的意义，但是对于其生业形态却具有不容置疑的支配作用。反而言之，人类的任何一种生业生态，都不过是适应特定生境的产物，而非人类意志的外在表现。

既然人类生计形态是适应生境的产物，那么山地民族为什么要以刀耕火种为业，也就只能从其生境条件去寻求答案了。在热带和亚热带山地，一般而言，土壤比较贫瘠，山坳和盆地中的泉水、河流很难利用于山地灌溉，加之高地天冷水寒风大，不利于水稻生长，因而很多地方不宜发展水田灌溉农业。然而，山地森林资源丰富，可以利用其作为土地投入，充沛的季风雨量足以满足作物生长的需要，人们不必为难以建造水利设施而担忧，刀耕火种于是成为山地自然环境可供利用的生业形态。不过，人类对于生业形态的选择，不仅必须遵循适应生境的原则，而且还要求其具有满足人类需求的健全的功能。山地作为人类生境，最突出的特点就是封闭。受交通的制约，自给自足是山民对其生业功能的最基本的要求。水田农业生态系统是单一的粮食生产系统，虽然有高产稳产的优越性，然而却满足不了山民衣、食、住等的需要。刀耕火种地俗称"百宝地"，一块地可间种或套种陆稻、玉米、高粱、粟、龙爪稷、棉花、花生、苏子、瓜、豆、芋头、山药、马铃薯、青菜等十几种作物。其中既有多种粮食，又有丰富的蔬菜；既有穿衣的原料，又有经济作物。林地抛荒休闲后，生长的树木和茅草是建房的材料和柴薪；休闲地又是盛产蘑菇等野菜和狩猎的最佳场所。在山地封闭的生活条件之下，试问还有什么样的生业具有如此众多的功能，能如此有效地满足山民生活的多方面的需求呢？由此看来，山地民族之所以从事刀耕火种，之所以选择这种适应方式，归根结底是因为生境条件的限制和刀耕火种农业生态系统的特殊功能所致。

适应的原理及技术

我们说人类的生境决定其生计形态，并不是说生境可以自发地产生生计，而只是一种可能的、潜在的规定性。只有当人类认识了这种可能性和潜在性，继而通过投入达到产出的能量的转换，这才成为生计。而一种生计完善与否，其投入产出的能量转换关系能达到什么样的比例关系，除了自然的因素外，关键就取决于人类适应度和技术水平的高低。我们认为刀耕火种非原始残余，是因为它不仅具有科学的适应原理，而且还具有一个复杂而有效的技术体系。下面将从两个方面来具体阐述其适应的原理及技术。

首先说轮歇耕作制度。将森林、灌木或茅草砍伐焚烧为灰肥，即把植被贮存的太阳能化为土地投入，是刀耕火种基本的适应原理。然而，由于植被一经砍伐，连续耕种即无后续投入，而在山高坡陡的条件下，积肥运肥又十分困难，于是抛荒旧地，砍种新地，采取休闲与耕种相结合的方法，这就是刀耕火种赖以延续的轮歇耕作制度。

轮歇耕作通常有两种方式：无序轮耕制和有序轮耕制。所谓无序轮耕，即一块土地的耕种年限不定，地力衰竭即抛荒，然后又选择茂盛的林地耕种。如果村落附近森林退化，则搬迁到较远的地方去。若干年后，或再度搬迁回来，或迁移到更远的地方。从事无序轮耕的刀耕火种民具有很大的随意性，他们逐林而徙，就地而居，所以被称为游耕民。

有序轮歇耕作制通常见于定居或不轻易迁移的刀耕火种民之中。所谓有序轮歇耕作制，就是村社根据当地树木生长的规律，将林地规划为若干块数，每隔一两年砍种一块或几块，形成一个有序循环轮歇耕种的制度。根据不同的生境条件或同一生境中的不同土地类型，有序轮歇耕作制一般又有三种形式。其一是一年耕种轮歇制，即砍种一年抛荒休闲七八年或十余年，云南山地民族称其为"懒火地"耕种法。这种耕作制多见于地多人少的社区。其耕作方法简便，不锄不犁，实行点播播种。凡山地各类土地皆宜使用此制，然而由于陡坡或乱石瘠地不宜犁耕或锄耕，故为此类地的唯一耕种方法。其二是短期耕种轮歇制，即耕种二三年休闲十余年或更长的时间。其配套技术是刀耕点播或锄耕散播顺序进行，或单一使用锄耕或犁耕。适宜此制耕作的对象，是中等坡度中等肥力的土地。此制的产生，与林地的不足有关。其三是长期耕种轮歇制，即连续耕种四五年甚至八九年，休闲十七八年或更长的时间。其相应的技术可以是刀、锄、犁顺序耕种，也可以是锄耕或犁耕。适宜此制的土地，必须坡度平缓而肥沃。这一耕作制的盛行，是林地资源紧张的结果。

其次说栽培植物的利用。在刀耕火种农业中，栽培作物既是生产的对象，同时又被作为更新的技术手段而被巧妙地利用着。这种利用既是刀耕火种技术体系的重要组成部分，又是山地民族适应水平的体现。

山地民族对栽培植物的利用，可概括为三种方式。第一是间种、套种技术。凡刀耕火种民，都有将不同科、属、种的若干种作物间种、套种于一地的栽培技术，云南山地民族将这种地称为"百宝地"。百宝地不是盲目的混种，而是按长期实践经验进行的有比例的作物配置。间种、套种不仅能满足人们多方面的需求，而且产量一般都大大高于单一作物种植的产量。除此之外还有很多优点，譬如在一块地中同时栽种主粮和杂粮，成熟期有先有后，可避免青黄不接的严重饥荒；刀耕火种免不了旱涝、病虫害等灾害，集中栽种具有不同生态特性的作物，在出现某种自然灾害的时候，不至于全无收成；而且各种高矮不同、对肥力要求不同的作物种在一起，既充分利用了空间，提高了作物对光能的吸收率，又可最大限度地利用地力。因此，在特定的条件下，"百宝地"种植方法确实不失为宝贵的生产技术。

第二个作物利用方法是轮作物的配置技术。在云南西部和南部山地，存在着两个以栽培作物划分的刀耕火种区：滇西南山地陆稻栽培区和滇西北山地玉米栽培区。云南有陆稻品种一千多种，大部分分布于滇西南山地。凡行陆稻刀耕火种的村社，常用品种少者十余种，多者达三四十种。大量作物种类和品种的积累，是人们根据需要所进行的人工选择驯化和相互交流的结果。山地民族栽培种类丰富的作物，有多种目的，其中之一就是依靠作物轮作以尽地力，更新地力。如按禾本科不同作物对地力要求的不同，组合轮作系列以尽地力，从而延长土地耕作的年限，其例子如以陆稻、玉米、稷、粟等作物进行轮作；以禾本科同种作物的不同品种对地力要求的差异，组合轮作系列以尽地力，延长耕作年限，这种情况主要是多品种陆稻的轮作；以锦葵科作物棉花、豆科作物黄豆及唇形科作物苏子、芝麻等肥地作物与禾本科粮食作物组合轮作，从而更新地力，延长耕种所限。山地民族刀耕火种的轮作技术，是节约土地、缓解人地矛盾的十分有效和宝贵的经验，它体现了山地民族很高的作物分类及其利用的知识水平。

作物利用的第三种方式是代表着刀耕火种较高发展水平的粮林轮作技术。刀耕火种，不论是一年耕种，还是多年耕种，由于没有人工肥料投入，所以都必须抛荒休闲以求地力的恢复。在土地尚足以轮耕的条件下，休闲的年限虽然因民族、因地区而异，然而必须耐心等待土地中的树木生长到足以再次砍伐的程度，却是各山地民族共同奉行的原则。这就是说，土地的休闲年限，在很大程度上取决于植被的更新速度。然而，当出现人口增多、土地不足的状况时，人们便不得不缩短休闲期限。消极的不采取任何措施地缩短休闲期，结果必然导致刀耕火种农业生态系统的恶化，于是，一些山地民族便采取粮林轮作的方法来解决这一矛盾。他们栽培速生林取代天然林以缩短休闲期，或者栽种经济林木获取效益以减缓人口对土地的压力。以云南为例，目前从事或者曾经从事过粮林轮作的民族有独龙族、怒族、傈僳族、景颇族、佤族、勒墨人（白族支系）和部分汉族等。云南山地民族用于粮林轮作的树种，主要是水冬瓜树（Alnusnepaensis），其次是漆树和松树。

水冬瓜树系落叶乔木，其生长极为迅速，三四年直径即可达十余厘米。这种树根部的根瘤菌具有很强的固氮作用，加之落叶量大，肥地效果极佳，因而是理想的粮林轮作树种。佤族、景颇族、傈僳族、独龙族、怒族都曾盛行过水冬瓜树的粮林轮作，只是种植方法稍有差别。西盟县的部分佤族、腾冲县的部分汉族和该县西部的傈僳族，过去是在庄稼收获之后撒播水冬瓜树子；盈江县卡场的景颇族和腾冲县南部的汉族，过去是将水冬瓜树子和陆稻子种混合起来同时撒播；独龙族、怒族等则于冬季采集树苗，待清明时节栽种。休闲地种植水冬瓜树，休闲期一般只需四五年。

怒江峡谷的勒墨人（白族支系）和部分怒族村社，昔日曾被称为"漆树之乡"。在休闲地中种植漆树，八年后可割漆出售，其间可在漆树下间种农作物，一举几得。连续割漆十余年，老化后砍伐焚烧作肥，继种粮食。腾冲南部汉民则以大致相同的方式种植松树，每年修枝烧尽作肥，主干则留育为材。

刀耕火种依赖其对于山地森林环境的适应性和独特的技术体系，在相当长的时期内一直盛行不衰，那么，这一农业生态系统能否实现永久的良性循环呢？

走向衰落的原因

任何事物都是充满矛盾的发展过程，刀耕火种同样是一个不断发生着无序和有序之变的动态的系统。尽管山地民族依赖其对于生境自然条件及其规律的深刻认识，依赖其能动的社会组织和生产技术的调适，曾经使刀耕火种农业生态系统保持过较长时期的稳定状态，然而近二三十年来，却呈现出急剧衰落的趋势，陷于深深的危机之中。

人类对于自然生态环境问题，从来没有像今天这样关心和重视过。人类终于认识到，污染环境，掠夺资源，破坏自然生态平衡，自身也将和其他生物一样，避免不了可悲的命运。随着人类生态环境意识的觉醒以及对于人与自然关系的再认识、再评价，自然界逐渐受到了应有的尊重和保护。在自然界众多的资源当中，森林无疑是与人类关系最为直接，并对人类的生存发挥着多方面巨大影响的不可缺少的资源之一。当代的生态环境教育告诉我们，热爱自然、爱护一草一木是公民的基本的道德准则和教养水平。于是，当人们把目光移到刀耕火种上时，会怎样地惊讶和愤慨，也就不言而喻了。于是提出诘难者有之，提出应当改变者有之，提出必须立即坚决取缔者也有之。然而作为备受谴责的刀耕火种，也不断地发出一反诘：他们不理解是森林和动物重要，还是人重要？不允许刀耕火种他们将何以为生？现代工业污染环境、破坏生态平衡的程度远非区区刀耕火种能与之相比，那么，为何不把工厂立即取缔掉呢？而且他们坚持认为，传统的有序轮歇刀耕火种并不会导致森林生态系统平衡的破坏，森林的锐减并不能完全归罪于刀耕火种，城乡日新月异的建筑群、千家万户的柴灶、大大小小的砖瓦厂、石炭窑以及糖厂等，才是大量吞噬森林的"罪魁祸首"。尽管如此，众多的环境保护论者仍然坚决主张刀耕火种应在革除之列，政府林业管理部门也不断采取严厉的措施加以限制。山地民族在舆论的压力和林业法规的约束下，不得不减少刀耕火种的土地面积。这种状况国内外大体相似，这是当代刀耕火种衰落的一个重要原因。

不过，刀耕火种的急剧衰落，主要还是缘于内在的原因，即系统内部的矛盾运动。刀耕火种农业生态系统的一个重要矛盾，是人口与林地资源的矛盾，这一矛盾是促使系统不断发生序变，使系统结构由简单向复杂发展，并使系统的社会和技术的调节机制不断完善的原动力。前文说过，刀耕火种是森林轮歇旱作农业，该农业生态系统是否能保持稳定的良性循环，关键在于其是否具备能够保证足够休闲期的足够的林地面积。根据在云南西南部山地的调查，如果人均占有林地达到 30 亩，最低限度不低于 21 亩，那么才能实行正常的有序轮歇，才不至于因为林地的用养失调导致系统的崩溃。但是问题在于，任何一个社区的人地比例都不会是一个常量，而始终是一个变量。令人遗憾的是，历史发展中的人地比例关系总是向着不利于人类的方向演变，人类始终无法扼制森林资源日益减少，而人口数量却在不断增加的趋势。这就决定了刀耕火种农业生态系统或迟或早都将要从有序状态走向无序状态，要从平衡走向失调。当然，由于系统调节机制的功能，比如依靠社会关系所进行的村社或个人之间的借地、租地、买卖土地的调节，利用轮作等技术手段实现的节约土地的调节等，虽然对维持系统的平衡发挥过重要的作用，然而由于系统不具备，也不可能具备限制人口增长的功能，因而也就无法避免人地比例失调的危机。以云南为例，新中国成立后，由于医疗卫生条件等的改善，山地民族的人口成倍地增长了，加之内地不断有移民迁入，致使土地不足的现象日趋严重。目前在滇西南刀耕火种地带，尚能保持人均 21 亩以上林地的村社已为数不多。在不少地区，由于人均林地数量大大低于正常刀耕火种所需数量，因而传统的有序轮作已无法进行。为了生存，人们不得不连续耕种一块土地直到地力衰竭，而抛荒后等不到地力恢复又必须再次耕种，于是森林为之绝迹，杂草随之蔓延，劳动投入成倍增加，产出却日益减少。生境恶化，粮食短缺，不少村社已陷入严重的困境。可见，人口超过生境容量，不仅是自然生态系统遭受严重破坏的关键所在，也是刀耕火种农业生态系统崩溃的主要原因。

适应方式的重建

具有丰富资源的山地自然环境，曾经给山地民族提供过刀耕火种的广阔舞台。然而，当成片的森林划为不能再染指的国家保护区之后，当一山一山的坡地沦为黄土裸露的不毛之地之后，刀耕火种便失去了其存在的基本条件，人们于是不得不去重新选择生存之路。面对严重恶化了的生境条件，山地民族将重建什么样的适应方式呢？这是一个一时难以圆满解答的问题。由于当今人口密度、生境条件、交通运输、商品经济以及人口素质等存在着显著的差异，因而当代山地的适应方式已经不可能再像昔日那样整齐划一，代之而起的将是多元化的发展模式。根据目前的情况进行预测，今后将会出现如下几种生业类型。

1. 仍以传统刀耕火种为主的类型。在一些交通闭塞、地广人稀、尚具备传统刀耕火种有序轮歇的社区，刀耕火种还将作为主要的生业形态延续下去。对于这些为数不多的社区来说，应该在继承发扬传统生产管理经验和生产技术的同时，积极寻求新的物质生产途径。而当新的生业形态尚未形成之前，又不能轻率地禁止刀耕火种。如果急于求成，反而会造成生产秩序的混乱，给山民生活及其生境带来不良的影响。

2. 以水田农业为主的类型。我们知道，并不是所有的山地都具备开挖水田的条件，然而也有经过努力可以发展水田农业的社区。对于既不能开辟水田，又丧失了生存的地方，应该允许迁移，最好是向低地适宜水田农耕的地方迁移。对于具备水田开发条件的地区，政府应该提供资金和技术，帮助修建永久性的水利灌溉设施，只有这样，才能使水田农业在山区得到巩固。

3. 以林业为主的类型。从事刀耕火种的民族，一般都有栽培经济作物的传统，历史上的云南就不乏以经济作物闻名的刀耕火种社区，如滇南西双版纳曾以普洱茶闻名天下，滇西北怒江峡谷诸民族曾以"剐黄连为生"。利用资源优势发展商品经济，对于很多社区都是可行的。在热带山地，适于种植的经济作物种类十分丰富，例如橡胶、茶叶、咖啡、甘蔗、药材、水果、香料等。发展林产品，不仅经济效益显著，而且有利于自然生态环境的保护。

4. 以矿业为主的类型。随着工业和交通运输业的发展，有的刀耕火种社区将因其蕴藏矿藏而大受其益。这样的社区一经开发，其生计形态的变化将是十分迅速的，而原先的刀耕火种民也将摇身一变成为采矿劳工。

5. 综合发展的类型。这是不具备特殊资源条件的社区可能选择的发展途径。由于社区的任何一种生业方式都不足以维持生计，故必须同时兼行水田农业，旱作农业、经济作物种植业，以及其他手工业等。

生计形态的多元化，反映了热带、亚热带山地民族适应方式的深刻变化。当然，各类新的适应方式的完善，还将经历一个长期的探索过程。

结　论

本文强调人类生境对于人类生计形态的重要限定作用，强调人类生计形态的形成是适应生境的结果。这是迄今为止所有社会普遍遵循的规律，而这一规律在农业社会中表现得尤为突出。

作为农业类型之一的刀耕火种，是热带和亚热带山地民族对于其生境的适应方式。山地民族长期的生产实践，使刀耕火种农业生态系统达到了社会结构、技术结构以及生境结构之间的协调与统一，其多方面的功能满足着特定历史条件下山地民族生存的需要。然而，刀耕火种适应方式具有明显的粗放特点，那就是刀耕火种所要求的人均占有的土地面积远远多于其他农业类型。这一严重依赖大面积林地支撑的农业系统，一旦人地比例失调，就会因为失去轮歇条件而陷于混乱和崩溃。

由于对土地需求过多的缺陷，使得刀耕火种农业表现延续时期较短、消亡过程较快的特征，不少学者因此得出刀耕火种是原始残余的结论，这显然是一种误解。

研究刀耕火种农业产生、发展、衰落的过程，我们不仅认识到生境在很大程度上决定着人类的适应方式，而且还看到人类对于生境的不可忽视的影响作用。遗憾的是，人类的影响更多地表现在对于生境生态平衡的破坏方面。如果由于人类的作用使生境条件发生了变化，那么，人类也将不得不放弃原有的适应方式而重建新的适应方式。这一矛盾运动的过程清晰地揭示了人类和自然的关系，那就是相互影响、相互作用的关系。人类一切生计形态的产生、发展和消亡，都不过是人类与自然相互影响、相互作用的过程。

人类与自然的相互作用的关系，既可以向着良性的方向发展，也会向着恶性的方向转化。在人与自然这一矛盾之中，人类无疑是主要的矛盾方面，那么，人与自然的关系能否向着良性的方向发展，当然取决于人类，取决于人类对自然和自身的正确认识，取决于能否正确认识和尊重多样性的传统知识和适应方式，取决于能否与时俱进地创造出新的人与自然和谐的文化。

（本文原载《农业考古》1989 年第 1 期）

试论当代的刀耕火种

试论云南民族地理

一 云南民族源流

云南古代民族源流的多元性，与其特殊的地理位置和自然条件关系至深。云南地理位置和地势的显著过渡性，对于云南地区远古即为东亚多原始族群交汇、渗透、分化、融合的历史舞台具有重大的意义。

在古代，自然地理单元对于人文地理区域具有明显的界定意义。云南远古原始族群分布，就与地理单元的区分基本一致。

云南自然地理，着眼于自然条件差异，大致可分为两大地理单元。滇西北作为青藏高原的南缘，区域划分上应属于青藏高原地理单元。而自永仁、大理、保山一线以南、以东地域，则为东南亚半岛基部，多与东南亚山地类似，区域划分上则属于东南亚山地地理单元。两大地理单元分别为远古不同原始族群活动的舞台。滇西北寒温带横断山脉区，是古代北方民族亦即游牧民族游徙之地，而除滇西北以外的云南其他亚热带山地高原，则是南方民族，亦即稻作农业民族生息的摇篮。

在滇西北横断山脉区，考古工作者曾在维西县的戈登村腊普河东岸发现过新石器时代遗址[①]，在德钦县的纳古、永芝等地发现过青铜时代的石棺墓文化[②]。戈登村出土的磨光圆柱形石斧、长方形磨光石刀以及半月形单孔石刀等，其形制均与滇中、滇南出土的石

---

① 李昆声等：《试论云南新石器文化与黄河流域的关系》，《云南文物》第 12 期。

② 张增祺：《昆明说》，《云南文物》第 12 期。

器不相类同，而其陶器的质地和形状，却接近甘青高原的寺洼文化和卡约文化。[①] 纳古、永芝等地的石棺墓文化，为滇中、滇南地区所无，它们与西藏东部，四川西部巴塘、新龙、义敦、石渠、芒康、贡觉等地的石棺墓为同一文化体系，出土的双耳陶罐、弧背铜刀和曲柄青铜短剑等，与滇中等地的同类出土物区别显著，而具有浓郁的北方草原文化特征。[②]

我国古代文献记载，以甘肃、青海一带经四川西部、西藏东部达云南西北这一"绵地千里"的地域，乃是古老的氐羌族群发源繁衍之地。[③] 今川西南雅砻江古称"若水"，史载炎帝的长子昌意"因德劣不足绍承大位"而被"降居若水"，昌意娶蜀山氏的姑娘，生了颛顼，虞族、夏族、周族都是他的后裔。[④] 据此知川西南及滇西北一带是古代羌人的一个重要分布地域。上述滇西北新石器时代及青铜时代文化遗址，即为古代羌人文化遗存。"羌"亦称"氐羌"，"羌"意为"牧羊人"，则羌人即游牧民族。

新石器时代后期，氐羌族群沿金沙江、怒江等天然通道不断南下。秦汉之际，在滇西北的氐羌族群称之为"昆明"和"嶲"，他们的分布范围已达"西至桐师以东，北至楪榆"的整个滇西地区，过着"随畜迁徙，毋常处，毋君长"的游牧生活。[⑤] 而在滇东北川滇交界处，则分布着氐羌另一族群"僰人"。秦汉之后，"昆明""嶲"开始向东，向南扩张，[⑥] 僰人则南下进入滇中[⑦]。由于氐羌族群具有较大的流动性，其后历两千年的演变，支系四分五裂，分布遍及全省，云南不少现代民族实以其为滥觞。

自滇西北往南往东，地势大幅度降低，自然景观由险峻趋于平

① 这类记录均可参考《云南文物》第 12 期的李昆声、张增棋文。
② 同上。
③ 见《后汉书·西羌传》。
④ 见《山海经·海内经》《水经注·若水》。
⑤ 见《史记·西南夷列传》。
⑥ 见《后汉书·西南夷列传》《三国志·蜀志·李恢传》。
⑦ 见《华阳国志·蜀志·僰道县》。

缓开阔。滨湖临川的盆地显著增多，在纵横交错的河流两岸，不时出现成片的台地。这些盆地和台地，气候湿温，资源富饶，既便于渔猎采集，又利于农业的产生。迄今为止所知亚洲最早的人类，就发现于滇中元谋盆地，他们距今已有 250 万年左右。滇中等地新石器时代文化遗址的分布，远远多于滇西北地区。滇池周围、云县芒杯、景洪、麻栗坡小河洞及鲁甸马厂等遗址，是具有代表性的文化遗址。这些遗址出土的绳纹粗陶、有肩石斧、靴形石斧等虽有地区和时代的差异，但基本特征相同。而且，在洱海区的宾川白羊村、滇中的元谋大墩子和滇池周围、滇南耿马南碧桥和石佛洞新石器时代遗址中，曾出土过炭化古稻。这些新石器时代文化特征，与包括滇西北在内的甘青高原文化类型极少相似之处，却类似祖国南方沿海地带的新石器时代文化。①

《汉书·地理志》记载，秦汉时期，在从云南南部直到濒临东海的浙江，分布着一个名叫"百越"的族群；又据《逸周书·商书》等文献记载，先秦时期在楚国（包括今云南、贵州、四川以至江汉流域以西的地带），还分布着统称为"百濮"的许多部落，前述新石器时代文化遗址，就是他们的文化遗存。这些族群同为南方稻作农业民族，交错杂居于除滇西北及滇东北之外的云南广大地区，秦汉时期他们被称为"闽濮""滇濮""滇越"等。自秦汉后，两族群也多有分化融合，各自形成包括若干现代民族的两大干系。

根据语言工作者的调查研究，云南现代民族的语言体系大致可分为三类，它们是汉藏语系的藏缅语族、壮侗语族以及南亚语系的孟高棉语族。三大语言体系也分别与古代氏羌、越、濮族群对应，民族源流清晰可辨。

特殊的地理位置使云南成为南北民族交叉的十字路口，然而其地理环境却不利于各民族的大融合。自然条件比较优越的盆地仅占全省面积的 4% 左右，而其余则全为山地。这种崎岖破碎、相互隔

---

① 李昆声等：《论云南与我国东南地区新石器文化的关系》，《云南文物》第 11 期。

离、不开阔的地貌，不可能形成大的共同体，亦不可能发源大的文明；反之，却利于促进民族的分化、变异，利于小而丰富多彩的文化类型的产生。在数千年的历史进程中，分属三大族群的部落不仅没有合而为一，反而越分越细，支系繁生，加之秦汉后汉族、唐宋后苗族和瑶族、元朝蒙古族和回族以及清初满族的迁入，致使云南成为祖国民族最多的省份。关于云南土著民族的分化及外来民族的情况，详见下文云南民族源流表。

云南民族源流表

民族源流		现代族称	云南最早记载	语族和语系
土著民族	氐羌	彝族	秦汉	汉藏语系藏缅语族
		白族		
		哈尼族		
		傈僳族		
		景颇族		
		阿昌族		
		拉祜族		
		纳西族		
		苦聪人		
		藏族	唐	
		普米族	元	
		独龙族		
		怒族	明	
		基诺族		
土著民族	百越	傣族	秦汉	汉藏语系壮侗语族
		壮族		
		布依族		
		水族		
	百濮	布朗族	秦汉	南亚语系孟高棉语族
		佤族		
		德昂族		
		克木人		

民族源流		现代族称	云南最早记载	语族和语系
外来民族	汉	汉族	秦汉	汉藏语系汉语族
	苗瑶	苗族	唐	汉藏语系苗瑶语族
		瑶族		
	回	回族	元	汉藏语系汉语族
	蒙古	蒙古族		
	满	满族	清	阿尔泰语系通古斯语族

二 云南民族的地理分布

云南民族的分布有两个突出的特点,其一是"各民族大杂居小聚居"的平面分布,其二是全省范围和各局部地区多民族的垂直分布。

在新石器时代,居于不同生境中的南北民族分布,奠定了云南民族分布的基本格局,现代"大杂居小聚居"的民族平面分布,乃是在几千年历史发展演变过程中受各种因素作用的民族迁徙流动,以及外来民族不断迁入的结果。

(一)云南民族的水平分布

综观现代云南各民族的平面分布状况,大致可以勾画于下。汉族仍然是云南的主体民族,由于古代汉族是来自经济发达、文化先进的内地,因而绝大多数分布于开发较早的滇中地区,各地交通要道沿线以及中心城镇也多为汉族所居。彝族为仅次于汉族的大族,其分布在绝大部分县市,而以楚雄彝族自治州、红河哈尼族彝族自治州和哀牢山区、滇西北小凉山一带比较集中。回族分布也颇为分散,但主要聚居于交通沿线城镇及其附近地区。洱海地区是白族的主要聚居地,此外,昆明、元江、南华、丽江、保山等地也有少数白族散居。纳西族比较集中地分布在滇西北的丽江地区。其北部的迪庆是藏族的居住地。滇西北怒江、澜沧江及独龙江河谷分布着怒、傈僳、独龙等民族。滇西北除上述民族之外,在兰坪县和宁蒗彝族自治县等地还有普米族。滇西德宏和滇南西双版纳地区则为傣族的两大聚居区，其余则散居于滇西南、滇南各地以及金沙江、南盘江沿岸。德宏地区也是景颇族、阿昌族、德昂族的聚居地。而在西双版纳与傣族杂居的，则是布朗、基诺等民族。德宏和西双版纳两州之间的滇西南地区，主要有拉祜族和佤族。滇南红河和澜沧江流域以及两江之间的广阔地带分布着哈尼族繁杂的支系，滇南山地中，还杂居着苦聪人。滇东南文山地区聚居着壮族、苗族和瑶族。苗族分布极散，除文山外，红河和昭通地区也有分布。瑶族大半在文山州，其余则散居在红河、西双版纳两州边境山区。云南布依族居住于滇东的罗平、富源等县。蒙古族则在滇中通海的杞麓湖畔。

（二）云南民族的垂直分布

云南地势大致呈三级阶梯状倾斜。从滇西北一级阶地至滇南、滇东南三级阶地，直线距离不过数百公里，然而海拔差异却高达数千米。地势不同梯级的存在，客观上形成了宏观的不同梯级民族垂直分布的格局。如果将全省民族垂直分布比喻为一座宝塔，则傣族、壮族居于最低一层，海拔八九百米以下的河谷盆地为其主要分布地。海拔 1000 米至 2500 米的山地是分布最多的阶层。该层同一海拔带的盆地，为汉族及白族、回族和部分纳西族等所居。藏族分布最高，所在迪庆州一带多为海拔三四千米的寒冷高原。

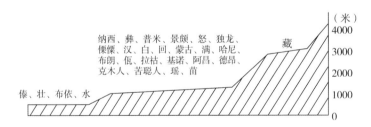

图　云南民族垂直分布示意图

在总的宏观民族分布的构架之中，局部地区又有不同的微观民族分布模式。在滇西德宏地区盆地中多为傣族，半山区有德昂族、阿昌族和汉族，景颇族和傈僳族最高，故景颇俗有"山头"之称。

滇西南、滇南临沧、思茅、西双版纳等地区，一般亦是傣族和汉族居处最低，哈尼族、瑶族居高山，中层山地则分布着布朗、拉祜、佤、基诺等民族。在滇南红河西南部，一山上下，人文景观模式为山脚是傣族和壮族的田园，山间层层壮观的梯田则为哈尼族所开，而山头、箐头以旱地轮栽为主的是彝族、苗族和瑶族。除上述所举之外，其他地区也还有不同的分布模式。

微观的民族垂直分布同样是由地势决定的。而各个民族在微观垂直分布模式中所处的具体层位，却又有人文和社会的深刻根源。源于北方的氐羌游牧民，原居于高寒的一级阶地，其后虽有部分深入滇中南，然而由于生活方式、生态习性及文化特征等原因，通常只愿意寻求森林资源丰富、气候凉爽的山区居住；而源于南方的农业民族，即使向北渗透到一级高地，出于相同的原因，往往也是深居河谷低坝，以求炎热的乐土。由此可见，各民族在微观垂直分布带谱中的具体层位，主要是各民族根据各自在原生存环境中长期形成的生理特性、生活方式以及文化的要求，对于客观存在的垂直变异生境进行选择的结果。不过，各民族对其生境的选择并不完全是和平自由的，有时系在暴力下的被迫选择，如滇西的德昂族和滇南的部分布朗族等，数百年前就都经历过由于不堪傣族封建领主侵夺而不得不逃离盆地"避处山林"的痛苦。[①] 在这些地方，往往强者居下，弱者居上，更弱者再居其上，谁上谁下，取决于各民族的发达和强大程度。因而这种微观民族垂直分布模式，又带有阶级社会中民族压迫和民族战争的印迹。

三　云南民族文化区域及文化类型

云南复杂的自然条件，不仅塑造了特殊的民族分布面貌，亦深刻地影响着各民族的经济文化，它使得同一自然条件下的不同民族产生了若干文化共性，又使不同地区的同一民族表现出很大的文化

---

① 云南省编辑委员会编：《布朗族社会历史调查》（1—2），云南人民出版社1982年版。

差异性。根据经济形态以及围绕经济生活主要精神文化的共性和差异性，我们大致可将云南全省划分为四大文化区域，这四大文化区域与由纬度、地势决定的云南自北而南的气候带基本吻合，而由于各区内又有随海拔高度和东西差异而产生的差别，因而四大文化区域又包括八个典型的经济文化类型。

（一）寒温带文化区域

寒温带藏族农牧文化。滇西北迪庆为"世界屋脊"青藏高原南延部分，以藏族为主。藏族是著名的农牧民，在高寒的草原和山区，他们主要栽培青稞和马铃薯，在河谷低地则种植玉米、小麦等作物。畜牧业发达，民族气质豪放剽悍。信奉喇嘛教。新中国成立前寺院治经济势力极为强大，社会制度为典型的农奴制。

（二）北亚热带文化区域

1. 北亚热带峡谷刀耕火种、狩猎、采集民文化。散布于滇西北横断山脉怒江、澜沧江、独龙江峡谷中的怒族、傈僳族、独龙族等的经济文化属此类型。刀耕火种农业为此文化类型的基础结构，生产技术较为粗放，木、竹、石生产工具沿用不绝，生产组织实施凭靠物候历和宗教化的农耕礼仪，盛行共耕制度，新中国成立后刀耕火种规模逐年减少，固定轮歇地和水田不断增加。采集和渔猎至今在经济生活中仍占有重要地位。黄连为该区特产，当地居民"剐蹉黄连为生"已有数百年历史。[①] 这些民族脱离巢居穴处的时间还极为短暂，新中国成立后虽已筑室而居，但依山而建的木垒房和竹篾房仍十分简陋，穿着亦简单，交通闭塞，渡江靠溜索或藤桥。奉万物有灵原始宗教。有文面习俗。民族气质质朴而刚健。新中国成立前，这些民族的社会发展停留于原始社会后期的父系氏族阶段。

2. 北亚热带盆地水田农耕民文化。分布于滇西北的丽江地区、大理白族自治州北部、滇东北地区海拔两千多米的盆地中，属此文化类型的有汉族、白族、彝族、普米族、苗族，而以丽江地区的纳

试论云南民族地理

---

① 道光《云南通志》引《清职页图》；（清）胡蔚本：《南诏野史》。

西族为其典型。纳西族主要栽培水稻。历史上纳西族"土多牛羊，一家即有羊群"①，现坝区畜牧业已降居次要地位。以象形东巴文和东巴经为主要内容的东巴文化是该民族宝贵的文化财富。信仰东巴教，崇奉祖先。体格强健，性格豪爽。新中国成立前已进入封建社会，并已产生发达的商品经济。

3. 北亚热带山地农牧民文化。滇西北和滇东北山地的彝族、纳西族、普米族、苗族等属此文化类型，彝族可为其代表。该文化类型以农牧兼事为特色，以轮歇旱地栽培为耕作粗放，工具有铁、木、石三类；畜牧业比重较大，古代彝族"祭祀时，……宰杀牛羊动以千数，少者不下数百"②，由此可见一斑。信奉以自然崇拜和祖先崇拜为主要内容的原始宗教，盛行骨卜等，在宗教生活中发挥着重要作用。火把节为其主要节日。民族性格质朴犷悍，新中国成立前停留于奴隶占有制阶段，有极为森严的等级制度。

（三）中亚热带文化区域

1. 洱海区白族集约农业、手工业、商业文化。洱海地区为云南文化发祥地之一，亦是滇西大族白族发源、发展的摇篮。白族有较发达的农、工、商业，农业，以水稻栽培为主，土布、草帽、大理石及木漆制品闻名遐迩。奉佛教和道教，崇拜本主（村社庙）和祖先。每年举行"三月街""绕山林"等盛大节庆。

2. 滇池区汉族发达的现代都市产业文化。滇池区以汉族为主体，并杂居着彝、回、苗等民族。昆明及其周围的玉溪、曲靖等地，有云南最为发达的工业、商业、农业、交通运输业以及文教卫生事业等，为全省的政治、经济、文化中心。

（四）南亚热带文化区域

1. 南亚热带盆地河谷定居水稻犁耕民文化。该类型文化分布于滇西、滇西南、滇南、滇东南低地以及滇北金沙江等炎热河谷。傣族、壮族、布依族及水族文化属此类型，然壮族等已汉化较深，唯

---

① （唐）樊绰：《蛮书》卷四。
② （元）李京：《云南志略·诸夷风俗》。

傣族文化最具特色，为此类文化的代表。傣族栽培水稻历史极为悠久，其生产工具先进，生产经验丰富，训化水稻品种之多远非周围各族能相比。主食为高黏性的糯稻、软米，嗜生、冷、酸食，擅长制作各种发酵食品。谙熟水性，善于采捞水生动植物。傣族性耐暑热，居炎热盆地河谷，聚落多濒水临江。使用傣那、傣泐文字，传统民族文学丰富。笃信南传上座部佛教，佛寺为村寨世俗活动中心。崇拜龙神、树神，傣历年泼水节为重大节庆。风俗淳厚，民性柔和、谦恭。新中国成立前西双版纳傣族社会处于封建领主制阶段，其余则已进入封建地主经济社会。

2. 南亚热带山地刀耕火种、狩猎、采集民文化。滇西、滇西南、滇南、滇东南山地为此文化类型。属于此文化类型的民族有景颇族、德昂族、佤族、拉祜族、布朗族、基诺族、苗族、瑶族、哈尼族、彝族、苦聪人、克木人等分布于南亚热带山地的民族。该文化类型以山地刀耕火种农业为主要特征，分为一年耕种长期休闲方式和多年轮作多年休闲方式，不少民族赖此实现定居生活。栽培作物以陆稻为主，该地带陆稻品种达一千多个品种。狩猎采集经济至今盛行不衰，山地民族皆"兵不离身"，善用枪弩及各种猎具，采集植物多达数百种。每年有一系列农耕礼仪活动，狩猎礼仪、祭祀繁杂而独特。信奉万物有灵自然宗教，崇拜"神林""神树"。性畏湿热，好居山林，民质朴而刚健。与原始的经济相适应，新中国成立前上述民族绝大多数尚滞留于原始社会后期发展阶段。

四　云南民族社会发展的地域差异

云南 26 个民族，迄 20 世纪 40 年代末，原始社会以至封建社会各种社会形态兼备，呈现出复杂纷繁的社会发展差异。其时汉族、回族、白族、壮族、纳西族、德宏傣族、大部分彝族和哈尼族，以及分布于交通沿线、靠近上述主要民族的部分苗族等均进入封建社会，而在汉族、白族、回族、纳西族等几个民族中则已出现了资本主义经济萌芽。属于封建领主经济社会的主要有西双版纳地区的傣族，以及在傣族封建领主统治下的其他一些民族。此外，分布于红河南部和滇东北等地的彝族，滇西北泸水、六库和云龙、兰坪、鹤庆等地的白族，红河地区的哈尼族，宁蒗、永宁等地的纳西族也基本处于这一发展阶段。滇西北小凉山的彝族保持着较典型的奴隶社会形态。而滞留于原始社会末期或保留较多原始社会残余的民族则有西双版纳地区的布朗族、哈尼族、拉祜族、基诺族和克木人，滇西南西盟阿佤山的佤族，滇西北峡谷的独龙族、傈僳族和怒族，金平县的苦聪人等。

如果考察各种民族社会形态的地理分布，则不难发现有两个显著的现象：首先，全省以滇池地区为中心，距此中心区越远，则社会经济发展越落后；另外，全省无论何地，坝区社会经济发展皆居于领先地位，随着山地海拔的增加，社会经济发展呈现逐渐递减的趋势。这两个现象充分说明，在资本主义前阶段，地理环境的封闭程度决定着社会经济文化发展的状况。

滇池地区及其附近盆地，地理环境的各种有利因素得以充分发挥作用，社会发展较快，绝大部分后进民族分布的滇西北、滇西、滇南边境弧形山地，则是一个交通梗阻的封闭型地理带。其封闭性一是由其远离经济文化中心的地理位置和山川阻隔所形成；二则缘于该地带是"瘴疠"肆虐的地区。① 使该区不少地方成为历代开发不到的"死角"。云南自秦汉两朝设郡经营，迄至唐宋，无论是中央王朝，还是南诏、大理地方政权，所遣官吏大都不能亲视其地，而行遥领之制。元代统治者有感于鞭长莫及，于是采取"以夷制夷"的策略，施行"土官"制度。明清两朝，为了达到中央王朝对民族地区的直接控制，逐实行"改土归流"（即取消世袭土官制度，代之以朝廷命官）的政策。然而也由于边远、瘴疠等原因仍然不得不有所区别，从而划定"三江之外宜土不宜流，三江之内宜流不宜土"②的政策界限，滇西北至滇南弧形地带依然如故，继续处于比

---

① 尹绍亭：《说"瘴"》，《云南方志通讯》1986 年第 4 期。
② "三江"为潞江、澜沧江、伊洛瓦底江，见嘉靖《大理府志·地理志》。

较闭塞的状态之中。

在保留着原始社会残余的民族地区，一方面是极度的封闭；而另一方面却大都具有比较丰富的动植物资源。在这样的地理环境中，得天独厚的资源不仅没有成为社会经济发展的杠杆，反而成了原始社会长期滞留不前的温床。譬如由于大自然的慷慨赠予，狩猎采集经济长期盛行不衰，这就大大延缓了农业时代的到来。云南迄今所知最早的农业已有近四千年的历史了，而独龙族、怒族、景颇族、佤族、基诺族等民族农业生产的记载仅仅才几百年，他们在大自然的禁锢和恩赐之中滞留了何等漫长的岁月！

云南西南弧形地带及山区地理环境的封闭性，过去是，今天也仍然是制约社会经济文化发展的巨大障碍。地理环境的封闭性不打破，商品经济便无从发展，贫困面貌便无从改变，民族素质也难以提高，一切致力于现代化的努力都将收效甚微。就目前情况看，不少民族地区的封闭状况在相当长的时期内仍然是很难改观的。从民族地理学的角度考虑，在尚无能力改造生存环境的情况下，调整民族分布的格局是可以选择的方案。如根据民族分布距滇中及各地坝区越远越落后的规律，应将居处偏远深山老林或自然条件特别恶劣地区的民族迁至发达地区和交通沿线，而又能适当保持其民族特性与文化；根据分布越高越贫困的规律，应适当改变各地垂直分布的格局，尽量压缩垂直分布的层次，使之靠近坝区。虽然民族迁移是一项涉及面较大的工作，但是为了尽快改变后进民族的状况，不断适当地调整民族分布的格局，使之趋于合理化，应该说是不可忽视的工作。

以上讨论了关于云南民族地理的几个问题。如上所述，云南民族源流的多元性、民族分布的复杂性、经济文化类型和社会经济文化发展的显著差异性等，均能从云南特殊的自然条件中找到生成的原因。地理环境对于民族的深刻影响和制约，亦即民族与生境的相互作用影响的关系，不仅在历史上表现得尤为突出，而且无疑也是今天以至未来人类不可回避的重大课题。自然，云南民族地理远远不限于以上几个内容，尚有广阔的领域和深厚的内涵，由此看来，努力发展民族地理学科，不断完善其理论体系并丰富其调查研究是十分必要的。

（原载《地理研究》1989年第 8 卷第 1 期）

说"瘴"

　　顾祖禹《读史方舆纪要·云南纪要》开篇言："云南，古蛮瘴之乡，去中原最远。"关于云南的"蛮"，不乏古今鸿篇巨制，而对于"瘴"，仅散见于文献之中。历史上，瘴疠无疑是云南社会发展滞缓的一个重要因素；几千年来，云南各族人民曾饱尝了瘴疠酿成的无穷灾难，时至今日，称为"瘴疠"的一些传染病也并未完全绝迹，这是我们在进行现代化建设时所必须关注的问题之一。

一　瘴疠分布

　　云南瘴疠记载，最早见晋代常璩的《华阳国志·南中志》。自该志以后，正史、地志、杂载、游记以及诗歌民谣即多述说吟唱，以至凡言云南风土，必提瘴疠。此类记载是今天分析、研究云南历史上瘴疠状况的可贵资料。下面就根据历史记载，首先复现云南瘴疠的分布区域。

　　云南瘴疠分布，滇南为一大盛行区，而该区又以元江流域、南盘江流域、普洱一带为甚。《华阳国志·南中志》言兴古郡"特有瘴气"。李昉等《太平御览》卷七九一引《永昌郡传》载："兴古郡在建宁南八百里，郡领九县，经千里皆有瘴气，菽、稻、鸡、豚、鱼、酒不可食，食皆病害人。郡北三百里有盘江，广数百步，深十余丈，此江有毒瘴。"郦道元《水经注》卷三十七亦载盘水"广百余步，深处十丈，甚有瘴气"。旧《云南通志》记广南府"地少霜雪，山多岚雾，三时瘴疠，至冬始消"。吴大勋《滇南闻见录》上卷"气候"条载："各郡唯普洱、元江为最热，热故多瘴。"张泓《滇南新语·稻两刈》说元江"维甚热，凡流寓，稍不戒腻，即染瘴殒"。刘文征《天启滇志·土司官氏》称临安府亏容甸（今红河县）"司治亏弓村，地湿热多瘴疠"。谢肇制《滇略·俗略》载"景东蒙化，山多有瘴"。贺宗章《幻影谈》言中越边境"沿边千有余里，皆烟瘴之区，暑湿炎热异常"。高其倬《筹酌鲁魁善后疏》说景谷一带"查威远乃极边瘴疠"。尹继善《筹酌普思元新善后事宜疏》说从攸乐至思茅"烟瘴甚盛"。

滇西为另一著名重瘴区。陈鼎《滇游记》载："永昌府瘴疠最浓。"《永昌郡传》载："永昌郡……郡东北八十里泸仓津，此津有瘴气，往以三月渡之，行者六十人，皆悉闷死。"《水经注》称禁水"此水傍瘴气特恶"。《蛮书》卷二说位于永昌西北的大雪山地区"地有瘴毒，河赕人至彼中毒者，十有八九死"。又卷六载："自寻传、祁鲜已往，悉有瘴毒。"（天启）《滇志·旅途志》载南甸宣抚司"旧名南宋，在腾越南半个山下，其山巅北霜雪恒有，南则炎瘴如蒸"。（明）严从简《殊域周咨录·云南百夷篇》说陇川"本地方烟瘴甚大"。文果《洱海丛谈》载："宾川瘴气甚浓，四五月间，鸡足道绝人行。"

滇西瘴疠记载最多的地区是怒江河谷，《蛮书》《寰宇通志》《滇南闻见录》《天启滇志》《读史方舆纪要》等皆极言怒江及湾甸"瘴毒炽盛""瘴气最恶"。杨琼《滇中琐记·潞江瘴》引盛毓华《潞江谣》云："三月四月瘴烟起，新来客尽死；九月十月瘴烟恶，老客魂亦落。"其毒至此，历来皆被视为畏途。

滇北，包括滇东北和滇西北，亦多有瘴疠流行。《水经注》卷三十六"若水"条载："有泸津，东去县八十里，水广六七百步，深十数丈，多瘴气，鲜有行者。"《后汉书·西南夷列传》李贤注："泸水一名若水，出旄牛徼外，经朱提至僰道入江，在今寯州南，特有瘴气。三月四月经之必死，五月以后，行者得无害。"《太平寰宇记》载："嶲州会川县有泸津关，关上有石峰高三丈，四时多瘴气。"李京《过金沙江》诗云："三月头，九月尾，烟瘴拍天如雾起。"夏瑚《怒俅边隘详情》说独龙江流域"烟瘴到处称盛"。此外，《滇南闻见录》上卷有丽江流行疫症的较详记载。

滇中一带气候凉爽，且开发较早，然而仍不免时有瘴疠流行。故檀萃《滇海虞衡志·杂志》言："滇南瘴气无处无之，虽通都大邑中间或曲巷僻街，亦有瘴起，遇即作病。"

据上可知，历史上云南各地瘴疠虽有轻重之分，然而遍布全省却是事实。

二　瘴疠种类

古代限于医学水平，不可能正确认识瘴疠，因而不免产生神秘之感，并附会于某些自然现象。《水经注》《永昌郡传》《晋太康三年地记》《搜神记》等言禁水瘴疠"气中有物，不见其形，其作有声，中木则折，中人则害，名曰鬼弹（或曰鬼巢）"；《滇海虞衡志》所举"大金江有瘴母，出则为祸"，都是编造不实之言。

古代言瘴，不少是指云雾彩虹，故瘴常与"烟""气"连用，称为"烟瘴""瘴气""瘴云""岚瘴""痼瘴"等。刘文征《天启滇志·旅途志》记南盘江"饶瘴疠草，青之日有绿烟腾波，散为宛虹驳霞，触之如炊粳菡萏，行人畏之"。《滇略·俗略》载："澜沧潞水皆深绿，不时红烟浮其面，日中人不敢渡。"《读史方舆纪要》说潞江"赤地生痾，瘴气腾空"。《滇南闻见录》说："又雨后日出，天气郁蒸则瘴起，有五色气如虹霓者自地中出，长可数丈，人触之即死，轻或成病。"《幻影谈》言："烟瘴之起，春夏秋皆有，幽深间壑，远望如红绿烟雾，蓬蓬勃勃，自下上腾，高至寻丈，各成片断，未久即剑。"此类描写，还多见于文人墨客的诗句之中。从这些描述不难看出，古代将云雾彩虹与瘴疠混为一谈是相当普遍的现象。

云南瘴疠四时皆有，而以春、夏、秋三季为甚，各地区一般也有较固定的高发时期，由此便产生了以植物生长和动物活动特征标志高发季节的瘴名。《滇略·俗略》载："瘴起以春末，止于杪秋，夹堤草头相交，结不可解，名交头瘴。"杨升庵于此有诗云："五月草交头，元谋不可游。"朱孟震《西南夷风土记》"山川"条载："潞江以外，道旁草皆自相纤结，谓之'揪头'，瘴发则如此也。"《南方草木状》载："芒茅枯时，瘴疫大作，交、广皆尔也，土人呼为黄茅瘴，又曰黄芒瘴。"另外，还有用青草、黄梅、稻花、新禾、蚂蟥、螃蟹、牛屎、老鸦等命名的瘴。《滇略》《读史方舆纪要》皆言潞江"岚瘴腾空，触人鼻如花气"。《幻影谈》说人闻糯米香味，即染瘴气，可能也是瘴发于花开或稻熟时节。《滇南闻见录》就说："春夏之间，槟榔花开，香气甚浓，其瘴最毒。"

此外，瘴名还有按其症状称谓的。周去非《岭外代答》卷四说："轻者寒热往来，正类痁疟，谓之冷瘴；重者纯热无寒，更重者蕴热沉沉，无昼无夜，如卧灰火，谓之热瘴；更重者一病则失音，莫之所以然，谓之哑瘴。"

《岭外代答》针对上述瘴状说道："南方凡病者皆谓之瘴，其实似中州伤寒，盖天气郁蒸，阳多宣泄，冬不闭藏，草木水泉，皆禀恶气，人生其间，日受其毒，元气不固，发为瘴疾。……冷瘴以疟治，热瘴以伤寒治，哑瘴以失音伤寒治，虽未可收十全之功，往往愈者过半。"这里明确指出所谓"瘴疠"即疟疾、伤寒，此书成于北宋，说明其时祖国医学对瘴疠已有比较明确的认识。《滇海虞衡志》说："因思暑热之地，饮食过伤，或贪凉外卧，辄发疟，失治即死。内地皆然，不独边荒。"这亦是可贵的认识。近人陶鸿焘《云南金河上游之地文与人文》一文对瘴疠种类作过总结，说瘴疠不过一统括之名，实指以下诸种现象："1. 谷中升起之五色气体，即虹；2. 打摆子，即疟疾；3. 上吐下泻或腹中作剧痛，即霍乱或其他肠胃病；4. 晕倒，即中暑。"

新中国成立后，云南省医务防疫工作者经过艰苦细致的调查，查明新中国成立初期，云南的二十几种常见流行病，它们是疟疾、鼠疫、天花、流行性乙型脑炎、白喉、斑疹伤寒、回归热、痢疾、伤寒和副伤寒、猩红热、流行性脑脊髓膜炎、麻疹、流行性感冒、传染性肝炎、脊髓前角灰白质炎、百日咳、炭疽病、狂犬病、恙虫病、钩端螺旋体病等。几千年来苦苦困扰云南各族人民的瘴疠，即是以疟疾、鼠疫、痢疾、霍乱、各类伤寒、脑炎、感冒以及中暑等为主的疾病群。历来文献言瘴疠症状，所谓"遍身奇热而不出汗，熟寝不语，不过二三日死""受瘴者发闷发热，大便泻黑水，几日即毙""中者则令人奄然青燗""人身上忽生一二疙瘩，头疼发热，或一日或两三日即死""寒热交作""多闷吐""红痰"，等等，皆属上述疾病症状。史籍载云南除瘴疠外，还有毒虫、毒溪、毒露、毒草等。

三　瘴疠危害

历史上，阻碍云南社会、经济、文化发展的因素是多方面的，而逐一论来，言危害时间之长、范围之大者，莫过于瘴疠。云南为亚洲最早的人类活动舞台，然而至新中国成立前却一直是我国人口密度最低的地区之一。数千年来，人口随兴随灭，死于瘴疠者不计其数。下面仅举数例，于此即可见瘴疠频繁大量毁灭人口的情况。

《滇南闻见录》"疫症"条记鼠疫之害："丁酉岁，丽江起一疫症，甚奇，人身上忽生一二疙瘩，发疼发热，或一日或三日即死；不知名为何症，死者相续。""而夷俗，一人有病，举家逃避，惧缠染也。虽夫妻父子不相顾，以至村落为墟，市肆乏人。"杨琼《滇中琐记》"乱后多瘟"条载："滇中自大乱平后，迤南、迤西多病瘟，有红痰、痒子二症。中红痰者，死差缓；中痒子者，更宿即死。其传染初起及将衰时间可医治，至其中盛行时，中者百难救一，死尸相藉，村户为墟。"同书"瘟不及葬"条所记更惨："滇中被瘟死者，不敢即葬，谓即葬则后此瘟气愈炽，大不利于乡间，因而草草殓以棺，舁而弃之道左。或墓则斜安倒置，不封不树，死者即多，遂到横棺遍野，日炙风撩，棺为绽裂，狐食蝇嘬，莫敢仰视。"

疟疾为云南新中国成立前瘴害之首。1904—1910 年修筑滇越铁路，曾在越南和云南等地招民工二十万，有十多万人死于疟疾，故有"一根枕木死一人"之说。1933—1940 年云县疟疾大流行，七年死亡三万多人。《云县县志》载："溯自民国二十二年（1933 年）以来，瘟疫流行，绵延不绝，百里雪封，死亡逾万。本年秋疫，严重倍于往昔。一般所患日恶性疟疾。且症变百端，群医穷于应付，方药两缺，奏效难期。据死亡统计，危城斗大，户不盈千，四十日中罹疫而死者五百零六人。是以望衡对字，人多缟素之家。"1940 年云县成立抗疟所时调查，疟疾流行前全县有十五万多人，流行后仅剩十二万多人。城内八百多户居民，多数贴白对联，有 15 户死绝，县内成立绝产会管理绝产。1919—1949 年思茅疟疾大流行，人口锐减，田园荒芜。大流行前思茅原是七万多人的重镇，经 30 年的流行，1951 年全城仅有 1092 人（疟害资料引自郑祖佑《云南省疟疾流行及防治概况》）。瘴疬盛行之时，造成人口大量死亡。

而更多、更经常的情况，则是瘴疬对人们肉体和精神的折磨，使人们长期处于不死不活的状况中备受煎熬。仅以疟疾为例，据新中国成立后疟区划分，云南有低度疟疾流行县 65 个，中度流行县 16 个，高度和超高度流行县 46 个。其中高度超高度流行区的人口约占全省总人口的 1/3，高疟区疟疾发病数约占全省总患疟数的 2/3。再据 1954 年的不完全统计，云南全省疟疾发病 413817 例，年患疟率达 239.5 万（郑祖佑文）。如果再考虑其他十多种传染病，那么其时云南人口健康水平之低便可想而知了。新中国成立前虽缺乏病例统计，然而情况更坏则是毫无疑义的。在广大少数民族地区，既不可能对瘴疬有正确认识，更谈不上就医服药，除不少人"即染瘴殒"之外，苟活者亦不免要饱尝长期遭受疾病之苦。

瘴疬危害如此，自晋始，封建统治者却别出心裁，"郡有罪人，徙之禁防"（《水经注》卷三十六），此举为后来历代王朝效法。而一旦外地罪人徙至瘴区，则绝少有幸存者。

四　瘴疠防治

云南各族人民于瘴疠，大凡有三种传统的对付方法，即祭鬼、躲避和以草药防治。

在对医药知之甚少和信奉万物有灵的社会里，祭鬼是祛病的主要方式。据《马可·波罗行记》载，时至元代，"押赤、大理、永昌三州无一医师"，开发较早的地区尚且如此，广大山区和边远地区就更不用说了。《滇略》说侬人、沙人"病惟祭鬼，不知医自"。《百夷传》说百夷"疾病不知服药，以姜汁注鼻中。病甚，命巫祭鬼路侧"。《寰宇通志》说广南府风俗"习俗俭约，病不服药，惟祭鬼神"。《天启滇志》说镇康州的黑爨"病不服药，专祭鬼"。《行边纪闻》说蛮夷"病不服药，祷鬼而已，不愈则曰鬼所疾也，弃之不顾，谓巫曰鬼师"。

祭鬼形式颇多，且因地、因族而异。20 世纪 60 年代，笔者在梁河县便目睹过"献饭""看米""装神""捉鬼"几种形式。科学空白的年代，"鬼"被认定是一切疾病的根源，因而祭鬼、驱鬼为治病之道。不言而喻，这一切都是徒劳无益的。

对瘴疠行躲避之法，大体又有三种形式。第一种是"夏处高山，冬入深谷"。《新唐书·昆明蛮传》言昆明人"随水草畜牧，夏处高山，冬入深谷"。深谷之中冬季尚且有水草，夏季当更为丰美，"夏处高山"的主要原因不是"逐水草"，而应是躲避瘴疠酷暑。《寰宇通志》就说寻甸有"隐毒山"，"在府城西，相传岚瘴惟此山独无，土人每岁遇夏，避居其上"。《滇南闻见录》亦有类似记载："哀牢山下稻田甚广，宜糯而瘴最盛，当春末夏初，耕种甫毕，即往别处潜伏，交冬复来收获。"历朝瘴区任官亦多不敢亲视其地。《蛮书》"云南城镇第六"条载："自寻传、祁鲜已往，悉有瘴毒，……诸城镇官，惧瘴疠，或越在它处，不亲视事。"《天启滇志》"土司官氏"条载广南府"土官贫弱，以此地道险瘴恶，知府不在其地"。《滇南闻见录》载元江"城中忧热，刺史不敢居，移居青龙山"。

第二种是离家躲避。1968 年德宏州数县疟疾流行，笔者在梁河县孟连村看到患间日疟的傣族群众每至发病之日，即离家往山上或菜园躲藏，说"躲摆子"。

第三种是搬迁。《滇南闻见录》言夷俗"一人有病，举家搬迁"。而当瘴疠大作之时，则往往是合寨搬走。笔者在勐海县那赛寨调查时获知，该寨拉祜族仅从新中国成立初至今，已大搬迁 17 次，而零星搬迁则无计其数。究其原因，多为生病死人引起恐惧而搬。

关于草药防治，各民族在长期生活实践中总结了丰富的植物药学知识。兰茂《滇南本草》可以说是滇中古代植物药学的集大成者，书中载药物 458 种，所附《医门揽要》并有中暑、痢疾等症附方。《滇南本草》《政和证类本草》《岭外代答》《寰宇通志》《滇略》《景泰云南图经》《滇南闻见录》等书还列举了若干具有防治瘴疠功能的植物，如槟榔、蒌叶藤、钩藤、哈芙蓉、阿魏、神黄豆、扁青、金屑、升麻、木香、蘗木，等等。

利用植物等防治瘴疠，比祭鬼、躲瘴高明百倍，但其作用毕竟有限。傣、彝等民族虽然已发展了自成体系的民族医药学，然而对诸如恶性疟疾及恶性痢疾等急性传染病疗效甚低。明清以来，中医发展迅速，如《疟疾论》《霍乱论》《治瘟提要》《瘟病条例医方撮要》等医书已能比较正确地阐述一般瘴病原因和医治之法。然而在历代官府头人的残酷压迫剥削下，瘴区人民大多连基本生活都难以维持，哪里还谈得上就医吃药。可以毫不夸张地说，瘴区面貌划时代的改变是在新中国成立之后，只有在中国共产党的领导下，世世代代遭受疾病苦难的瘴区人民才获得了新生。

云南解放初期，党中央国务院即组织中央防疫队、民族卫生工作队、西南防疫队深入云南省边疆地区。云南省也组织了一批防疫队与之配合，破天荒地第一次展开了瘴区的卫生防疫工作。在党和政府的关怀领导下，三十多年来，瘴区的预防及医疗条件得到了极大的改善。至 1981 年，云南全省预防机构已达 186 个，卫生防疫人员增至 4065 人。更为可喜的是，对瘴区疾病的防治已收到显著效果。云南省于 1956 年消灭了鼠疫，1960 年消灭了天花，1962 年消灭了回归热，霍乱的传染已得到有效防治。同时，一些急性传染病也得到很大程度的控制，发病率已大为降低。以作为瘴疠首害的疟疾为例，"1953 年发病数为 41 万多人，发病率为 2379.59/10 万，1965 年发病率即降为 110.80/10 万。最近几年，全省疟疾发病率降到万分之五以下的有 86 个县，有 24 个县已进入灭疟后期的管理阶段"（上述资料引自《郑玲才同志在省防疫站建站三十周年纪念会上的工作报告》）。云南数千年瘴疠肆虐的状况在新中国成立后短短几十年便得到有效控制，瘴区人民的健康水平有了很大提高，云南"瘴疠之区"之名已经成为历史。

五　努力实现防治社会化

今天，"瘴疠"一词确乎已被人们逐渐淡忘了，然而三十多年的经验教训说明，只要稍微放松防治工作，某些传染病便会大幅度回升，尤其是前文所述那些重瘴区，疫情仍时有暴发。这一方面固然是因为那些地区大多位于热带和亚热带，自然条件极利病菌繁衍的缘故；而另一不可忽视的原因，则是人们的一些不良传统生活习俗，恰恰构成了疾病蔓延的温床。在很大程度上可以这样说，是人为因素不断给人类自身制造着病害的悲剧。

这样的情况是显而易见的。例如，在一些边疆少数民族中，至今仍然不习惯上厕所，生活环境为主污染；在部分地区，还保持着在水沟上大小便的习惯，下游居民若饮用此水，后果如何则不难想象。省防疫站科学工作者曾对全省 112 个县市的饮用水源作过调查，结果是受污染的占比 75.5%，而其中多数又是受人畜粪便污染的。又如，有的民族喜嗜生食和酸食，动物的蛆、虫、卵、蛹，野菜花果，部分菌类和竹笋以及野兽肉和家畜肉等等，都可加佐料生食。这也是痢疾等肠胃病多发的主要原因。1985 年 2 月，景洪县曼武寨因婚事吃猪肉"剁生"，寨中老少绝大部分中毒吐泻。此类事例在西双版纳等地时有发生。再如，有的地区人畜同居一室，或人居楼上、畜居其下，空气污浊，蝇蚊密布，粪便遍地，这种生活环境，对人的健康极为不利。

从这些事例中足见生活习俗与疾病流行的关系。它说明，疾病防治固然主要应依靠医学工作者，但同时还需要全社会的共同努力。譬如大力开展爱国卫生运动；对有关历史资料进行收集整理，找出历史上传染病的分布和发病规律；发掘民族医药学中的瑰宝，使之发扬光大；研究民族医药心理，提高疾病防治宣传工作的科学性；剖析各民族的生活方式，提出改革不良习俗的可行方案；加强对各族青少年进行卫生教育，培养有良好卫生习惯的新一代；等等。相信随着云南省经济文化教育事业的发展，随着疾病防治工作的社会化，一个崇尚科学文化、卫生文明的新云南必将出现。

（原载《云南地方志通讯》1986 年第 4 期）

从云南看历史的自然实验

——环境人类学的研究

　　"历史的自然实验"是美国学者贾雷德·戴蒙德所著的《枪炮、病菌与钢铁——人类社会的命运》一书提出的概念。本文将其引用为题目，是因为该书研究的查塔姆群岛上的莫里奥里人和毛利人的分化与中国哈尼族等的分化十分相似，其揭示的波利尼西亚群岛的生态环境及其与人类社会之间的关系给人以启发，其运用"历史的自然实验"这一概念进行研究和分析具有普遍意义，可以说是令人信服的"环境塑造论"。中国云南乃至整个西部特殊的生态环境和多民族社会历史文化的关系，有多种理论的阐释，而从环境人类学的角度并参考贾雷德·戴蒙德的波利尼西亚群岛族群的研究，可以进一步加深对生态环境的塑造力和影响力的理解。

一　哈尼族社会形态分化的"自然实验"

　　贾雷德·戴蒙德所著的《枪炮、病菌与钢铁——人类社会的命运》一书，是一本毫不含糊地以"环境塑造论"解读世界历史文化的名著。和许多学者一直以来习惯使用的"人与环境相互关系"模棱两可的概念不同，贾雷德·戴蒙德在论述波利尼西亚群岛的族群时，明确提出的问题是"地理因素是怎样塑造波利尼西亚群岛的社会的"。为此，他以莫里奥里人和毛利人的渊源和分化为例，进行论证。他首先介绍了这两个族群的渊源和分化：

（莫里奥里人和毛利人）这两个群体是在不到 1000 年前从同一个老祖宗那里分化出来的。他们都是波利尼西亚人。现代毛利人是公元 1000 年左右移居新西兰的波利尼西亚农民的后代。在那以后不久，这些毛利人中又有一批移居查塔姆群岛，变成了莫里奥里人。在这两个群体分道扬镳后的几个世纪中，他们各自朝相反的方向演化，北岛毛利人发展出比较复杂的技术和政治组织，而莫里奥里人发展出来的技术和政治组织则比较简单。莫里奥里人恢复到以前的狩猎采集生活，而北岛毛利人则转向更集约的农业。[①]

那么，是什么原因导致了这个在 1000 年前是同一个老祖宗的族群，后来却分道扬镳，各自朝相反的方向演化，几个世纪后竟然成为两个具有截然不同社会形态的族群呢？对此，贾雷德·戴蒙德认为，社会形态的分化是由于他们各自居处的不同生态环境所塑造的，他强调说：

要追溯查塔姆群岛和新西兰的不同环境是如何不同地塑造了莫里奥里人和毛利人的，这容易做到。虽然最早在查塔姆群岛移民的毛利人祖先可能都是农民，但毛利人的热带作物不可能在查塔姆群岛的寒冷气候下生长，所以那些移民别无他法，只得重新回到狩猎采集生活。由于他们以采集狩猎为生，他们不能生产多余的农作物供重新分配和贮藏之用，所以他们无法养活不事狩猎的专门手艺人、军队、行政官员和首领。……他们还通过阉割一些男婴来减少人口过剩的潜在冲突。

……

相比之下，新西兰的北部（比较温暖）是波利尼西亚的最大岛屿，适宜于波利尼西亚的农业。留在新西兰的那些毛利人

---

① ［美］贾雷德·戴蒙德：《枪炮、病菌与钢铁——人类社会的命运》，谢延光译，上海译文出版社 2000 年版，第 26、27 页。

人数增加了直到超过 10 万人。他们在局部的地区形成了密集的人口，这些人长期从事与邻近居民的残酷战争。由于他们栽种的农作物有剩余并可用来贮藏，他们养活了一些专门的手艺人、首领和兼职士兵。他们需要并制作了各种各样的工具，有的用来栽种农作物，有的用来打仗，还有的用来搞艺术创作。他们建造了精致的用作举行仪式的建筑物和为数众多的城堡。①

笔者赞同贾雷德·戴蒙德的观点，因为我们从诸多研究案例中，也获得了与其相同的结论。这里仅举哈尼族的事例，即可见一斑。

哈尼族古称"和夷"，"和夷"之名首见于《禹贡》："蔡、蒙旅平，和夷厎绩。"意为"蔡山、蒙山的道路已经修好，在和夷地区治水也取得了成效"。南宋毛晃《禹贡指南》"和夷厎绩"下注："和夷，西南夷。"据考证，"蔡山、蒙山"在川西雅安一带。清代胡渭《禹贡锥指》说："和夷，沫水南之夷也。"《说文》"沫水"指今"大渡河"。源自大渡河西岸连三海与雅砻江并行，由北而南注入金沙江的安宁河，古代曾称"阿尼河"，被认为是因为历史上阿尼人（哈尼族先民）居住其地而得名。哈尼族传说，他们祖先的居住地是北方的"努玛阿美"，哈尼族原语称作"哈尼纠的怒玛阿美"，"纠的"意为"人种萌发"或"人的诞生"，即"哈尼人种诞生在努玛阿美地方"或"努玛阿美是哈尼人种萌发之地"。学者们的意见是，"努玛阿美"就是大渡河、雅砻江、安宁河一带。史家认为，哈尼族祖先离开故乡"努玛阿美"，可能与战争有关。公元前 3 世纪，秦朝势力迅速扩张，发动了大规模征服邻近部落的战争，战火蔓延至川藏一带，迫使氐羌诸部落逃离驻地，移走南方，"和夷"随之迁往云南。

哈尼族先民到达云南之后，历经数百年辗转，曾经分别到达过

① ［美］贾雷德·戴蒙德：《枪炮、病菌与钢铁——人类社会的命运》，谢延光译，上海译文出版社 2000 年版，第 29 页。

141

从云南看历史的自然实验

"谷哈"（昆明）和"轰阿"（滇池和耳海湖滨平原）等地，[①] 后来分布于洱海地区的哈尼先民继续南下，沿澜沧江和红河中上游流域向滇南转移，辗转跋涉，最后把栖息地散布于今哀牢山、无量山区的景东、景谷、镇远、新平、元江、墨江、江城、景洪、勐海、勐腊、澜沧、孟连，以及越南、老挝、泰国、缅甸北部山区这一广阔的空间。另一部分经滇中滇池地区南下到达石屏、建水、蒙自、开远，再渡过红河，大部分留在了今红河流域南段的哀牢山区的红河、元阳、绿春、金平等地。也有继续南迁者，最后到达越南、老挝北部山地。值得注意的是，分别从滇西和滇中往南迁徙并落脚于不同地域的哈尼族先民，也和莫里奥里人和毛利人一样，分化成为差异性很大的两种社会形态——定居梯田农耕社会和刀耕火种农耕社会。那么，是什么原因造成了哈尼族社会形态的分化呢？

上述哈尼族先民迁入云南，继而分两路南下最后形成的分布，可以北纬 22 度为界，大致分为南北两个栖息地。云南的地理环境，北纬 22 度以北的无量山、哀牢山、邦马山山地，为云南地势自北而南逐级下降的第二梯级，系横断山南出支脉，山地海拔约在 1000 米至 2600 米之间，多高峻条状山地和峡谷地貌，河流深切，沟壑纵横，峰峦叠嶂，溪水密布，平坝稀少。夏季受西南季风影响，迎风坡降雨丰沛，降水量可达 1600 毫米以上，年均气温大约 17℃。需要说明的是，该区地势即使为第二梯级山地，然而如红河等河流深切的河谷地带海拔却只有数百米，河流两岸冲积的盆地、台地，气候炎热，适于发展水田稻作农业，很早便成为发源于热带低地的稻作农耕民傣族先民越人的家园。

哈尼族先民到达该区，不可能在傣族开发的河谷地带立足，且作为北方移民并不适应河谷低地的炎热气候，因此只能避处高地山林。然该区山地少有平缓草场分布，且背风坡干旱少雨，岩石裸露，

---

① 《哈尼族简史》编写组、《哈尼族简史》修订本编写组：《哈尼族简史》，民族出版社 2008 年版，第 6 页；王清华：《梯田文化论——哈尼族生态农业》，云南人民出版社 2010 年版，第 41、42 页。

荒芜不毛，显然不适合规模性的游牧；迎风坡森林茂盛，可以从事刀耕火种，然而由于地势陡峭，气温寒凉，植被更新缓慢，也不可能支撑刀耕火种轮歇农业的长久持续。该区迎风坡坡面尺度大，降雨充沛，高山溪流长年不断，极富灌溉之利，具有开垦经营梯田农业的良好条件。哈尼族先民最初到达无量山、哀牢山山地一带，适应当地生态环境，森林茂密之初，先是从事刀耕火种农业，森林退化之后，不得不纷纷转而从事梯田灌溉农业。经过数百年的发展，逐渐形成了较为发达的梯田农耕社会。

同为哈尼族，迁移到北纬 22 度以南地区之后却是另一番景象。北纬 22 度以南的滇南和越南、老挝、泰国、缅甸北部山地，地势明显和缓，山势降低为中低山山地，海拔一般在 800 米至 1000 米左右，低地盆地相间，河谷开阔，海拔在 500 米左右。该区因距离海洋较近，受印度洋西南季风的控制和太平洋东南季风的影响，常年湿润多雨，热量丰富，终年温暖，年平均气温在 18℃—22℃ 之间。不过因海拔高度不同，气候垂直差异亦较为显著，800 米以下为热带气候，800 米至 1500 米为南亚热带气候，1500 米以上为中亚热带气候。一年分为两季，即雨季和旱季，雨季长达 5 个月（5 月下旬—10 月下旬），旱季长达 7 个月之久（10 月下旬—次年 5 月下旬），雨季降水量占全年降水量的 80% 以上。旱季降水少，但是雾浓露重，在一定程度上补偿了降水不足。

这样的地理环境，与哈尼族先民的繁衍地差距甚大。盆地河谷炎热，瘴疠肆虐，加之自古便是傣族等越系族群的分布地，受当地大民族头人土司的管辖。被视为"流民"的哈尼族到达该区后，与去往红河流域的哈尼族一样，避处山林，可避免族群矛盾冲突，远离强权统治，不受外族侵扰和欺压，而且可以任意利用土地，又少苛捐杂税，这无疑是符合逻辑的理性选择。① 热带、南亚热带山地雨林、季雨林，遮天蔽日，大象、虎豹、豺狼横行，不宜畜牧；虽

从云南看历史的自然实验

---

① 此方面的论述可参考 ［美］詹姆士·斯科特《逃避统治的艺术——东南亚高地的无政府主义历史》，王晓毅译，生活·读书·新知三联书店 2016 年版。

143

然多雨湿润，然而山势不高，雨水落地后多为雨林截留，然后缓慢通过地表渗透于低地，山谷中虽河流盘绕，然而山坡上却罕见溪流泉水，无灌溉之利，开凿梯田困难很大。相比之下，由亚热带、热带森林环境提供的最为便利且可持续的生计，就是刀耕火种轮歇农业。此种生计，不需要水利和农田修筑等基础设施的建设，不需要积肥施肥等高成本投入，不需要开辟种植蔬菜等的辅助园圃，不需要过多养殖家畜，农作物的产量虽然不高，但是种类远比水田丰富，大面积的轮歇地还有采集和狩猎之利，可长久支撑山地民族自给自足的生活需求。①

据上可知，历史上哈尼族为什么会分化成为南北两种社会形态？原因就在于生态环境的差异，在于人们对不同生态环境的认知和适应，即不同的生态环境对于塑造不同的生计和社会形态发挥着不可忽视的巨大作用。

关于南北哈尼族社会形态的差异，一些文章曾有涉及，然而议论平平，总是习惯于沿袭"社会单线进化论"，将其视为"由生产力差异形成的社会进化阶段"。这种"从现象到现像"的似是而非的论断，并未触及"成因"的实质。而关于北部哈尼族梯田农耕社会的形成，许多哈尼族历史研究者则如是论述：哈尼族最初到达无量山、哀牢山山地，先是从事刀耕火种农业，然后转而从事梯田灌溉农业。为什么转而从事梯田灌溉农业呢？那是因为哈尼族在迁徙到云南之前，便已经是开化的从事灌溉水田农业的农耕民，哀牢山梯田的开发，不过是历史记忆的复现或者说是其古代生计方式的"移植"。如《元阳县志》说："元阳哈尼族在唐代前很早就进入平坝农耕定居生活。"唐代南诏奴隶制政权统治时期，哈尼族丧失了农耕定居的大渡河原居住地，迁徙到红河南岸山大林深的哀牢山，为了生存，元阳哈尼族先民开始了原始的"刀耕火种"的山地农耕。但有着平地农耕定居经验的元阳哈尼族先民没有停留在"刀耕

---

① 尹绍亭：《人与森林》，云南教育出版社 2000 年版，第 49、51、52 页。

火种"的农业方式上，哈尼族先民在红河南岸的崇山峻岭中首先选择较缓的向阳坡地，砍去林木，焚烧荒草，垦出旱地，先播种旱地作物若干季，待生地变熟，即把古老的平坝水田农耕经验和技艺移植到山地上，筑台搭埂，将坡地变成台地，利用"山有多高、水有多高"的自然条件，开沟引水，使台地变成水田—梯田①。一些学者为了强调这样的论点，还以历史文献加以证明：《汉书》卷二八上《地理志》引《尚书·禹贡》记梁州："……蔡、蒙旅平，和夷底绩。厥土青黎。田上下，赋下中三错。"文中"和夷底绩"的"和夷"被认为是哈尼族先民，所居之大渡河畔"田上下"，即梯田。又《山海经》卷一八《海内经》记载："西南黑水之间，有都广之野，后稷葬焉……爰有膏菽、膏稻、膏稷，百谷自生，冬夏播琴……"据考证，黑水系指大渡河西南的雅砻江和金沙江，黑水之间的"都广之野"指的就是今四川省凉山彝族自治州冕宁、西昌、越西等广大地区，这一地带曾经是哈尼族先民的集聚地。此外，有的学者还以历史传说为证：据哈尼族广为流传的古老故事《然咪检收》讲述，从前哈尼族居住的地方，有一块很大很宽的田，这块田的埂子有七围粗，一个出水口有七尺宽，从头看不到尾。从田的东边用七头牛耙田，西边的田水不晃动、不混浊；从东边的田中开始栽秧，栽到大田的西边，东边先栽的稻子先成熟。有学者认为，这个故事所说的大田在哀牢山区是不存在的，哈尼族所居的哀牢山区几乎没有一块宽广平地，田都是狭窄的梯田，这种大田只能存在于平坝地区，说明哈尼族在早期居住地是种稻谷的。这与《山海经》对哈尼族所居之"都广之野"的农作物记载是不相符合的。此外，哈尼族的许多口碑资料都有关于稻谷起源的古歌，最古老的丧葬祭词《斯批黑遮》有专章记述稻谷的起源。迁徙史诗《普嘎纳嘎》唱道："庄稼几十样，籽种带着走。好的稻种带着走，坏的稻种留后边。"即使被迫迁徙，离开古老家园，也没有忘记要带走稻种，可

---

① 引自红河州史志办公室编《哈尼梯田》，内部文稿，第55页。

见哈尼族再次迁徙前，即在定居农耕的大渡河畔已经开始了它的稻作文明。[①]

认为哈尼族早在北方"努玛阿美""肥美平原"生存之时，就已经从游牧社会"进化"到了水田灌溉农耕社会，到达无量山、哀牢山区后开垦经营梯田，乃是其古老农耕记忆的复现和再造。这样的论述，意在说明哈尼族文明开化之早，灌溉农业历史之悠久，从而得出哈尼族"是最早的梯田农耕民"的论断。

研究一个民族在特定的生态环境中形成的特定的生计方式，可以和其他环境和其他民族进行比较，可以参考其迁徙历史和古老的生存方式，但这都不是问题的关键。不管面对的生计形态是人们意识中的"先进"还是"落后"，不管该民族过去的历史是"文明"还是"野蛮"，都不能作为现实生计形成的依据。因为在传统社会中，任何一个族群的生计方式无一例外都是在其现实栖息的生态环境中形成的，都是对其生境的适应方式。也就是说，无论何种生计形态，其成因的考察，都必须落脚到"适应"这一本质内涵上。原住民如此，迁徙民也不例外。迁徙民每移动到一个新的栖息地，无论存贮着多么丰富的生存手段和知识技艺的记忆，积累着多么高明的谋生经验与智慧，都不可能在一个完全不同的陌生生境中原样复制或移植记忆中的生计模式，都必须重新认识新的生境，根据新的生境的自然禀赋和资源条件等，重新探索设计尝试开发新的适应方式。

历史上滇西南的布朗族、德昂族等，早先曾经是在坝子河谷生活的灌溉稻作民，由于族群纷争，有的迁移到山地，环境变了，生计方式也随之改变，灌溉稻作农耕民变成了刀耕火种狩猎采集民，尽管灌溉稻作农业被认为是高于刀耕火种的"文明"，可是在新的生境里它却"英雄无用武之地"。历史上此类例子极多。如果不同意这样的观点，那么问题在于，为什么同样是哈尼族，同样来自

---

① 王清华：《梯田文化论——哈尼族生态农业》，云南人民出版社 2010 年版，第 42 页。

"努玛阿美",同样具有所谓"历史悠久的灌溉农业的记忆",迁徙到北纬 22 度以南的哈尼族,却无纯粹从事水田灌溉农耕者,而全部是从事刀耕火种农业,并一直延续至 20 世纪 80 年代呢?!所以在哀牢山地哈尼梯田社会形成的问题上,"历史记忆"可以参考,却不能以之为主要依据,深层的原因还必须从生态环境人类学的文化适应中去探索追寻。

二 云南民族历史文化的"自然实验"

贾雷德·戴蒙德研究的查塔姆群岛和波利尼西亚群岛的"历史的自然实验",不是一个特殊的孤立经验,而是可以给人们提供解释世界人类社会差异性的"一个模式"。贾雷德·戴蒙德说:

> 如果我们能够了解这两个岛屿社会截然不同的方向发展原因,我们也许就有了一个模式,用于了解各个大陆不同发展得更广泛的问题。莫里奥里人和毛利人的历史构成了一个短暂的小规模的自然实验,用以测试环境影响人类社会的程度。
>
> 这种实验在人类定居波利尼西亚时展开了。在新几内亚和美拉尼西亚以东的太平洋上,有数以千计星罗棋布的岛屿,它们在面积、孤立程度、高度、气候、生产力以及地质和生物资源方面都大不相同。……波利尼西亚人的历史构成了一种自然实验,使我们能够研究人类的适应性问题。[1]

贾雷德·戴蒙德的"历史的自然实验",既着眼于莫里奥里人和毛利人关系的"小规模的自然实验",同时又着眼于波利尼西亚群岛的"中等规模的实验"。如果说哈尼族南北两部分社会差异的形成是一个较小的"历史的自然实验"的话,那么整个云南的生态环境和人类社会则可以视为一个中等规模的"历史的自然实验",

---

[1] [美]贾雷德·戴蒙德:《枪炮、病菌与钢铁——人类社会的命运》,谢延光译,上海译文出版社 2000 年版,第 27、28 页。

其可以纳入"实验"的丰富内容，不亚于波利尼西亚群岛。

从环境的角度看，波利尼西亚群岛之间至少有 6 种生态环境。云南的生态环境，按地貌划分有盆地，河谷，丘陵，草原，低、中、高山山地，纵横峡谷，高原雪山等 8 种以上；按气候划分有热带、亚热带、温带、寒带所有气候类型；云南从热带到高山冰原荒漠等各类自然生态系统，共计 14 个植被型，38 个植被亚型，474 个群系，囊括了地球上除海洋和沙漠外的所有生态系统类型，是中国乃至世界生态系统最丰富的地区。[①] 那么，历史上云南的生态环境为人类社会经济文化提供的实验体现在哪些方面呢？笔者认为主要有以下几点：

第一，族群交汇的环境实验。

春秋战国以前，云南尚很少为外界所知，那时云南的土著，主要有两大古老族群——百越和百濮。《汉书·地理志》注引臣瓒曰："自交趾至会稽七八千里，百越杂处，各有种姓。"即在秦汉时期，在从云南南部直到濒临东海的这一广阔地带，分布着一个名为"百越"的族群。该族群作为古老的南方民族，是一个喜欢居住于海拔较低、气候温暖、水资源丰富、地势平坦、利于从事定居稻作农耕和渔捞的族群。云南适于越人选择生存发展的环境，主要是滇中以南纬度较低、海拔约 800 米以下的亚热带、热带盆地、河谷，此外还有金沙江、怒江等低热河谷。又据《逸周书·商书》等文献记载，先秦时期在楚国，包括今云南、贵州、四川以致江汉流域以西的地带，还分布着一个统称为"百濮"的古老部落，秦汉时期他们被称为"闽濮""滇濮"等，史家认为古代"百濮"包括了广布于云南与东南亚北部地带的孟高棉族群。濮人亦为古老稻作民族，多与越人交错杂居于云南南部湿热低地，盆地河谷人满为患，便移居中低山地。濮人进入山地，除种植稻谷之外，还种茶，是最早的茶农。

---

① 杨质高：《云南为全国生态系统类型最丰富的省份》，《春城晚报》2018 年 5 月 23 日第 A04 版。

云南较大规模的外来移民见于秦汉，氐羌族群自北南下，云南为他们提供了适于他们生存和游牧，并种植温带作物荞、麦、粟、稷、玉米的滇西北、滇东北的温带、北亚热带山地高原，向南则选择气候凉爽的高地。汉族移民晚于氐羌族群，自秦汉以后逐渐增多，明朝汉移民达到鼎盛，以致彻底改写了云南人口历史，使得主客颠倒，汉民人口数量开始超过当地住民人口，成为云南人口最多的民族。云南为汉民提供的移居环境，主要是适于农耕和商业、交通便利、海拔约在1000米以上的滇中等地的坝子河谷。元代回族等随元军进入云南，他们对环境的选择大致与汉民相似，他们中的大多数杂居到汉民的分布区。明清时期大量进入云南的移民还有苗瑶民族，他们来自东方的湖南、湖北、贵州、广西等地，云南为他们提供的环境，只剩下滇东北至滇南人烟稀少较为贫瘠山地了。至清朝末年，云南人类迁徙分布的环境实验业已定格，形成了平面和垂直两种分布大格局。平面分布大格局从南到北大致为越人濮人族群——汉人回人苗瑶及部分氐羌族群——氐羌族群，垂直分布大格局大致为越人族群（1000米以下）——濮人和部分汉人苗瑶回人氐羌族群（1000—2000米）——汉人回人和部分氐羌族群（2000—3000米）——氐羌族群（3000—4000米）。此外，每个地区还有显著的垂直分布小格局，不同族群依海拔高度而分布。[1]

第二，族群分化的环境试验。

云南特殊的地理位置和地貌使之成为南北族群以及随后而来的东西族群的交汇地带，然而其复杂多变的地貌和气候却不利于各族群的大融合。突出的生态环境多样性，崎岖散碎、相互隔离、空间狭隘，不可能形成大的人类共同体，亦不可能发育高度发达的文明；反之，却利于促进族群的分化、变异，利于小而丰富多彩的文化类型的产生。在数千年的历史进程中，西南分属北越、百濮、氐羌、

---

[1] 云南民族源流参见江应樑主编《中国民族史》（上、中、下），民族出版社1990年版；尤中《云南民族史》，云南大学出版社1994年版；云南民族分布参见尹绍亭《试论云南民族地理》，《地理研究》1989年第8卷第1期。

苗瑶四大族群的无数部落不仅没有合而为一，反而越分越细，支系繁生。尤其是氐羌族群，由于具有较大的流动性，分散于千差万别的生态环境之中，因此在不同生境的影响和塑造下，分化得更是厉害。

仅据 20 世纪 50—70 年代由中央政府主导的粗线条的民族识别，云南被认定民族 26 个，其中百越系民族 4 个，百濮系民族 4 个，苗瑶汉等民族 6 个，而氐羌系的民族为 13 个，占第一位。然而这只是粗略的划分，根据自称和他称，每个民族还可以分出若干支系。例如氐羌系的拉祜族，自称有"拉祜纳"（黑拉祜）、"拉祜西"（黄拉祜）和"拉祜普"（白拉祜）三个大的支系，他称有锅锉、果葱、苦聪、黄古宗、倮黑、黄倮黑、缅、目舍等分类。又如氐羌系的彝族，其远古先民最早的分类有武、乍、糯、恒、布、慕六个分支。他们分别迁徙到云南、四川、贵州等地之后，经过长期历史演变，形成了阿细、撒尼、阿哲、罗婺、土苏、诺苏、聂苏、改苏、车苏、阿罗、阿扎、阿武、撒马、腊鲁、腊米、腊罗、里泼、葛泼、纳若等较大的几个支系。据《彝族简史》的统计，彝族自称有 35 种，他称有 44 种。不过这只是彝族繁杂的自称体系中的一小部分。彝族历史上有诺苏、聂苏、纳苏、罗婺、阿西泼、撒尼、阿哲、阿武、阿鲁、罗罗、阿多、罗米、他留、拉乌苏、迷撒颇、格颇、撒摩都、纳若、哪渣苏、他鲁苏、山苏、纳罗颇、黎颇、拉鲁颇、六浔薄、迷撒泼、阿租拨等上百个不同的自称。再如氐羌系的哈尼族，自称哈尼、卡多、雅尼、豪尼、碧约、布都、白宏等自称的人数较多。另外还有糯比、糯美、各和、哈乌、腊米、期的、阿里卡多、阿古卡多、觉围、觉交、爱尼、多塔、阿梭、布孔、补角、哦怒、阿西鲁玛、西摩洛、阿木、多尼、卡别、海尼、和尼、罗缅、叶车等数十个自称和他称。[①]

第三，族群融合的环境试验。

上文说过，云南特殊的地理位置和地貌，其复杂多变的地貌和

---

① 参见云南省历史研究所编著《云南少数民族》（修订本），第 623—633 页。

气候不利于各族群的大融合。突出的生态环境多样性，崎岖散碎、相互隔离、空间狭隘，不可能形成大的人类共同体，亦不可能发育高度发达的文明；反之，却利于促进族群的分化、变异，利于小而丰富多彩的文化类型的产生。而在云南大环境所形成的各族群大杂居的格局中，却有着无数的小集聚人文景观。这种小集聚往往是单一族群的栖居地，如果追根溯源，这样的"单一"族群却往往是多族群的融合体。有名的事例如司马迁《史纪·西南夷列传》所载："始楚威王时，使将军庄蹻将兵循江上，略巴、黔中以西。庄蹻者，故楚庄王苗裔也。蹻至滇池，方三百里，旁平地，肥饶数千里，以兵威定属楚。欲归报，会秦击夺楚巴、黔中郡，道塞不通，因还，以其众王滇，以长之。"变服，从其俗，入乡随俗，融合到当地的滇人之中。

历史上在小集聚的环境中，民族融合可以说无处不在。某地的汉族可能是少数民族的变种，某地的少数民族也可能是汉族和其他少数民族的"杂交"。例如傣族有"旱傣"的支系，一些旱傣就不排除是汉族"变服，从其俗"的结果。德宏傣族景颇族州历史上有名的南甸龚姓傣族土司，就是明代来自江南的汉族大姓。又如，通常认为"哈尼族是由来自西北青藏高原的游牧民族发展而来的，其发展顺序为'和夷'——'和蛮'——'俄泥'——'和泥'——'哈泥'——'哈尼'族称族源的基本脉络。"但是有学者指出，"就目前汉文史料与哈尼族地区口碑流传相互印证及历年来考古发掘的出土文物，考察民族志资料、民俗资料、体质人类学资料来看，哈尼族并不完全是北迁而来的氐羌后裔，也不是云南的土著民族的分化，而是在历史发展过程中多民族融合而成的一个民族"。例如，绿春县县城附近的哈尼族村寨的高氏、卢氏、陆氏、陶氏家族，据说他们的祖先是从东边南京来的，自称"哈欧"，显然是汉族移民。①

---

① 李克忠：《寨神——哈尼族文化实证研究》，云南民族出版社 1998 年版，第 14 页。

多样性不同尺度的生态环境，就像大大小小的"坩埚"，通过岁月的凝练，将无数的不同族群融为一体，这也是云南环境实验的另一种"魔法"。

第四，生计和社会形态的环境实验。

人类生计是环境的适应方式。云南各民族适应不同的环境，有的从事水稻灌溉农业，有的从事刀耕火种陆稻农业兼行狩猎采集，有的从事种植玉米、荞麦等旱作农业，有的依靠捕鱼捞虾为生，有的从事半农半牧或称混农牧业，有的专营种植茶等经济作物的园艺业。人类社会形态建立于经济形态之上，有什么样的经济形态就有什么样的社会形态。云南在中华人民共和国成立之前，社会形态的差异性十分突出，可以说有多少民族就有多少差异。根据20世纪50年代学者们的调查研究，按照生产力与生产关系的分类，其时云南最主要的社会形态有四种，分别是基诺族、布朗族、佤族、拉祜族、景颇族、克木人、苦聪人、部分哈尼族苗族瑶族等的农村公社原始社会；傣族等的农奴社会；凉山彝族等的奴隶社会；汉族、白族、纳西族等的封建社会。此外还有介于五种社会形态之间的诸多过渡社会形态。

第五，政治制度的环境试验。

生态环境不仅是提供历史人类社会经济文化实验的平台，而且还是提供了历史政治制度实验的平台。如上所述，生活于不同生态环境中的云南各民族，历史上有的实行村落血缘家族长管理体制，有的实行地缘村社氏族头人管理体制，有的实行部落农奴主统治体制，有的实行部落奴隶主统治体制。作为中原王朝的政治制度实验，先后有秦汉时期在云南部分地区实行的郡县制。虽然设立了郡县制，但由于无法对边远蛮荒瘴疠之区实行直接有效统治而采取羁縻政策，即任命当地部落首领为朝廷命官，以实行间接统治。随着时代的变化，对能够实施直接统治的地方实行"流官"制，即朝廷任命官员进行直接统治；而对于权力依然无法到达的地区则实行"土官"制，即任命各地少数民族土司为朝廷命官进行间接统治。随着王朝实力的增长，于是采取"改土归流"政策，以实现对某些蛮荒瘴疠之区的直接统治。中华人民共和国成立，在总结历史经验的基础上，采取了国家统一的行政管理体制和民族区域自治的双重体制。

第六，人类与自然关系认知的环境试验。

迄今为止，关于人类与自然环境的关系，已经产生了多种理论，诸如环境决定论、环境可能论、天人合一论、二元对立论、人定胜天论、文化适应论、生态文明论等等。上述各种理论，在云南丰富的自然环境里均有"历史实验"的呈现，而且这些"实验"还在不断演化的过程之中。

结 语

本文从环境人类学的角度，比照贾雷德·戴蒙德所著的《枪炮、病菌与钢铁——人类社会的命运》一书对查塔姆群岛上的莫里奥里人和毛利人的研究，借用其提出的"历史的自然实验"概念，结合哈尼族的考察以及云南特殊的生态环境和多民族社会历史文化的关系研究，指出在传统农牧社会中，生态环境对于族群历史社会文化具有强大的塑造力和影响力。由此提出的问题是，生态环境的塑造力在工业社会中是否依然强势？"环境塑造论"作为分析人类与环境相互关系的一种理论工具，是否具有跨时代的普遍意义？值得进一步思考与探索。

云南江河与文明

　　云南位于东南亚北部高地，江河纵横，被称为"亚洲的水塔"；云南又是连接东亚与西南亚、北亚与东南亚的十字路口，自古便为南北东西民族交汇之地。数千年来，各民族集聚于江河流域，沿江河而迁徙，依江河而生存，利用江河流域良好的生态环境和富饶的自然资源，创造了众多独特的文明，为中国和世界文明宝库增添了内容和光华。本文拟介绍云南江河的状况，考察与之相关的、具有代表性的文明案例，进而讨论江河与文明的关系以及传统文明的继承和生态文明的重建。

一　云南的江河

　　云南位于北纬 21°8′32″—29°15′8″和东经 97°31′39″—106°11′47″之间，北回归线横贯云南省南部。云南北部为青藏高原南缘，南部连接东南亚半岛，西部邻近南亚，地理位置居于亚洲大陆的中间过渡地带。

　　云南地形一般以哀牢山和元江谷地为界，分为东、西两大地形区。东部为滇高原，地形波状起伏，地貌主要呈中低山、丘陵形态，平均海拔 2000 米左右。西部为横断山脉纵谷区，地势险峻，高山深谷相间，相对高差较大，海拔在 1500 米至 4000 米之间。西南部边境地区，地势渐趋和缓，河谷开阔，一般海拔在 800 米至 1000 米。全省地势从西北向东南倾斜，江河顺着地势，成扇形分别向东、东南、南流去。

滇西北横断山脉，为第四纪印度板块和亚洲版块冲撞隆起的褶皱山原。高黎贡山、怒山、云岭南北纵列，发源于青藏高原的伊洛瓦底江上游恩梅开江、萨尔温江上游怒江、湄公河上游澜沧江以及长江上游金沙江，深切奔流其间，形成四江并流的壮丽景观。

云南江河纵横，水系十分复杂。全省大小河流上万条，其中较大的有180条，多为入海河流的上游。它们的集水面积遍于全省，分别属于六大水系：金沙江—长江，南盘江—珠江，元江—红河，澜沧江—湄公河，怒江—萨尔温江，独龙江、大盈江、瑞丽江—伊洛瓦底江。

金沙江为长江上游，从青海省玉树县巴塘河口至四川省宜宾岷江口，全长2308公里。因盛产金沙故名金沙江，古代又称"丽水"。金沙江发源于青藏高原唐古拉山中段，经德钦县进入云南横断山区，而后流向滇中高原、滇东北与四川西南山地之间，最后从水富县到达四川境内，自宜宾以下称"长江"。金沙江在云南境内长1560公里，流域面积10.9万平方公里，占云南省总面积的28.6%，是云南流域面积最大的河流。

澜沧江发源于青藏高原唐古拉山北麓，流至西藏的昌都之后称"澜沧江"。由西藏流入云南德钦县，经迪庆、怒江、大理、保山、临沧、思茅、西双版纳等地州，从勐腊县出境。境外称"湄公河"，经老挝、缅甸、泰国、柬埔寨和越南5国，最后注入太平洋，有"东方多瑙河"之称。澜沧江—湄公河全长4500公里，云南境内长1289.5公里，流域面积8.87万平方公里，约占云南省面积的40.0%。

怒江又名"潞江"，发源于青藏高原唐古拉山南麓，流经西藏加玉桥后称"怒江"。它由贡山县进入云南，流经怒江、保山、临沧、德宏4个地州，从潞西市出境。怒江入缅甸后称"萨尔温江"，由莫塔马湾进入印度洋。怒江—萨尔温江全长2820公里，在中国境内长1540公里，云南段长650公里，省内流域面积3.35万平方公里，占云南省面积的 8.7%。由于江水流经云南时，多在怒山与高黎贡山之间深谷中，水急流飞，声如怒吼，故名"怒江"。

珠江上游为北盘江和南盘江，北盘江在贵州境内，南盘江在云南境内。南盘江源出曲靖马雄山南麓，山顶海拔 2433 米，流经曲靖、玉溪、红河文山 4 地州市，在罗平县的三江口出省，是黔贵两省区的界河。它与北盘江汇合后称"红河水"，最后注入南海。南盘江在云南境内长 677 公里，流域面积 5.8 万平方公里，占云南省面积的 15.2%。

元江发源于滇中高原西部。元江的东西两个源头分别发源于祥云、巍山两县，两源汇合后称"礼社江"，流入元江县后始称"元江"。流域多红色沙页地层，水呈红色，故称"红河"。它流经大理、楚雄、玉溪、红河等地州，从河口县入越南。元江在云南境内全长 692 公里。

红河的又一源头李仙江发源于云南南涧县，长 488 公里，经景东、镇沅、墨江、普洱等县，从江城县入越南，与元江在越南境内汇合称"红河"。红河是越南北方的第一大河，由北部湾入南海。该水系在云南境内流域面积 7.48 万平方公里，占云南省面积的 19.5%。

伊洛瓦底江是纵贯缅甸南北的著名大河，其上游三大支流独龙江、大盈江、瑞丽江均来自云南。独龙江发源于西藏，流经怒江州贡山县，在云南境内长 80 公里，出境后汇入缅甸恩梅开江。大盈江、瑞丽江分别源于德宏、保山。大盈江在云南境内长 186.1 公里，瑞丽江在云南境内长 332 公里。这 3 条江在云南境内的流域面积为 1.88 万平方公里，仅占云南省面积的 4.9%，但它却是云南省产水量最多的地区之一。①

二 江河与多民族的形成

云南是世界上族群种类最多的地区之一，在我国是民族最多

---

① 参见《云南的植物》，云南人民出版社 1983 年版，第 35 页。

的省份，全国 56 个民族，在云南就有 26 个。而在许多少数民族中，又有支系之别，支系少者数种，多者四十余种，各有称呼，自我认同性强。我国 20 世纪 50 年代进行的民族识别主要根据语言、历史和民族意愿进行区分，划分尺度较大。而如果按族群自称和自我认同区分的话，那么云南的民族就不止 26 个，而会数倍于此。

云南民族众多，与境内江河纵横、水系发达关系密切。云南为人类的起源地之一，元谋猿人是亚洲迄今为止发现最早的人类，其生存的时代距今约 170 万年。[①] 进入以发明农业、制陶和磨制石器为特征的新石器时代，人类的活动已遍及云南全境，目前发现的新石器时代遗址已有 300 多处。[②] 从这些遗址来看，大多数分布在盆地、台地、河谷、峡谷靠近河流和湖泊的地方。例如昆明官渡、晋宁石寨山等螺蛳壳和贝壳堆积的遗址分布于滇中的滇池、抚仙湖、星云湖周边，大墩子、龙街、下马应登等数十处遗址分布于金沙江流域，维西戈登村、云县忙怀、景洪曼运、曼迈等数十处遗址分布在澜沧江流域，宾川白羊村等数十处遗址分布于洱海周边。[③] 此外，还有许多遗址散布在中小河流和中小湖泊沿岸。江河流域是人类及其文明诞生的摇篮，这在世界上已有诸多例证，云南也不例外。

云南的江河，不仅是早期人类及其文明诞生的摇篮，而且还是古代各族群迁徙和文化传播的重要通道。云南位于北亚和东南亚、西亚和东亚的交汇地带，被称为亚洲的"十字路口"，是"西南丝绸之路"、茶马古道的辐辏之地。而东西南北族群跋涉迁徙、商旅马帮穿梭往来最便捷的通道，就是南北纵贯、东西横穿的河谷。日

①　张兴永等：《从元谋"东方人"和"蝴蝶腊玛古猿"的发现三论滇中高原与人类起源》，载《云南省博物馆学术论文集》，云南人民出版社 1989 年版，第 57 页。

②　李昆生：《云南文物考古四十年——代序言》，载《云南省博物馆学术论文集》，云南人民出版社 1989 年版，第 7 页。

③　张兴永等：《从元谋"东方人"和"蝴蝶腊玛古猿"的发现三论滇中高原与人类起源》，载《云南省博物馆学术论文集》，云南人民出版社 1989 年版，第 7—11 页。

本著名学者佐佐木高明曾说："东南亚的大河流，都以云南的山地为中心，呈放射状流向四方。这些大河流的河谷以及夹于河谷之间的隘道，自古以来就是民族迁徙的通道。"[①]

云南最古老的住民为百越、百濮、氐羌三大族群，在新石器时代晚期至青铜时代时期，三大族群的文化特征已经显著显现。云南北部为青藏高原，两相比较，云南自然环境的优越自不待言，所以自远古始，居于云南北部乃至甘青高原的氐羌族群总是不断地沿着澜沧江、怒江、金沙江往南迁徙。秦汉之际北方战乱频仍，进一步促使北民大量南迁，达到澜沧江、怒江、红河中下游流域一带，结果形成与百越和百濮族群交错杂居的局面。[②]

云南属于古代氐羌族群的民族有彝族、藏族、纳西族、哈尼族、拉祜族、基诺族、白族、傈僳族等，这些民族的历史文献和口头传承所记述的祖先原居地多为云南北部甘青高原及其南部边缘地带，巫师们为死者送魂的路线也多指向"世界的北方"，其先民如何沿着江河南下迁徙的故事如今仍然为老人们所津津乐道。

百越、百濮族群为中国南方的古老族群，他们的迁徙与氐羌族群不同，不是沿江河自北往南而行，而是自东向西、自南向北移动。例如越人，居所必选择湿热的临水低地，所以迁徙多沿河谷盆地扩张。金沙江炎热河谷，是越人分布的北限，那里的傣族，即为古代北上越人的后裔。金沙江是中原汉族移民云南的通道，秦汉时期最早进入云南的汉民，就是溯金沙江而上，通过滇东北进入云南的。[③] 此后历代移民逐渐增加，至明代成为遍布云南全境的大民族。元朝忽必烈征服云南，元军选择氐羌族群迁徙的道路，沿大渡河、雅砻江南下，渡过金沙江一举攻克大理，蒙古族、回族随之进入云南。明清时期大量移民云南的族群还有苗族和瑶

---

① 参见［日］渡部忠世《稻米之路》，尹绍亭等译，云南人民出版社 1982 年版，第 157 页。

② 张增祺：《中国西南民族考古》，云南人民出版社 2012 年版，第 4 页。

③ 陆韧：《云南对外交通史》，云南民族出版社 1997 年版，第 29 页。

族，滇东高原以及滇南山地中的河谷成为他们频繁迁徙游耕的走廊。

云南六大水系流域，上下游呈现出高原、高山、中山、低山、丘陵、台地、盆地等差异巨大的地貌特征，加之纬度的高低，致使气候十分复杂，"一山分四季，十里不同天"，云南全省 39 万平方公里，汇集了北热带、南亚热带、中亚热带、北亚热带、南温带、中温带和高原气候等诸多气候类型。地貌气候复杂，形成千差万别的生态环境，可以满足来自不同地区和不同历史文化的各类族群的生存要求。各族群在迁徙的过程中，选择滞留于不同的生态环境中，形成了分散杂居的局面。例如澜沧江流域，既有从北到南藏族、傣族等十几个民族的分布，每段流域又有傣族、彝族、傈僳族、景颇族等从低地到高地的立体交叉分布。红河流域也同样，源头生活着白族、彝族、汉族等，下游则是傣族、苗族、瑶族、壮族等的分布地，而大部分地区民族又呈立体分布，河谷低地为傣族、壮族，高地则是哈尼族、彝族、苗族、瑶族、汉族等的居住地。此种多民族交叉立体分布的状况，越南、老挝、泰国、缅甸北部亦与云南类似。由此可知，江河应是云南乃至东南亚半岛多民族形成的重要条件。

三　江河与稻作文明

谈论云南的稻作文明，首先要涉及稻作起源的话题。云南被誉为"稻作王国"，此说有两层意义：一是有学者认为云南是亚洲栽培稻起源地之一，二是云南稻作文化十分丰富多彩。关于亚洲栽培稻的起源，迄今为止主要有长江中下游起源说、华南起源说、喜马拉雅山东部起源说、印度起源说、阿萨姆—云南起源说、云贵高原起源说、东南亚北部山地起源说等。[①] 由于各种起源说都有各自的论据和考证，因此又有学者主张多元起源论，即亚洲不只是存在一

---

① 尹绍亭：《亚洲稻作起源研究的回顾》，载日本龙谷大学《国际社会文化研究所纪要》2004 年第 6 号。

个起源中心，而很可能存在着多个起源地。① 在我国，考古学界占主流的意见主张长江中下游为亚洲栽培稻的起源地，其依据主要是那里的若干考古遗址出土了迄今为止年代最早的稻谷遗存。② 著名的遗址如浙江余姚河姆渡遗址（5000—4000BC），良渚文化遗址（5300—4200BC），江西仙人洞遗址（14000—9000BC）等。

20 世纪 80 年代，中国学者柳子明提出亚洲栽培稻云贵高原起源论，其说认为："第四纪地质学年代，中国各民族的祖先住在黄土高原和云贵高原，当时黄河、长江、西江等流域平原地区，曾经为浅海所淹没。因此不能设想稻种和其他任何栽培植物起源于这些河流的中下流，它们只能起源于云贵高原或黄土高原。"在根据野生稻分布和历史文献记载等论证之后，柳子明进而指出栽培稻的传播："起源于云贵高原的稻种沿着西江、长江及其他发源于云贵高原的河流顺流而下，分布于其流域平原地区各处。"③ 继柳子明之后，日本学者渡部忠世提出亚洲栽培稻阿萨姆—云南起源论，受到学界的重视。渡部的起源说主要见于其所著《稻米之路》④ 一书，该书是其数十年在东南亚、南亚和云南进行田野调查和考古工作的结果，其研究方法一是通过古代稻谷遗存考证起源地和传播路线；二是考察确认假定的起源中心是否存在作为栽培稻祖先的野生稻；三是通过调查寻找稻谷原始品种作为证据；四是进行跨学科的民族学等的调查研究，获得起源中心与"原始农耕圈"和"糯稻栽培圈"大致吻合的结论。渡部忠世的起源论也和柳子明一样，不仅论述了稻谷的起源，而且假设了稻谷传播的途径：在阿萨姆和云南这一亚洲的"山地中心"起源的稻谷，呈放射状传向各方。阿萨姆起源稻谷的传播路线是向西和向南到达印度大陆和孟加拉一带，此为

---

① 游修龄：《中国稻作史》，中国农业出版社 1995 年版，第 58 页。

② 参见严文明《中国稻作农业的起源》《再论中国稻作农业的起源》，《农业考古》1989 年第 1、2 期。

③ 柳子明：《中国栽培稻的起源及传播》，《遗传学报》1975 年第 2 卷第 1 期。

④ 参见 ［日］渡部忠世《稻米之路》，尹绍亭等译，云南人民出版社 1982 年版，第 157 页。

"孟加拉系列"水稻群；云南起源稻谷的传播有三条重要的"稻米之路"：一是沿金沙江等河流传向长江中下游流域乃至日本等地，形成"扬子江系列"水稻群；二是沿珠江等河流传播到华南等地；三是沿着湄公河等河流由北向南传播到老挝、泰国等地的"湄公河系列"水稻群。①

如前所述，关于亚洲稻作的起源尚无定论。如果说柳子明和渡部忠世等人的云南起源论尚存在争议的话，那么云南是世界上稻作文化多样性最为富集的地区之一却是毫无疑义的。据20世纪五六十年代云南农科院所的调查，云南其时收集到的稻谷品种（包括水稻和陆稻）多达5000多种，如此丰富，实属罕见。而稻谷品种最为富集的地区，乃是以澜沧江中下游流域和元江流域为主的滇西南和滇南一带。稻谷品种丰富，必然有人工驯化、气候适应、土壤利用、耕作技术、栽培方式、水利灌溉、肥料施用、收获储藏、防灾减害、市场流通、食品加工、营养口味等等复杂深广的内涵。例如山地民族为达到土地持续利用所进行的轮作，与其他农作物的配置利用不说，仅单纯利用多种稻谷品种更换种植，即可实现长达7年的轮作周期。② 又如耕作技术，利用不同品种配置不同的生态环境、水热条件和土壤类型，需要选择适宜的耕作技术，而根据耕作技术的需要，又必须制作适宜的犁具。笔者曾对云南各地的犁型做过长年的田野调查，结果发现云南不仅具有本土特色的多种犁型，而且汇集了江南、华南、华北、西北、南亚、东南亚的诸多犁型，俨然是一座活态的亚洲犁博物馆。

再说稻作农耕类型。云南种植陆稻的烧垦农田即刀耕火种，历史悠久，规模巨大，数千年延绵不绝。这种农耕形态在人烟稀少、森林广布的时代，堪称资源循环综合利用、可持续生计的杰作。目

---

① 参见［日］渡部忠世《稻米之路》，尹绍亭等译，云南人民出版社1982年版，第140、162页。

② 参见尹绍亭《人与森林——生态人类学视野中的刀耕火种》，笔者1985年在西双版纳基诺山调查，获得该区陆稻品种74份，基诺族以陆稻为主的多种作物的轮作，可长达5年至10年。其他山地民族也有轮作的丰富经验和知识。

前由于生态、环境、政治、经济、社会的变迁，其规模已大大缩小，然而历史不会忘记，它曾是包括澜沧江在内的湄公河流域、红河流域以及云南其他江河流域人类创造辉煌的一大农耕文明。云南红河流域的梯田农耕，堪称世界农业文明奇观。梯田为山地农耕，我国梯田农业历史悠久，西南地区梯田农业尤其发达。但是云南红河哈尼族、彝族的梯田却非同一般，其分布面积之大、梯级数量之多，世界上少有与之堪比者；其纵横灌溉工程之完善，森林村落农田布局之合理，农耕种植技术之独特，资源持续利用之知识与经验，亦属罕见；此外，梯田负载文化之深厚，彰显风情之优美亦令人惊叹。红河梯田先后成功申报成为世界农业遗产和世界文化遗产，足见其文明的价值非同一般。

以傣族、白族、壮族等为代表的盆地、河谷水田稻作农业，是云南最为悠久的农业文明。云南5000余种传统稻谷品种，多为傣族、壮族等低地稻作民族所训化。由于自然、资源条件的差异，低地稻作民族农耕技术趋向精耕细作，资源管理制度更为健全严密，建立在稻作农耕基础上的住居文化、饮食文化、商品文化、自然崇拜及宗教信仰等文化内涵也更为深厚，对此学者们的研究不少，云南三大稻作农耕文化堪称我国农耕文明的奇葩。

四 江河与茶的起源和传播

云南被认为是世界上茶及茶文化的起源地和传播中心之一，其依据一是有历史文献可考，而更具说服力的是，云南现今大量遗存着世界上极为罕见的古老野生茶林和人工种植的古茶园，堪称世界罕见的"古茶自然资源博物馆"。

唐代陆羽《茶经·源》说："茶者，南方之佳木也。"唐代樊绰《蛮书》"管内物产第七"条说"茶出银生城界诸山"印证了陆羽的说法。《蛮书》是较早记述云南产茶的文字，不过从下文将要介绍的云南人工种植古茶树的树龄可知，云南土著民族种茶、用茶的时间远比唐代要早。由于与中原相距遥远，且山川阻隔，外界对云南茶情知之甚少，自唐以降，云南茶情才逐渐为外界所知。到了清代，情况就大不一样了，以普洱茶名之的云南茶已广为人知，甚至蜚声海外，名满天下。清擅萃《滇海虞衡志·卷十一》称："普洱茶名重于天下，此滇之所以为产而资利赖者也。"普洱地区产茶，最有名的是"六大茶山"，清师范在其所著《滇系·山川》中对此有所记载："普洱府宁洱县六茶山：曰攸乐，即今同知治所；其东北 229 里曰莽芝；200 里曰革登；340 里曰蛮砖；365 里曰倚邦；520 里曰漫撒。山势连属，复岭层峦，皆多茶树。"六大茶山在澜沧江沿岸连绵 800 里，其地就是《蛮书》所言唐代的"银生城界诸山"。

迄今为止，在云南 40 多个县的山地中发现了众多的古茶林、园遗存，其面积之大、数量之多令人惊叹。临沧是云南古茶树遗存量最大、最具代表性的地区之一。1981 年，中国农科院茶叶研究所、云南农科院茶叶研究所和临沧地区茶叶研究所组成的茶树种质资源考察组，对临沧市的凤庆、云县、临沧、双江、永德、镇康 6 个县 32 个村（点）作了全面考察，采集茶树标本 77 份，其中栽培型茶树标本 50 份，野生型茶树标本 23 份，近缘植物标本 4 份，所采标本分属 4 个茶系，8 个茶种，其中大苞茶为临沧地区独有种。临沧野生茶树和古茶园主要分布在临沧市南起沧源县单甲乡北至凤庆县诗礼乡海拔 1050—2720 米的原始森林和次生林中。在双江勐库大雪山、沧源县糯良大黑山、单甲大黑山、凤庆山顶塘大山、临沧县南美发现了种群数量巨大的野生茶树。双江县勐库镇五家村大雪山原始森林中，每隔 5—10 米就有株高 15 米以上、根茎干径 0.40 米以上的野生茶树生长，株高 3 米以下的茶树随处可见。该县勐库镇冰岛村古茶园为明代茶园，现存根茎干径 0.30—0.60 米古茶树 1000 余株。沧源县 11 个乡镇中有 9 个乡镇分布有古茶树，该县糯良乡怕迫村、班考村一带，保存着 200 多棵古茶树，树龄在 400 年左右。凤庆县古茶树遗存最多，县城以东 50 多公里的小湾镇锦绣山村境内有栽培型古茶园 2000 亩，天然野生古茶树 3000 多亩。该县腰街彝族乡新源村有根部周长 1.55 米的野生大茶树近百株，其中七株古茶树根部最大周长为 3.2 米，最小周长为 1.4 米；柏木村大丙山原始森林中古茶树群落面积在千亩以上；鲁史镇金鸡村有百株连片的野生古茶树，古平山头海拔 2400 米左右地带有野生茶树 3000 多株，金马村山的老道箐一带也发现了百株野生古茶树。凤庆县小湾镇锦绣村香竹箐一株古茶树基围 6 米，高近 11 米，四个成年人手牵手才能把它围抱，在它周围还有古茶树 14000 多株。据中日专家测定，此树树龄在 3200—3500 年，是世界上现存最粗、最大、最古老的栽培型古茶树，被誉为"世界茶王之母"。①

　　西双版纳州古茶园遗存面积大约 82234 亩，分布于全州 100 个村寨之中。其中勐海县古茶园面积最大，有 46216 亩，分布于全县 12 个乡镇的 37 个村寨；勐腊县古茶园面积 27793 亩，主要分布于该县北部的象明、曼腊、易武三个乡的 46 个村寨；景洪市古茶园面积有 8225 亩，分布于基诺、勐龙、勐旺、景洪四个乡镇的 17 个村寨。古茶园分布区域内居住的民族主要有汉族、彝族、基诺族、布朗族、傣族、哈尼族、拉祜族等。该州分布的茶组植物初步可分为普洱茶（C. assamica）、茶（C. sinensis）、勐腊茶（C. manglaensis）、多萼茶（C. multisepala）、大理茶（C. taliensis）、苦茶（C. var. Kucha）、滇缅茶（C. irrawadiensis）七个种或变种。全州古茶树树龄从 100 年到 1700 年不等，树龄为 300 年左右的有景洪市基诺山乡亚诺大茶树、勐宋乡保塘大茶树、勐海县贺开大茶树、曼夕大茶树等；树龄为 400 年左右的有景洪市勐宋乡千亩大茶山古茶树、勐腊县易武乡同庆河大茶树、象明乡依帮大茶树等，树龄为 500 年左右的有勐腊县落水洞大茶树、杨家寨大茶树等，勐海县格朗和乡南糯山大茶树树龄为 800 年左右，勐海县巴达乡大黑山大茶树树龄更长，约为 1700 年。②

---

　　① 资料为中国农科院茶叶研究所、云南农科院茶叶研究所和临沧地区茶叶研究所提供，参见"临沧茶叶网"。
　　② 资料为中国农科院茶叶研究所、云南农科院茶叶研究所和西双版纳地区茶叶研究所提供，参见"西双版纳茶叶网"。

普洱市位于临沧市和景洪市之间，也是野生和人工栽培的古茶树分布的重点地区。其所辖西盟县境内有五大古茶树群落，均混生在阔叶原始森林中，总面积 19.5 平方公里（28500 亩）。其中佛殿山野生古茶树群落最大有 6 平方公里（9000 亩），大马散后山野生古茶树群落 4 平方公里（6000 亩），倮铁科山野生古茶树群落 3 平方公里（4500 亩），大黑山野生古茶树群落 3 平方公里（4500 亩），士克山野生古茶树群落 3 平方公里（4500 亩），分布海拔高度为1900—2000 米。最大的一棵古茶树树高 18 米，基部树围 2.8 米，胸径 0.89 米，冠幅 6.5 米。宁洱哈尼族彝族自治县不仅是"普洱茶"集散中心，也是古普洱茶的原产地，该县境内保存完好野生古茶树群落和古茶园总面积达万亩以上。位于凤阳乡困卢山野生型、栽培型古茶树群落较具代表性。古茶园海拔为 1800—1900 米，古茶树总面积 1939 亩。一棵古茶树树干径围 2.53 米，树高约 25 米，分枝三岔，专家考证是目前发现的株型较为完好的、最大的栽培型古茶树。镇源县九甲乡千家寨海拔 2450 米的原始森林中分布着野生古茶树群落，其中两棵老茶树测定年代为 2500 年和 2700 年。在距澜沧拉祜族自治县城 70 余公里的惠民乡芒景、景迈山上，保存有 28000 亩栽培型古茶林，测定栽培年代最早为 1800 年，整个古茶园由景迈、芒景、芒洪、翁居、翁洼等村寨相连而成，通称景迈茶山，被考察者誉为茶树自然博物馆。①

如上所述，澜沧江中下游流域是茶及茶文化的起源地。茶树的起源，仰赖了澜沧江流域特殊的自然条件；茶文化的滥觞，则是那里生息繁衍的古老濮人族群的发明创造。澜沧江、怒江流域属于濮人的族群有布朗族、佤族、德昂族等，他们是最早种植和利用茶的民族，现今遗留上千年的古老茶园和茶树，绝大多数为濮人所种。濮人无论迁徙于何地必先种植茶树，所以茶园是濮人聚落不可缺少的组成要素，是濮人族群重要的文化特征。濮人族群崇拜茶树，如

---

① 资料为中国农科院茶叶研究所、云南农科院茶叶研究所和普洱市茶叶研究所提供，参见"中国普洱茶网"。

德昂族奉茶树为图腾，茶叶是其人生礼仪、红白喜事、社交往来、信息传递等不可缺少之物，在不同的场景中茶被赋予着种种文化意义。茶又是该族群日常生活中最重要的资源，茶叶是蔬菜、饮料、药材，而且还是重要的交换商品。① 濮人族群爱茶、种茶、崇茶的习俗，对周边傣族、哈尼族、彝族、拉祜族、基诺族等也产生了深刻的影响，各民族的互动使得该区茶叶的种植规模和知名度不断扩大，茶文化的内涵日益丰富。

茶叶是云南土著民族的重要生活资源和文化载体，同时也是重要的经济作物。据光绪《普洱府志》卷十九"食货志"条载："普洱古银生府，则西蕃之用古茶，已自唐时。"说明普洱茶早在唐时即已行销西蕃等地。宋代开始有茶马市场，"以茶易马"。明万历年间，普洱设官管理茶叶贸易。据考，其时普洱茶运销量号称 10 万担以上，清顺治十八年，仅从普洱运销西藏的茶叶就有三万驮之多，雍正十七年清政府在攸乐山设"攸乐同知"，统兵五百防守山寨，征收茶捐，当时每年有运茶马帮一千八驮。从道光至光绪初年，思茅城商旅云集，市场繁荣，"年有千余藏族商人到此，印度商旅驮运茶、胶（紫胶）者络绎于途"。② 道光《普洱府志》载："车里（景洪）为缅甸、南掌（老挝）、暹罗（泰国）之贡道，商旅通焉。威远（景谷）宁洱产盐，思茅产茶，民之衣食资焉，客籍之商民于各属地或开垦田土，或通商贸易而流寓焉。"擅萃《滇海虞衡志》说："普茶，名重于天下，此滇之为产而资利赖者也。入山作茶者数十万人，茶客收买运于各处，每盈路，可谓大钱矣。"文中所说的"茶客"，不仅有中国国内各地的商人，还有印度、缅甸、暹罗（泰国）、越南、老挝、柬埔寨各国的茶商。

商人往来的道路，主要有以下五条：一是沿澜沧江北上入四川、西藏、甘青等地，进而输送到尼泊尔、印度；二是沿澜沧江向南运

---

① 李全敏：《认同、关系与不同：中缅边境一个孟高棉语群有关茶叶的社会生活》，云南大学出版社 2011 年版，第 128—140 页。

② 木霁弘：《茶马古道上的民族文化》，云南民族出版社 2003 年版，第 123、124 页。

输到泰国、老挝；三是向西沿怒江及其支流通道贩往缅甸；四是向东南沿红河去向华南、越南；五是向东通过金沙江等河流通道运往中原。茶的运输依靠马帮，马帮数量多、规模大，作为漫长岁月马帮频繁往来穿梭的见证，云南的众多江河沿岸留下了无数满是马蹄坑洼的羊肠古道，这就是今天人们津津乐道、闻名遐迩的"茶马古道"。

茶马古道以茶文化为其独特的个性在亚洲文明的传播中起到了不可低估的作用。她扎根在亚洲板块最险峻的横断山脉；她维系着两个内聚力最强的文化集团：藏文化集团和汉文化集团；她分布在民族种类最多、最复杂的滇、川、藏及东南亚和印度文化圈上；她具有顽强的生命力，至今发挥着她的活力。她是亚洲板块上和北方丝绸之路、北方唐蕃古道并列的一条古代文化传播要道。她在文化史上的意义不亚于其他任何一条。①

五 江河与滇国青铜文明

恩格斯在《家庭、私有制和国家起源》一书中指出：国家是文明社会的概括。我国学者宋蜀华和吴楚克据此认为："国家的出现是原始社会的终结文明社会的开端，可以说文明是较高的文化发展阶段。"② 据文献记载，云南历史上曾经产生过多个王国：春秋战国至汉代的滇国（金沙江流域滇池周边），勾町国［南盘江流域，其辖区范围在今云南东南部、贵州西南部、广西西部右江上游和交趾（今越南）北部］，哀牢国（怒江流域，今保山市为中心的怒江中下游区域），乘象国（怒江、澜沧江流域，今德宏和缅甸的部分地区）。唐宋时期的南诏国、大理国等（澜沧江、金沙江流域，洱海

① 木霁弘：《茶马古道上的民族文化》，云南民族出版社 2003 年版，第 27 页。

② 吴楚克：《文明论纲》，内蒙古大学出版社 2003 年版，第 3 页。

周边地区）。上述王国，具备可靠翔实资料可考者，一是滇国，二是南诏大理，前者以青铜文明闻名遐迩；后者以多元宗教文明而著称。除此之外，云南六大水系流域历代尚有诸多部落和地方政体，它们在长期历史演进的过程中，亦为人类文明多样性的创造和发展做出了贡献。例如金沙江流域纳西王国创造的象形文字，三江并流地区藏族崇拜神山圣湖的圣境文化，澜沧江下游西双版纳等地傣族王国的佛教和生态文明等，均为云南文明史上的辉煌篇章。篇幅所限，上述诸多文明事象不能一一论述，这里只说古代云南从蛮荒跨入文明最具代表性的滇国青铜文明。

滇国是公元前 5 世纪中叶至公元 1 世纪初存在于云南以滇池为中心的滇中地区的一个部落王国。所谓滇国，一说得名于滇池，滇池之名有学者认为源于"滇族"；另有说法是出自水流颠倒的"颠"。《华阳国志·南中志·晋宁郡》说："滇池县（今晋宁县），郡治，故滇国也。有泽水周回二百里，所出深广，下流浅狭如倒流，故曰滇池。"同样的记载在《后汉书·西南夷列传》中亦可看到。关于滇国的文献记载，最早见于《史记·西南夷列传》，其文云："西南夷君长以什数，夜郎最大；其西靡莫之属以什数，滇最大；自滇以北君长以什数，邛都最大。此皆椎结、耕田、有邑聚……"此段文字让人们知道古代滇国的存在，然而全文仅 2000 余字，使人不得其详。

今天人们认识滇国，主要依靠从滇王等墓葬中发掘出的大量青铜器所贮存的历史文化信息。迄今为止，发现的滇国青铜器多达几万余件，不仅数量多，而且种类丰富，工艺精美，极具地域特色。滇国青铜器可谓滇国的"百科全书"，从分类看，可分为生产工具（锄、锛、铲、刀、鱼钩、纺轮、织布工具等），生活用具（壶、洗、盘、炉、奁、案、尊、桶、伞盖、灯、枕、镜、贮贝器印章、钱币等），兵器（剑、矛、戈、钺、啄、簇、狼牙棒、弩机、剑鞘、头盔及各式铜甲等），乐器（鼓、钟、锣、铃、葫芦笙等），装饰品（各种浮雕扣饰、各种杖头铜饰、手镯、发簪、珠、孔雀、鸳鸯、鹿及马饰等）五大类共 80 余种。①

表现题材包括生态环境、社会形态、农耕渔捞、畜牧狩猎、建筑民居、服饰纺织、交通工具、饮食器具、人种民族、军事战争、贸易交往、宗教习俗、祭祀礼仪、音乐舞蹈、造型艺术等涵盖社会、政治、经济、文化的各个方面。冶金工艺铸造技术有范模制造法、单范铸法、空腔器物制造法、夯筑范铸造法、套接铸造法、蚀腊铸造法，加工技术有锻打、模压、鎏金、锡镀、金银错、镶嵌、彩绘、线刻等，门类齐全。②

滇国的青铜文明独树一帜，在中国乃至世界的青铜文明中占有重要的地位。例如滇国墓葬出土的生产工具数量很多，这在中原青铜文化中十分少见；滇王金印、牛虎铜案、房屋模型、立牛铜枕、立牛芦笙、虫兽纹铜甲、蛙型铜矛、猴钮铜钺，以及猎虎、剽牛、斗牛扣饰等，造型独特，工艺精湛，极富地域特色；青铜贮贝器为滇国独有重器，器上祭祀、战争、生活场面之宏大复杂，造型纹饰之生动精致，令人叫绝；动物造型种类甚多，是滇国青铜器的又一个重要特征，其种类多达四十余种，这是滇国亚热带生态环境及自然资源的生动表现；云南滇中地区是铜鼓的起源之地，滇国铜鼓石寨山类型与楚雄万家坝类型为世界上最早的铜鼓。滇国青铜器自 20 世纪 50 年代发现以来，备受国内外学界的重视，学者们称其为"中华民族光辉灿烂青铜文化中的奇葩"，并认为它与世界上任何一种青铜文化媲美都是毫不逊色的。③

关于滇国青铜文明发达的原因，张增祺先生先生曾有论述，总结为四点：一是云南滇中地区铜锡资源丰富，早在商周时期即有大量开采，这在《汉书·地理志》和《华阳国志·南中志》里均有记载。二是云南古代民族很少受中原传统礼教的束缚，这主要反映在滇国工匠在青铜器制作中，无论是在艺术构思，还是在表现手法上

---

① 张增祺：《滇国与滇文化》，云南美术出版社 1997 年版，第 16 页。
② 同上书，第 82—89 页。
③ 同上书，第 82 页。

都显得更加开放和富有创造性，不受或少受内地传统模式的影响与限制。三是滇国青铜文化吸收和融合了不同地区和民族的文化精华，在滇国的青铜文化中，不难发现东南亚青铜文化、斯基泰艺术和北方草原文化、中原文化、中亚西亚南亚文化的因素。四是云南是汉文化深入较晚的地区之一，滇文化因地利、人和等原因一直延续至东汉初期，才因汉文化的深入而式微。①

除了张增祺先生总结的四个原因之外，笔者以为滇国青铜文明的发达还另有原因，那就是滇人深受江河之惠。司马迁的《史记·西南夷列传》云："硂至滇池，池方三百里，旁平地肥饶数千里。"《后汉书·西南夷传》说滇国："河土平敞，多出鹦鹉、孔雀，有盐池田渔之饶，金银畜产之富。""肥饶数千里""金银畜产之富"，只有具备这样富裕的经济基础才能够产生伟大的青铜文明。而滇国之所以富裕，在很大程度上是仰赖了"池方三百里"和"河土平敞"的生态环境。滇池地区地处长江、红河、珠江三大水系的分水岭云贵高原中部，属金沙江水系流域，该区江河密布，穿越山峦平坝流入滇池的河流就有 35 条。江河纵横、湖泊浩渺、沃野千里，优越的自然条件使得滇池地区自古迄今一直保持着云南文明中心的地位。

六　江河与生态文明

以上介绍了云南历史上源于江河的几个文明事象。其实，迄今为止，世界上所有文明的产生与形成均离不开江河。江河可谓人类文明的根基和摇篮。正因为如此，所以数千年来，人类竭尽努力利用江河、改造江河、热爱江河、呵护江河、敬畏江河、力图与江河和谐共生。进入工业社会之后，江河的资源、经济、生态等价值空前凸显，人类利用、改造、开发、控制江河的能力得到了巨大增强，江河文明作为工业文明的重要组成部分得到了长足的发展。近百年前，云南乃是有名的蛮荒之地、瘴疠之区，山高谷深，河流梗阻，

① 张增祺：《滇国与滇文化》，云南美术出版社 1997 年版，第 23、24 页。

交通艰难，行者莫不望而却步。印象中渡江划皮囊，过河靠溜索，无比原始且艰险。如今钢筋混凝土的现代化大桥比比皆是，水库大坝随处可见，发电站布满江河，轮船快艇往来穿梭，天堑变通途，江河成为经济发展的龙头、获取财富的象征。

工业文明改天换地，令人惊叹，然而其负面影响也令人触目惊心。君不见，如今云南乃至全国的江河大多面目全非，满目疮痍，甚至病入膏肓，成为臭河、毒河、死河，不仅失去了利用、观赏的价值，而且严重危害着人类的健康和生存。何至于此，完全是人类的不良行为使然。譬如盲目地开发和发展，对水环境水生态系统造成严重破坏；盲目地扩大城市和聚落规模，造成水资源严重短缺；滥用化学制品和农药，造成地表水和地下水严重污染；工场、矿山污水大量注入江河、湖泊，弄得浊浪熏天，水生生物为之灭绝；毁林开荒，盲目发展经济作物，造成严重水土流失和水源枯竭；使用炸药、强电炸鱼、电鱼，竭泽而渔，致使江河生态系统严重破坏；盲目地开发水电和修筑大坝，造成大量滑坡和泥石流等灾害。凡此种种，不胜枚举。江河遭受无情的破坏摧残，人类将为此付出沉重的代价——不仅传统文明不可避免走向衰落消亡，而且工业文明也将难以为继，人类将陷于自己挖掘的生态泥塘而不可自拔。

今天我们讨论江河文明，笔者以为这不光是对传统文明价值的尊重和再认识，不光是学术进步和发展的需要，而且还具有以史为鉴、温故知新、传承文明、创造发展、继往开来的现实意义。文化和文明乃是人类适应、利用自然，创造、发展、积累、升华传统知识和科学技术的结果。相对于数千年、上万年的农耕文明，工业文明才历时短短数百年，其缺陷和弊端自是难免，调适和改良尚需时日，关键的问题是，必须明确盲目崇拜工业文明和西方文化的弊端，明确至今仍有很大市场的偏激的人类中心主义和文化中心主义的危害，要大力提倡尊重自然，尊重传统知识，尊重文化多样性。只有这样，才能重建热爱自然热爱江河、亲近自然亲近江河、珍惜自然珍惜江河、与自然和江河共生共荣的生态文明；只有这样，作为人类文明的根基和摇篮的江河才能永葆活力、造福人类；也只有这样，人类文明才可能世代传承，并且发扬光大。

结　论

　　本文选择云南多民族的形成、云南的稻作文明、云南茶的起源和传播以及滇国的青铜文明四个案例，考察江河与文明的关系，试图说明江河对于人类文明产生与发展的巨大作用。在此基础上，指出工业文明利用开发江河所产生的正反两方面的影响。笔者认为，江河文明的讨论意义重大，其意义不仅在于历史，更在于现实；人类不仅需要重新认识和发扬光大已有的文明，还必须努力创造、完善新的文明。而为了达到这一目的，就必须重建生态文明，必须倍加热爱、亲近、珍惜、保护文明产生的根基和摇篮——江河！

云南的生态文化类型

  云南是中国生物多样性最为丰富的省份，也是世界上生态环境多样性最为丰富的地区之一——既有高原雪山，也有低海拔的干热河谷；既有川流不息的大江大河，也有分布广泛的高原湖泊。从南向北，即从西双版纳向西北的香格里拉依次分布着热带雨林、热带季雨林、萨瓦纳群落、亚热带常绿阔叶林、针阔叶混交林、高山针叶林、高山灌丛、高山草甸、高山流石滩以及高山冰川等生态系统，几乎涵盖了世界上所有的生态系统类型。丰富多样的生态系统，为多样化的民族及其生态文化的产生和发展提供了环境和物质基础，云南因此成为世界上传统生态文化最为富聚的地区之一。本文拟选择代表性的四种类型——坝区河谷灌溉稻作农耕生态文化、山地梯田灌溉稻作农耕生态文化、山地轮歇农业的生态文化、高原混农牧生态文化予以论述，意在揭示和强调传统生态文化的价值和意义。

  如前所述，云南生态环境复杂，民族众多，生态文化丰富多彩。从南自北，或从东南向西北，随着海拔高度的变化，居住于不同海拔高度的不同民族创造了不同的适应策略和方式，形成了各具特色的民族生态文化。

  人类与自然的关系主要表现于人类对于自然的适应与利用。人类的适应与利用凭借的是文化，通常认为，文化包括三个层次的内容，一是技术文化，二是社群文化，三是精神文化。本文考察云南的生态文化就是依据文化内涵的三层面这一视角进行观察、分析与整合。

一 坝区河谷灌溉稻作农耕生态文化

云南峰峦叠嶂的群山之中，盆地星罗棋布，俗称"坝子"。这些海拔高低不等、面积大小不一的坝子，地势较低，土壤肥沃，土层深厚，河流纵横，水源丰富。气候多属于亚热带季风气候类型，长夏无冬，雨量充沛，年降雨量一般在1000—1700毫米之间，全年无四季之分，只有明显的干季和湿季。以上自然条件为水稻、热带和亚热带作物的栽培提供了适宜的环境。傣族、白族、汉族、壮族、侗族、水族、布依族等，主要居住于坝子，是历史悠久的稻作民族。兹以傣族为例，介绍坝区河谷灌溉稻作农耕生态文化。

傣族的稻作生态文化系统主要由稻谷品种驯化利用、耕作技术、水利灌溉、社会组织、观念信仰、农耕礼仪等组成。据云南农科院所20世纪50年代的粗略统计，云南其时有水稻品种约5000种，旱稻品种约3000种。[1] 这么丰富的稻谷品种，充分反映了云南各民族数千年训化利用稻谷的智慧、经验、技术和知识。追求稻谷品种的多样化，一是为了满足人们对于食物、营养乃至信仰等的需求，例如傣、壮、侗等民族，传统主食吃糯米，供奉祭祀神灵祖先须用糯米，所以种植的糯米品种就比较多。[2] 二是为了适应生境自然条件，保证收成，例如不同的地形地类、不同的土壤、不同的季节、不

---

[1] 尹绍亭：《云南农耕低湿地水稻起源考》，《中国农史》1987年第2期。

[2] ［日］渡部忠世：《稻米之路》，尹绍亭等译，云南人民出版社1981年版，第146页。根据渡部忠世的研究，在美国、中南美、澳大利亚和欧洲各国等稻作历史比较短的地区，几乎没有糯稻的栽培，非洲也没有糯稻分布。在亚洲的大部分地区，糯稻也只是属于少量栽培的品种。而在老挝、泰国的北部和东北部，缅甸掸邦何克钦邦的一部分，中国的云南和广西的一部分，印度阿萨姆邦的东部等地区，则主要栽培糯稻以糯稻为主食。渡部认为，在全世界，仅有这个地带存在"糯稻栽培圈"，不仅农学，就是从各种角度来进一步研究都是很有意义的。以糯米为主食的族群，又伴有嗜茶的习俗，而茶树的起源地与"糯稻栽培圈"的范围大部分相重合，这是偶然的现象还是别有原因也值得研究。

同的小气候，必须配置不同的品种。三是为了防灾、防虫，多样性品种的种植能够一定程度防范自然灾害，并据有减轻和防范虫害的功能。四是为了满足精耕集约农业的需要，要有效实行复种、轮作、间作，提高土地利用率，多样化的稻谷品种是不可或缺的。五是为了满足市场交易、税收和畜牧业等的需要。傣族具有十分丰富的土地、物候、气象、耕作、炒耨的知识、经验和技术。传统稻田利用十分突出的一个特点是重视用养结合，实行休耕。稻田一年只种一季稻，收获后休耕，整个冬季稻田成为牛、马、猪、鸡的牧场，畜粪肥田，土壤充分吸收光热，地力得以恢复，[①] 一季稻的产量可等同于双季稻的收获，具有显著的可持续利用等多重效果。

傣族有一句为人们津津乐道的经典谚语："没有森林便没有水，没有水就没有田，没有田就没有人。"这句话可视为低地坝子住民关于人与自然关系认知的高度概括。同样为人们津津乐道的还有傣族传统水资源利用与管理的法规和实践，西双版纳的灌溉体系表现出很强的"顺势性"特征。从张公瑾先生收集并翻译的 1778 年西双版纳议事厅发布的文告来看，强调的是"大家应该一起疏通沟道，使水能够顺畅地流进大家的田里"，而非调动大量劳役修建储水设施以达到灌溉更多农田的目的。一般说来，灌溉系统包含蓄水和引水两大功能，但就西双版纳而言，修建水利设施的最终目标是保证河水能够"合理而均匀的分流到不同的稻田"，只是看重其中的引水功能。傣族研究专家高立士先生对西双版纳地区涵养水源的

---

① 傣族水田不施肥，采取休耕等方法实现地力更新，被讥笑为"种卫生田"。对此，张海超、雷廷加的《傣族传统稻作农业生产体系的生态人类学考察》文章中曾引用了江应樑先生的解释："因为长期荒芜，野草自生自灭，植物混入泥中腐败，使土壤中所含的天然肥料非常丰富，农产物种植下去，绝对不需要施肥。"这是 20 世纪 40 年代江应樑先生对于傣族农作方式给出的解释。此外，江先生的著作中还提到"摆夷割稻时，腰部亦懒于弯下"，"稻穗仅割取尺许长"，由于稻草在当地并不充当燃料、饲料，也不用于覆盖屋顶，所以"任其留置田中"。按照傣族传统的收割方式，只割取稻穗部分，而不是把整棵植株都割倒，虽然"正因为摆夷不收稻草，任意留存稻田里"的情况被认为会滋生虫害，但稻秆最终会在田中腐朽分解，自然可以理解为保持农田肥力的一种方式。

175

水渠传统管理制度以及挖沟、筑坝、分水、提水的技术细节有过详尽的调查与讨论，根据他整理的数据，"1950年以前全州（西双版纳）有大小坝塘100余个"，对于稻作地区来说，这一数量并不算多，何况其中蓄水量最大的"勐罕大鱼塘""曼勐养大鱼塘""莲花池"都是河床改道或者地震凹陷形成的，并非人工修筑的蓄水设施。严格说来，西双版纳等地"只有引水工程，没有蓄水工程"。[①] 1950年以前，西双版纳景洪坝子由13条水沟组成的一个大灌溉区，可浇灌全区81个村寨4万亩稻田。在管理上，有一个自上而下水利管理体系，各级管理人员职责明确。水利设施于每年公历4、5月（傣历6、7月）雨季来临之前精心维修。各村、各户的水量分配均按照村规民约和简单有效的方式公平合理实行，所以很少发生水利纠纷。[②]

水是农业的命脉，也可能是农业的祸害。为了保障农业用水，同时也为了防范洪涝，常见的应对策略是兴修水利。傣族地区过去没有大的水利工程，即如"没有森林便没有水"之说，水源主要靠森林涵养。大面积培育维护森林，利用森林所具有的强大涵养水源的功能，拦截、蓄积和再分配降水，可以达到防范洪涝、削弱对土壤的侵蚀冲刷和滋养农田的目的。森林涵养水源，主要依靠三个方面：

一是森林林冠。林冠截留水量的多少，与植物本身的特征有关，包括树种、树龄、冠层的稠密程度和排列状况等。一般而言，叶面积指数和茂密度越大，林冠截留量也就越大，林冠截留量还与林分郁闭度成正比。二是枯枝落叶层。枯枝落叶层具有保护土壤和涵养水分的作用。凋落物覆盖土壤可减少雨水冲刷，增加土壤的腐殖质、有机质和孔隙度，参与土壤团粒结构的形成，增加土壤层蓄水和减少土地水分蒸发。凋落物的持水能力受多方面的影响，包括树种、凋落物的厚度、湿度以及分解程度和成分等。枯枝落叶层持水能力

---

① 张海超、雷廷加：《傣族传统稻作农业生产体系的生态人类学考察》，内部文稿。

② 郭家骥：《西双版纳傣族的稻作文化研究》，云南大学出版社1998年版，第72页。

极高，甚至高于林冠层和土壤层。一般情况下，其最大持水量是凋落物自身重量的 2—4 倍，最大持水率的均值为 309.54%，折合 0.7—0.8 毫米水层厚度。三是森林土壤层。森林土壤层是森林涵养水分的主要载体，具有较高的入渗和持水功能。透过林冠层的降水量中，有 70%—80% 进入土壤。森林土壤层的储水能力受多方面影响，包括森林的类型、土壤结构和土壤孔隙度等。在热带、亚热带地区，阔叶林生态系统的土壤孔隙度较高，为 59.6%—78.7%，林地土壤的蓄水能力也较强。树冠、枯枝落叶凋落物和林卜土壤的综合作用，形成强大的蓄水功能。[1]

傣族传统盛行山林崇拜，西双版纳 20 世纪 50 年代森林密布，森林覆盖率高达 70%，其时傣族村寨的"垄林"（即神林）多达 1000 多处，总面积约 10 万公顷，约占全州总面积 5%，发挥着"绿色水库"的重要功能。那时傣族村寨只有引水沟渠，没有蓄水工程；只有鱼塘，没有水库，全州 45 万亩水田多半靠包括垄林在内的大面积森林涵养水源灌溉农田。例如位于景洪和勐海之间的"垄南"神山，是西双版纳各民族共同崇拜的神山，面积约在 8 万亩（0.53 万公顷），景洪和勐海四个坝子（河谷盆地）约 5 万亩（0.33 万公顷）水田灌溉水源即来自此片神山。[2] 又如景洪坝子戛董乡曼迈寨，该寨有傣族 200 多户、1000 多人，人畜饮水及 2000 多亩水田的灌溉，全靠后山"神林"流出的箐水解决。据有关部门研究，垄林具有突出的保土保水功能，垄林下的土壤年径流量为 6.57 毫米，若毁林开荒，土壤的径流量会陡增为 226.31 毫米；每亩垄林能蓄水 20 立方米，西双版纳全州其时有垄林 150 万亩，能蓄水 3000 万立方米，相当于当地修筑的曼飞龙大型水库的 3 倍，曼岭、曼么耐中型水库蓄水量的 5 倍。[3]

---

① 参见崔海洋、李峰《侗族传统农耕文化与珠江流域水资源安全》，知识产权出版社 2015 年版，第 130、132 页。

② 裴盛基：《自然圣境与生物多样性保护》，载《自然圣境与生物多样性保护论文选集》，中国科学院昆明植物研究所 2014 年版，第 30 页。

③ 高力士：《傣族竜林文化研究》，云南民族出版社 2010 年版，第 2、3 页。

傣族地区能够有效保护森林，除了具备信仰、观念、制度、法规等积极因素之外，还有一个备受赞赏的"绿色生态文化"，那就是铁刀木的种植和利用。铁刀木是优良红木树种。长期以来，傣族一直传承着每家每户利用房前屋后、田头地脚种植铁刀木的优良传统。铁刀木树枝繁茂，而且树枝越砍越发。过去傣族人家柴薪的来源，就是靠"砍之不尽"的铁刀木树枝。利用就近栽种的铁刀木树枝做柴薪，既节约大量劳力，更主要的是不用砍伐天然森林，这样就能很好地保护森林和大量林产品、保护水源、保护生态环境。栽种铁刀木解决燃料、维护良好生态，无疑是傣族生态文化的杰作，值得赞赏、学习、传承。

傣族社会崇尚少子习俗，无论过去还是现在，一个家庭一般只生育一个或两个孩子。迄至20世纪五六十年代，傣族地区一直保持着人少地广的状态，这与该区森林覆盖率高、生态环境良好不无关系。傣族社会全民信奉南传上座部佛教，撇开佛教主张的万物同生、行善积德等教义不说，人们崇尚信仰、清心寡欲、顺应自然，社会一派和谐景象。现在提倡建设生态文明，一个重要的方面，就是必须在伦理和信仰方面花大力气、下大功夫。

二　山地梯田灌溉稻作农耕生态文化

云南多山，梯田分布广。从事或部分从事梯田灌溉稻作农耕的民族有哈尼、彝、汉、苗、瑶、拉祜、傈僳和部分的傣、壮等民族，而以红河哈尼族彝族自治州境内的哈尼族梯田稻作农耕最为著名。哈尼梯田甚为壮观，以一坡而论，少则上百级，最多达5000级，而闻名于世的印加梯田不过800多级。哈尼族人口逾百万，属跨境民族，在中国境内主要居住在云南省南部哀牢山和无量山区。

红河哈尼族梯田灌溉农耕生态文化，是以"森林—村寨—梯田—江河"四要素为基本结构组成的文化生态系统。联合国教科文组织世界遗产中心在给红河评遗的景观评语中曾有如此评价："红河哈尼梯田文化景观所体现的森林、水系、梯田和村寨四素同构文化生态系统符合世界文化遗产标准，其完美反映精密复杂的农业、林业和水分配系统，通过长期形成的独特社会经济宗教体系得到了加强，彰显了人与环境互动的重要模式。"①

红河哈尼族等的"四素同构"梯田灌溉农耕文化生态系统是一个人工与自然相结合的循环系统，哈尼族生境的"四素同构"，为垂直结构系统，从上往下分别是高山地带的森林、森林下部的村寨、村寨下部的梯田和梯田底部的河谷。

哈尼族聚居的红河流域哀牢山区，属亚热带山地季风气候，年平均气温在 15℃—22℃ 之间，年日照 1670 小时，无霜期 300 天左右，气候温和，雨量充沛，年降水量多在 800—1600 毫米之间，立体气候特征显著。哀牢山俗有"山有多高、水有多高"之说，高山的水源，主要来自森林储存的季风雨。由于森林涵养水量十分丰富，所以小溪、泉水常流，经年不竭。哈尼族利用这一得天独厚的条件，开挖兴修水沟水渠，营造灌溉水网，通过大小不一的水沟、水渠引导、分配水源进行灌溉。流经层层梯田下泄的灌溉水，至低海拔河谷受热，又蒸腾而上，沿山势到达山顶，遇冷成雨，复又落存于森林，形成了水资源的循环。这就是独特的"四素同构"文化生态系统。

哈尼族农业生产以梯田农耕稻作为核心内容，从农耕生产技术管理到饮食、建筑、民居等形成了独特生态文化体系。每当哈尼山乡翠绿的山林传来第一声布谷鸟的叫声，一年一度的梯田农耕稻作民俗活动便由此拉开了繁忙、艰辛、有序、丰富多彩又热闹纷呈的序幕——染红蛋、蒸黄饭、祭祖、奉神、为秧苗叫魂、求丰收等系列民俗活动逐一在哈尼山寨和梯田中展开。三月开秧门之后，献田神、祭田坝神、六月的"库扎扎"等活动相继进行，到了七月"策实扎"尝新米，修田间路，引谷魂回家，求得丰产丰收。进入九月，举行拴饭仪式，开镰收割，新谷入仓，祭谷仓，开仓撮新谷。

① 邹辉：《西部山地的梯田农耕文化》，见尹绍亭主编《中国西部民族文化通志：农耕卷》第二章，云南人民出版社 2018 年版。

十月"扎勒特"就是年末岁首，新旧交替之月，从此新的一年又从此周而复始。①

森林和水是生命的源泉。"要烧柴上高山，要种田在山下，要生娃娃住山腰。"据各县文字资料统计，20世纪50年代初期，红河流域哈尼族聚居的元阳、红河、绿春、金平、墨江、普洱等县的森林覆盖率占各县土地面积的60%以上，红河流域的崇山峻岭上呈现茫茫森林，植被茂盛的景象。由于大山阻隔，苍莽的原始森林绵延不绝，古木参天、山野翠绿，如此良好的植被条件不仅涵养了丰富的水土，也为哈尼族开发高山梯田创造了优良的天然保障。哈尼族民间流传有许多关于树木崇拜和水崇拜的俗语，如："人靠饭菜养，庄稼靠水长，山上林木光，山下无米粮；有林才有水，有水才有粮。""有山就有水，有水就聚人；水来自于山，山靠森林养。""人的命根子是梯田，梯田的命根子是水，水的命根子是森林。""水发源于森林，人依赖于森林。""田坝再好，没有水栽不出谷子；儿子再好，没有姑娘生不出后代……有田有粮才有命，有山有林才有水"等等。上述哈尼族朴素、科学的生态观、资源观，不仅表现于上述俗语、谚语，还反映在诸多有关树木和森林的历史传说、神话故事以及现实生活之中。哈尼族传说，森林是哈尼族的避难所和庇护所，是食物和其他生存必需品的提供者，森林就是哈尼族的家。因此，哈尼族称村寨为"昂玛"、神树林为"普麻倭波"，都有"丛林"之意。

哈尼族村寨通行的村规民约，一般把高山森林划分为水源林，村寨后山森林为神树林，村寨周围森林为村寨林或风景林，这些森林一律严禁砍伐，一年之中要举行多次供奉山神、树神等的祭祀活动。哈尼族认为，村边的古树巨大，村寨才会相应壮大；有了古老的大树，村寨才会长久；有了标直粗壮的树木，村子里才会长成健壮俊美的小伙子和漂亮的姑娘。如果村边的古树死掉或遭雷击，会被当作忌日，全村哀悼，死树只能自然腐烂，不能当柴薪等利用。

---

① 邹辉：《西部山地的梯田农耕文化》，见尹绍亭主编《中国西部民族文化通志：农耕卷》第二章，云南人民出版社2018年版。

哈尼族稻田按地势高低分坝田和山田两种，以山田为主，山田即梯田。梯田精耕细作，轮作复种。精耕细作包括精耕土壤、培育良种、适时种植、灌排控制、中耕管理、合理施肥等。据统计，哈尼族现有土地分类 55 种，其中稻田类 34 种，旱地类 21 种；农作物分类 148 种，其中水稻 25 种，苞谷和荞子 15 种；麦子、高粱、薯类等杂粮 22 种，豆类 20 种，竹子 9 种，瓜类 11 种；蔬菜和作料类 38 种，其他烟、茶、甘蔗等 8 种。哈尼族目前栽种的农作物，按其栽种来源主要可以分为以下 3 种类型：

第一类是经过哈尼族驯化，从野生作物栽培为人工作物，并已世代栽种多年的传统栽培作物，这一类主要包含：高山水稻、旱稻、荞子、席子草、苤菜、蓝靛、香醪、魔芋、芋头、蜘蛛抱蛋、刺芫荽、刺天茄、薄荷等，这类作物最大的特点是在哈尼族传统农耕生产生活中具有历史承袭的特征，此类作物在哈尼族生产生活和社会仪式中占有重要的地位。譬如哈尼族自己培植的传统水稻品种就很多，一般根据稻米味道分为普通稻和糯稻，也有按稻米香味或谷粒形状、大小、颜色等特征来区分的。在哀牢山区，作为梯田农耕的首要产品和主食，哈尼族培育使用的传统稻谷品种达数百种，仅元阳县便有黏性籼稻 171 种、粳稻 25 种、其中糯稻 30 余种。这些品种均具备一个共同的特征——高棵、稻秆高达 1—2 米。传统品种中有不少米质优良，而且产量不低、如籼稻"红脚谷"亩产 350—600千克、海拔 1800 米左右耐寒的"冷水谷"亩产也在 300—350 千克之间。

第二类是哈尼族从与之相邻的其他民族那里引种来的作物，如水芋、茭白、包白菜、芭蕉、丰收瓜等。

第三类则是新中国成立以来通过当地政府有关部门陆续引进推广种植的作物，以经济作物为多，如杂交水稻、杂交苞谷、小麦、红薯、木薯、甘蔗、油菜、香蕉、芭蕉芋、烤烟、香茅草、咖啡等等。如今，在红河南岸哀牢山区，几乎所有的村寨都在种植杂交稻。杂交稻的推广种植优点不言而喻，其负面影响是对哈尼梯田稻谷品种多样性的危害。由于杂交稻的大量种植，生物链断绝，生物基因多样化遭到破坏，病虫害的频发，传统科技和知识逐渐丧失。[①] 工程院院士朱友勇教授所进行的水稻栽培病虫害防治及其成就享誉世界，而这项成果的取得就得益于哈尼族梯田水稻种植的传统知识，说明传统哈尼族梯田稻谷品种多样性所具有的巨大价值。

哈尼梯田不仅富于农作物多样性，还具有突出的农副产品多样性。梯田副产品包括鱼、泥鳅、黄鳝、水獭、田鸡、螺蛳、谷雀、鸭子、鹅、鸭蛋、鹅蛋、鱼腥草、细芽菜、田蕨菜、水芹菜、土锅菜等。哈尼族喜欢吃梯田养殖的谷花鱼，这种鱼生长在稻田中，吃稻田中抖落的谷花，因而叫谷花鱼。每年的谷秧栽插后，将鱼苗放入田中让其自然生长，秋收时放水捕捞。谷花鱼大的有半斤多，小的也有三两，谷花鱼头小体肥，肉厚刺软，肉质鲜嫩。煮食加以生姜、苤菜、花椒等佐料，味道鲜香甘美，软糯无比。谷花鱼除了鲜食，哈尼族还喜欢腌制酸鱼食用。产自梯田的细芽菜、水芹菜、土锅菜、鱼腥草、马蹄叶、车前草、鸡蛋花、荠菜、飞花草等可凉拌生食或炒食、氽汤。螺蛳、黄鳝、谷花鱼、泥鳅、田鸡、秧鸡、蚂蚱、虾巴虫等是特殊风味食物。泥鳅、魔芋、埂豆芽是哈尼族婚宴上必不可少的菜肴。泥鳅象征男子生殖能力且被认为有补气壮阳之效，魔芋则是女性生殖能力的象征。田埂种植的埂豆也叫"老鼠豆"，哈尼族称之为"deebaol neevsiq"，意为"种在埂子上的豆"，老鼠豆豆芽意寓多子多孙。

红河地区，是云南沟渠灌溉十分发达之地。红河流域属亚热带季风气候，东南迎风坡降雨量充沛，用当地人的话说是"山有多高水有多高"，极富灌溉之利。生活于此地区的哈尼族、彝族等利用这一特殊的自然条件，积千百年之开拓，营造出规模巨大、极为壮观的梯田景观。清代嘉庆《临安府志》有此地梯田的记载："依山

---

① 邹辉：《植物的记忆与象征：一种理解哈尼族文化的视觉》，知识产权出版社 2013 年版。

麓平旷处，开作田园，层层相间，远望如画，至山势峻急，蹑坎而登，有石梯蹬。水源高者，通以略杓，数里不绝。"如前文所述，哈尼族的梯田灌溉大致有两种方式，一是垂直的"跑马水"灌溉：让高山之水直接进入高地之田，每层梯田均有水口，水从梯田一层一层往下流，形成数十层乃至数百层自上而下的灌溉，远远望去，梯田水口犹如数十个数百个小瀑布悬挂山间。二是横向的沟渠灌溉：逢山挖土，遇石爆破，修筑数公里乃至数十公里的沟渠，将水引至缺水的山坡。有统计数字说，在 1949 年，红河流域的红河、元阳、绿春、金平四县修筑的沟渠多达 12350 条，灌溉梯田面积 30 余万亩；而到了 1985 年，上述四县的沟渠已增至 24745 条，灌溉面积近60 万亩。[①]

哈尼族梯田地力更新和施肥的方法亦值得赞赏，一是休耕，梯田只耕种一季，冬天休耕晒田，地力得以恢复；二是利用绿肥，每年秋收过后，将田埂上的杂草铲除泡在田里，经过冬天沤泡成为肥料；三是"冲肥"，又有两种冲法：其一是冲村寨肥塘。哈尼族各村寨都有一个大水塘，平时家禽牲畜粪便、垃圾灶灰等积集于此。春耕时节挖开塘口，从大沟中放水将其冲入田中。村民用锄头、钉耙搅动糊状发黑的肥水，使其顺畅下淌，沿沟一路均有专人照料疏导，使肥水入田。如果某户要单独冲畜肥入田，只要通知别的农户关闭梯田水口，就可单独冲肥入田。其二是冲山水肥。每年雨季到来，村寨的男女老少一起出动，称为"赶沟"。七月大雨泼瓢而至，将在高山森林积蓄并沤了一年的枯枝败叶、牛马粪便顺山而下，满山畜粪和腐殖土冲刷而下，在人们的疏导下顺水流入梯田。此时梯田里稻谷恰值扬花孕穗，正需追肥。这一方法省去了大量运肥劳力，而且效果极佳。

梯田生态文化极其独特丰富，所以云南红河以元阳哈尼族为代表的梯田农业于 2010 年、2013 年先后被评选为"世界农业遗产"

---

① 黄绍文：《论哈尼族梯田的可持续发展》，载《哈尼族梯田文化论集》，云南民族出版社 2002 年版，第 98 页。

和"世界文化遗产"。[1]

三 山地轮歇农业的生态文化

轮歇农业，其最重要的形态俗称"刀耕火种"。中国古代文献称刀耕火种为"畲田"，明清之后多称作刀耕火种。刀耕火种农业起源于新石器时代，那时人们利用石斧、石刀等生产工具，砍伐树木，晒干焚烧，清理土地，播种作物，收获粮食，同时进行采集狩猎，以维持生存。新石器时代延续了数千年，以石木生产工具为标志的原始刀耕火种农业也盛行了数千年。

在中国，中原地区虽然早在夏商时期便进入文明时代，然而由于那时候人烟稀少，森林广袤，所以刀耕火种农业依然得以延续。春秋时代，黄河中下游流域出现了精耕细作农业，刀耕火种农业逐渐退出历史舞台。而在长江中下游流域，这种状况要晚得多。唐代长江中下游流域取代黄河中下游流域成为经济发展中心，依赖的是水田灌溉农业的发达。虽然如此，所谓"火耕水耨"的农耕方式依然存在于江南一些地区，尤其是山地，直到宋代也还不乏"畲田"的记载。至于西部，情况就更加不同，刀耕火种农业不仅大规模延续至明清时期，而且至今依然不绝。西部刀耕火种农业能够延续主要靠三个条件：一是人口稀少且具备足够多的森林土地；二是在森林土地数量充足的情况下，其轮歇制度得以正常运行；三是还未受到外部现代化发展或市场经济的影响、干扰和冲击。[2]

云南亚热带和热带地带，气候温暖、炎热，受东南和西南季风控制，雨水充沛，森林生物资源十分丰富，这样的地理环境为人们从事以刀耕火种为主兼行狩猎采集的生计提供了良好的条件。古代

---

① 崔明昆、赵文娟、韩汉柏等：《中国西部民族文化通志·生态卷》，云南人民出版社2017年版。

② 尹绍亭：《基诺族的刀耕火种——兼与云南其他刀耕火种民族的比较》，《国立民族学博物馆调查报告》1992年第17卷第2号。

云南山地普遍盛行刀耕火种，当代的分布收缩到滇南山地。从事刀耕火种的民族有独龙族、傈僳族、怒族、景颇族、佤族、拉祜族、哈尼族、布朗族、基诺族、苗族、瑶族等。[①]

刀耕火种是一个复杂的人类生态系统。刀耕火种作为一种食物生产方式，一种山地森林农业形态，也和其他农业一样是一个对自然生态系统进行干预、控制，使其根据人类的需要进行能量转换和物质循环的人类生态系统。在森林生态系统中，森林作为"生产者"是其生态系统中积极的因素。森林的树木、藤蔓、灌丛等植物的叶绿素，在太阳光能的作用下，通过光合作用，把从环境中吸收的水分、二氧化碳和无机盐类制造成为初级产品——碳水化合物，以维持和促进自身的生长。在一个未经人类利用的森林生态系统中，其"消费者"是生存于生态系统中的各类动物和大量腐生或寄生的菌类。

在刀耕火种人类生态系统中，人类是"多级消费者"，人类方面通过采集和渔猎手段获取各类动植物食物；另一方面通过砍伐和焚烧植物，使其变为物质代谢材料无机盐类，即把固定于植物中的太阳能转化投入土壤，然后播种农作物，农作物吸收无机盐类进行光合作用而茁壮生长，实现了太阳能的多次转化，森林生态系统于是成为人类利用的农业生态系统。刀耕火种人类生态系统的"生产者"和"消费者"之间的物质循环、能量转换，体现了人类适应、认知、利用自然的智慧。[②]

刀耕火种并非是单纯的农业，而是兼营采集、狩猎的整合体。笔者曾将这一整合体称为"刀耕火种人类生态系统"，并将该系统的多层结构用"生态系统树"予以形象、整体地表示。从"刀耕火种人类生态系统"的结构和功能不难看出，刀耕火种社会具有远高于采集狩猎的适应性和生态文明。刀耕火种社会除了兼容采集狩猎

① 尹绍亭：《一个充满争议的文化生态体系——云南刀耕火种研究》，云南人民出版社1991年版。

② 尹绍亭：《森林孕育的农耕文化——云南刀耕火种志》，云南人民出版社1994年版。

社会生态文明的全部内涵之外，还有如下诸多发展：1. 在自然观方面，在浓郁的自然崇拜之上，增加了一系列农耕神灵祭祀仪式；2. 在社会组织方面，产生了代表和体现部落民权益并进行有效管理的长老或头人制度；3. 在资源占有和公平方面，土地和自然资源为氏族或村寨公有，人们按需分配，利益均等，和谐互助；4. 在资源管理和可持续利用方面，实行轮歇耕作、轮作栽培、因地制宜、控制聚落规模等制度和措施，以实现对森林土地等资源的循环和可持续利用；5. 在信息交换方面，与低地灌溉农耕社会建立、保持着生态互补的物质能量流动交换关系。①

刀耕火种也称作轮歇农业。

所谓"轮歇"，即村社或村社中的各个生产群体，将属于自己可利用的土地（包括公有地和私有地）划分为若干个区域，每年集体开荒耕种一个大的区域或几个小区域，其余的土地则抛荒休闲，使之恢复森林和地力，每年如此，轮流垦殖，形成有序循环的轮垦制度。云南山地民族传统刀耕火种的轮歇方式，大致有如下几种。

1. 无轮作轮歇类型。无轮作轮歇刀耕火种农业，是一种土地转换频繁的刀耕火种农业，有充足的土地资源和严明的土地制度，是这类刀耕火种农业生态系统能否良性循环的关键。无轮作轮歇类型，一些山地民族称其为"耕种懒活地"。其轮歇方式是一块土地只种一季作物便抛荒，休闲期短则七八年，长则十余年。一片森林地，辛辛苦苦开辟成耕地，为什么只种一年便抛荒呢？这样做有几方面的道理：

首先，只种一季作物抛荒后树木容易再生。从事无轮作轮歇农业的民族，在伐木、烧地、播种之时都很注意保护地里的树桩。只种一季，树桩一般不会枯死，及时抛荒休闲，有利于树桩迅速长出树枝，所以这是一种能够快速恢复森林和地力的轮歇方式。第二，只种一季土地杂草少。由于新开辟的林地树木多，烧地火势猛烈，

---

① 尹绍亭：《基诺族刀耕火种的民族生态学研究》，《农业考古》1988 年第 2 期。

绝大部分杂草和草籽被烧死，所以作物生长过程中杂草很少，不用花太多时间去除草，甚至完全不必除草，所以叫种"懒活地"，顾名思义，即耕种省力的意思。第三，虫害少。和杂草、草籽一样，存在于表层土壤中的害虫在烧地时多被烧死，故而虫灾少。第四，水土流失少。由于耕作期极短，植被恢复快，可以大大减少水土流失。最后，只种一季作物产量高。开辟森林处女地或者经过长期休闲的土地，树木多，有机物堆积层厚，焚烧后灰分多。灰分可以改善热带、亚热带山地偏于酸性的红壤、砖红壤的成分，提高土壤肥力。如果连年耕种，又无肥料投入，而且杂草丛生，那么作物产量肯定一年不如一年。

无轮作轮歇方式是典型的刀耕火种，不必使用锄犁耕地，即采用免耕之法，具有保土、保水、保肥、抑制杂草、快速恢复森林植被、省工省力的功能。无轮作轮歇仅使用刀耕，一般不使用锄耕和犁耕，具有发达的作物间种套种是此种轮歇地作物种植技术的一大特色。基诺族、景颇族等的间、套种作物从七种到二十余种不等，其中有禾本科的龙爪稷、薏苡、粟、高粱，豆科的黄豆、饭豆、四季豆，茄科的茄子、辣椒、苦子，葫芦科的南瓜、黄瓜、葫芦、辣椒瓜、苦瓜，十字花科的青菜、萝卜、白菜，天南星科的芋头，菊科的向日葵，姜科的姜，百合科的葱、韭菜、菖头，唇形科的苏子、薄荷，芸香科的打棒香，等等。实行多种作物间种套种具有以下几个好处。

第一，可以充分利用地里的空间和阳光。景颇族把多种作物间种套种的土地叫作"百宝地"，说"百宝地里既有高处生长的陆稻、黄瓜、豆、粟、高粱、玉米等，又有地面爬的南瓜等"。即高秆、矮茎作物相间，直立、蔓生作物互依，上层、中层以及地上地下应有尽有，形成多种作物组成的群体结构，空间得到了最大限度地利用，同时大大提高了光能的利用率。

第二，可以提高土地肥力并充分利用地力。景颇族说："我们每一块地都要间种一些黄豆，黄豆长得好，谷子（陆稻）也就长得好。"又说："栽种水冬瓜树最能肥地，哪怕是一块瘦地，只要种上水冬瓜树，都会有好收成。"另外，由于一块地中的作物，有的根深有的根浅（如玉米与豆类），有的是须根有的是直根（如陆稻与山药），因而各层土壤中的养分和水分也能得到充分地吸收。

第三，有利于抗灾保收。山地一般坡度大，作物栽种种类多，覆盖率高，既有利于减少暴雨、山洪对土壤的冲刷，在干旱炎热的季节还能够荫蔽土地，利于水土保持。在地边栽种玉米、高粱、薏苡等高秆作物以及饭豆和黄瓜等上架作物，能起到"屏障"的作用，减少风灾的危害。传统农业靠天吃饭，年成有旱涝之变，栽种单一作物，遇上灾年，很可能严重减产，甚至全无收成。多种作物混作，由于它们的抗逆性不同，成熟期不一，即使灾年也仍然可望"这边损失那边补，不收这种收那种"，多少起到抗灾保收的作用。此外，间作和混作还要考虑早、中、晚品种的配置比例，利用作物不同的成熟期以避免青黄不接、发生饥荒。

第四，可以满足人们生活的多种需求。在"百宝地"中在种的20多种作物，陆稻玉米荞麦是粮食作物。高粱、粟、龙爪稷、玉米、苦荞既是粮食，又是酿酒原料。景颇族喜欢喝酒，男人可以一天不吃饭，但是不喝酒不行。红薯舂细做粑粑，黄豆做豆豉。在景颇族的食品中，豆豉是不可缺少的，没有豆豉就吃不下饭。苏子、芝麻是油料作物。景颇族过去没有菜园，蔬菜主要靠"百宝地"生产和采集。黄瓜、南瓜、芋头、四季豆等，还作为小商品常常到市集出售，所得收入用于购买盐巴等生活用品。

第五，可以节省劳力。陆稻地里间种龙爪稷，玉米地里间种瓜豆等，因其枝叶繁茂，地面荫蔽，可以抑制杂草滋生。据统计，间种多种作物与只种单一作物两相比较，前者可以减少中耕次数，每箩之中播种面积可省工20余个（一个成年人劳动一天叫作一个工）。而且，多种作物集中栽种，也要比分散栽种便于管理。

第六，单位面积的作物产量比较高。以盈江县卡场地区为例，该区单一陆稻种植的亩产量普遍为100余公斤，水稻亩产低于陆稻亩产

（没有推广杂交稻之前）为 100 公斤左右，玉米亩产又低于水稻，只有 50 余公斤。而"百宝地"亩产之和，却远远高于此数。据该区 20 世纪 60 年代的调查，"百宝地" 20 余种作物的产量，大多在 400 公斤左右，有的甚至更高。

2. 短期轮作轮歇类型。短期轮作是指连续耕种两年然后抛荒休闲的刀耕火种、方式，如果土地有限，不能满足一季一换的休闲方式，那么就得连续耕种，连续耕种会导致地力衰退、杂草丛生，实行不同作物的轮作，可以在一定程度上避免这种状况。例如第一年种棉花，第二年种陆稻，或者以能够改善土地肥力的黄豆、苏子等作物与陆稻、玉米、芋头等作物轮作。短期轮作的耕作方法：第一年一般实行免耕点播，第二年用锄耕或犁耕，播种多为撒播。如果第一年栽种棉花、苏子、黄豆、小豆，而且采取免耕的方式，那么第二年杂草亦不会太多，土地依然肥沃，而且抛荒地树木的再生也较快；而如果第一年便挖地犁地，不注意保护树桩，而且两年都栽种同一品种作物的话，那么第二年作物的产量必然下降，而且不利于地中树木的再生。

3. 长期轮作休闲类型。长期轮作即轮作 3 年至 5 年，休闲十余年甚至更长，也有少数轮作长达七年甚至十年的情况。实行长期轮作会使地中的树桩死亡，抛荒后要恢复森林需要很长的时间，如果休闲年限不足，便会成为稀树草地或草地。轮作年限长，地力逐年下降，而且杂草的生长会逐年加快增多，所需除草的劳动量和劳动时间也就越多。大多从事长期轮作的民族往往是因为人多地少，无法实行无轮作或短期轮作休闲方式，所以才不得不采取这种方式。长期轮作，虽然劳动量投入多，对生态环境不利，而且作物产量较低，但是可以一定程度缓解人多地少的矛盾。

实行轮歇刀耕火种，每人每年通常需要耕种 3 亩林地才能满足食粮的需要，如果实行无轮作烧垦，以 13 年为一个轮歇周期的话，那么一个人需要 39 亩土地；如果实行轮作，以 3 年轮作 15 年休闲一个轮歇周期计算，那么一人需要 15 亩土地；而如果轮作 5 年一个轮歇周期的话，那么一人就只需要9亩土地，与无轮作轮歇相比，可节约30亩土地。

长期轮作虽然可以节约土地，但是会带来杂草多、地力衰、森林难以恢复等问题。不过一些民族也有应对的巧妙方法，那就是根据土壤地力配置同一作物的不同品种或不同的农作物品种实行轮作。常用的轮作作物主要是禾本科的陆稻、玉米，锦葵科的棉花，豆科作物的黄豆（大豆），唇形科作物苏子等。在休闲地里植树造林，实行粮林轮作是云南一些山地民族富于智慧的创造。造林选用的树木有水冬瓜树、漆树、杉树、松树等。水冬瓜树（ALnus nepalensis）系落叶乔木，这种树不仅生长快，而且能够提高土壤肥力。在雨量充沛的地方，只需5年左右，水冬瓜树就可以从幼苗长成直径10公分左右的树木。由于其根部的根瘤菌具有很强的固氮作用，而且落叶多，因而肥地效果十分显著，哪怕是十分贫瘠的土地，只要种上水冬瓜树，都会变得肥沃起来。

传统习惯种植水冬瓜树的民族有佤族、景颇族、独龙族、怒族等，但他们的种植方法不尽相同。云南省西盟县的佤族，过去是在农作物收获之后撒播水冬瓜树籽；盈江县卡场一带的景颇族，过去是将水冬瓜树籽和陆稻籽种混合起来同时撒播；近似景颇族方法的还有腾冲县南部团田等地的汉族；独龙江和怒江峡谷中的独龙族和怒族等，在冬天采集水冬瓜树苗，春播时把树苗和作物籽种同时栽种于地中，作物收获三茬后，水冬瓜树也可砍伐了；怒族和勒墨人（白族支系）除了栽种水冬瓜树之外还种植漆树，8年后漆树便可以割浆。上述做法在当代科学词典里被称为"粮林轮作"或"生态农业"，和傣族善于种植和利用铁刀木一样，均为传统知识或生态文化的杰作。①

四 高原混农牧生态文化

云南藏区地处东喜马拉雅—横断山脉的交错地带，境内地形破

---

① 尹绍亭：《人与森林——生态人类学视野中的刀耕火种》，云南教育出版社2000年版。

裂，江河纵横，雪山高耸，峡谷深陷。复杂的地理环境使得该区呈现出复杂的立体气候类型和丰富的生态类型。根据海拔高度的不同，该区的生态系统大致可分为六种类型：1. 高山复合体生态系统；2. 山地森林生态系统；3. 亚高山湿地生态系统；4. 河流生态系统；5. 干旱河谷灌丛生态系统；6. 农田—村落生态系统。该区是世界上生物与文化多样性的富聚区之一。①

生存于该区的藏族等适应高原山地生境，创造了十分独特的混农牧生态文化，也称"半农半牧文化"。混农牧生态文化是农业与畜牧业的有机结合系统，世界上无论何种民族，食粮均为人类生存最重要的资源，藏族也不例外。被称为"世界屋脊"及其边缘地区，交通耕作依赖畜力；高寒地带土壤瘠薄，种植作物需要大量肥料维持；在高寒生境生存，人们需要比低地生存高得多的食物热量和御寒衣服。大量畜力、农肥、高热量食物和皮毛衣服如何获取？无疑只能依赖发展畜牧业。那么，如何配置农业与畜牧业比例？如何处理农业与畜牧业的生产时间与空间？如何分配农业与畜牧业的劳力投入？即为藏族等混牧农耕生态文化的丰富内涵和特征。

为便于从事农耕，藏族村落大都分布于较为平缓的坡地、台地和河谷之中。农地一般分为三类：旱地、轮歇地和水浇地。旱地藏语意为"山上的农地"，这类农地地势较高，为海拔 2500 米以上的坡地或高山森林中的空地。灌溉仰赖雨水或修渠引水，具有广种薄收的特点。主要种植一年一熟的青稞、玉米、土豆、荨麻等抗寒耐旱的农作物。播种时间为农历 3 月中旬，收割时间为农历 8 月至 9 月。由于旱地海拔较高并且周边多森林，因此谷物口感独特，营养价值较高。

轮歇地分布于海拔 2300 米至 2500 米之间，由于远离河流，引水困难，灌溉完全依赖于雨水。种植小麦、荞麦、蔓菁等作物，播种时间为农历 9 月中旬，收割时间为次年农历 4 月份，收获后抛荒

① 尹仑：《云南藏族的混牧农耕文化》，载尹绍亭主编《中国西部民族文化通志：农耕卷》，云南人民出版社 2018 年版，见"第五章西部高原的混牧农耕文化第二节"。

一年，继而再行耕种。

水浇地即人工浇灌的农地。这类农地位于村落周围，可以直接从河流引水进行灌溉，一般在海拔 2000 米至 2300 米之间，地势较为平坦，具有精耕细作、亩产量高的特点。农作物主要有小麦、玉米、青稞、各种豆类和蔬菜，一年可种植两季。水浇地里的农事活动，除了犁地、播种、收割等由男性完成或参与以外，大部分由女性负责，所以本地流传着这样的谚语：水浇地啊，像一位久病的老人，年轻的姑娘，是他永远的侍奉者。[①]

如前所述，畜牧业在藏族人民生产、生活中历来占有十分重要的地位。农业生产中的耕田、耙地和交通运输主要靠牲畜，牲畜饲养为农作物种植提供了必需的圈肥，食物中不可缺少的酥油、牛奶、奶渣、肉类，御寒穿着的狝檀、毛布、披毡、皮衣服，生活用具毛绳、皮绳、皮囊等都来自畜牧业。藏民向来有"视牛如金，视茶如命"之说。长期的实践使藏族人民积累了畜牧业的丰富经验，培育了多种适应当地条件的优良畜禽品种。迪庆藏族自治州的畜禽品种有牛（牦牛、犏牛、黄牛、水牛）、马、驴、骡、羊（山羊、绵羊）、猪、鸡、鸭等，其中地方优良品种有中甸牦牛、犏牛、迪庆高原黄牛、维西黄牛、德钦山羊、施坝山羊、迪庆绵羊、迪庆藏猪、尼西鸡、维西鸡、迪庆藏狗等。

畜牧方式为：冬春季天气寒冷，牲畜圈养放牧于村落周边农地，饲料以麦秆为主，大量畜肥即取自这段时间；初夏开始集结牲畜迁往高山牧场；秋末初冬复又返回低地村落。此即历史文献所记之"夏至高山，冬入深谷"的垂直游牧方式。

根据海拔、地形、气温、土壤等自然因素的影响，藏族通常将高山牧场划分为五种类型：高寒草甸草场、灌丛草甸类草场、林间草地类草场、疏林类草场、山地灌丛草丛类草场。高寒草甸草场分布在海拔 3800 米以上的高山地带，气候严寒，无霜期短，牧草生长

---

① 尹仑：《云南藏族的混牧农耕文化》，载尹绍亭主编《中国西部民族文化通志：农耕卷》，云南人民出版社 2018 年版，见"第五章西部高原的混牧农耕文化第二节"。

期短，植被低矮，形成伏状，由多年生的血竭、苔草、蒿草、禾草为主，是夏秋牛、马、羊的放牧地。灌丛草甸类草场海拔分布与高寒草甸草场相同，虽高山杜鹃为主的阔叶林覆盖面积较大，但牲畜不利采食，因此利用率较低，只是秋夏的放牲地。林间草地类草场分布在海拔 2500 米至 3800 米地带，其主要特征是森林茂密，草场形状多样，海拔 2800 米以下为四季放牧地，海拔 2800 米以上为夏秋放牧地。疏林类草场分布在海拔 2500 米至 3800 米之间，其特点是灌木稀疏，砍伐木材留下的空旷地可以四季放牧。山地灌丛草丛类草场具有山地地貌特征，分布在海拔 1800 米至 3200 米之间，森林覆盖率为 10%—30%，是各种牲畜四季放牧地。

上述五类牧场根据所处地理位置和高度以及放牧季节的不同，又可分为三类：夏季雪山牧场、春秋高山牧场和冬季河谷牧场。夏季雪山牧场藏语名叫 "Rura"，意为 "有雪的草场"，位于海拔 4000 米左右的高山草甸地带；春秋高山牧场藏语名叫 "Rumei"，意为 "中间的草场"，位于海拔 3000 米左右的草甸和坡地，是牲畜转场过程中的过渡牧场；冬季河谷牧场藏语名叫 "Rubo"，意为 "家附近的草场"，位于海拔 2000 米左右村落周围的山坡地带。[1]

从夏季雪山牧场到春秋高山牧场再到冬季河谷牧场，牧草种类越来越丰富，数量也越来越多，但营养价值却呈下降趋势，也就是说，夏季雪山牧场的牧草营养价值要普遍高于春秋高山牧场和冬季河谷牧场，但是冬季河谷牧场的牧草种类和数量要比夏季雪山牧场和春秋高山牧场丰富。在长期的放牧过程中，藏民积累了丰富的牧草知识。有乡土专家曾对该区红坡村和果念村的牧民进行调查，统计得出当地牧场的牧草种类有 51 个种，共计 29 个科，39 个属。[2]

适应季节、温度和牧草变化，以最大限度地利用立体分布的牧场和牧草资源，该区藏民普遍实行在不同海拔高低的牧场之间进行

云南的生态文化类型

---

① 尹仑：《云南藏族的混牧农耕文化》，载尹绍亭主编《中国西部民族文化通志：农耕卷》，云南人民出版社 2018 年版，见 "第五章西部高原的混牧农耕文化第二节"。

② 李建钦：《云南藏区土地利用多样性及其管理》，云南人民出版社 2018 年版。

转场的游牧制度。转场一般开始于春末夏初，当天气逐渐趋暖，山地牧场的牧草开始返青时，牧民们便赶着牛群从河谷牧场出发，去往海拔 2500 米左右的牧场放牧。大约 1 个月之后，天气进一步温暖，高山牧场的牧草也开始返青，再转场到海拔 3000 米以上的夏季高山牧场，在那里一直放牧至初秋。8 月下旬，气温下降，高山牧场的牧草开始枯萎，牧民和牛群又转向较低海拔的牧场，放牧至 10 月。一个月后，天气寒冷，牧草枯败，于是回到河谷，一年的转场迁徙至此结束。如此周而复始，循环不绝。通过转场迁徙，极好地适应了当地气候和植物生长的季节性变化，不仅能够有效利用牧草，而且由于循环利用，牧场得以休养生息，所以对牧场起到了很好的保护作用。①

除了循环利用，为了促进天然草场牧草萌发，提高产量，保证有序转场，藏民非常重视天然牧场的管理。例如秋季畜群离开高山牧场时，要把牧场中的灌木、杂草砍割晾晒，并放火焚烧，这样可以防虫、防鼠，增加土壤养分，控制高山矮生杜鹃及杂灌丛的蔓延，从而达到改良草场质量的目的。从 20 世纪八九十年代以后，建立了自然保护区，天然草原退牧还草、生态公益林建设等一系列生态保护项目的实施促成了云南藏区部分区域禁牧和休牧管理方式的出现。从 2003 年开始，迪庆州 3 个县被列为实施天然草原退牧还草工程试点区，很多藏民传统的天然牧场被划入项目区范围内。按照项目的要求，凡退化严重，植被覆盖率低于 30% 以下的项目区禁牧封育期为 10 年；凡过度放牧、植被覆盖度低于 50% 的草原则实行季节性围栏休牧，在春季牧草返青期和秋季牧草结实期禁止放牧，禁牧期各为两个月左右。在禁牧和休牧期间，政府给予藏民一定的补助。禁牧和休牧的方式使退化草地得到有效恢复，根据检测结果（云南省迪庆藏族自治州农牧局，2013），实施天然草原恢复项目而建设草场围栏以后，"围栏内外的植物盖度比例分别为

---

① 李建钦：《云南藏区土地利用多样性及其管理》，云南人民出版社 2018 年版。

84.6% 和 69.3%，围栏内比围栏外高出了 15 个百分点；平均产草量围栏内 2340.8kg/hm²，围栏外 1119kg/hm²，围栏内高出 1146.4kg；牧草的平均高度围栏内 6.96cm，围栏外 4.36cm，高出 2.59cm"。禁牧和休牧不但提高了天然牧场的产草量，同时也保护了草场植被，改善了牧场的生态环境。传统草场管理有严格的村规民约，例如除了夏季高山牧场为公共利用资源之外，相邻村寨不能越界到其他村寨的牧场放牧，村民不能有任何毁坏草场的行为等。

混农牧生计生态文化具有比其他生计文化复杂的复合性，每个家庭既要从事农业，又要从事畜牧业，负担已经非常沉重，而为了增加现金收入，还必须进行森林特产采集和市场交易等。此外，由于信奉佛教、崇拜自然，相关祭献朝拜活动十分频繁，也要花去大量的时间和精力。云南藏区和其他藏区一样，过去曾经盛行一妻多夫婚姻制度。很多研究业已说明，这种特殊的婚姻制度具有生态适应性，或者说是一种生态适应的选择。藏族家庭，妇女可以说是"顶梁柱"，既要生儿育女侍奉老小、从事繁杂的家务劳作，又要从事沉重的农业和畜牧业劳动，即便如此，也还有转场放牧、采集交易、烧香拜佛、祭祀仪式、社交应酬等大量劳作和事务需要人手。事实证明，实行一夫一妻婚姻的家庭很难应对如此复杂繁多的生计和事务，而一妻多夫家庭，尤其是丈夫比较多的家庭，在这方面却具有显著优势。曾有统计数据说明，在一些村落，家庭经济状况的好坏与婚姻制度有着密切关系的，实行一妻一夫制者最为贫困，而随着家庭丈夫的增多，经济状况也随之改善，最富裕者竟然是丈夫最多的家庭。而且，也有诸多研究认为，藏区家庭出生率长期维持在较低水平，这也与一妻多夫婚姻制度有关。以上情况足以说明，一妻多夫婚姻制度在历史上曾经发挥过不可低估的积极作用。

神山信仰与藏传佛教相结合是藏族精神生活乃至物质生活的核心。在藏族的信仰中，神山是神灵的居所，也是各种生物灵魂的依托地，每一个藏人都被神灵赋予了崇拜、保护神山的责任和义务。在云南藏区，大大小小的神山遍布各地。几乎每一个藏村都拥有村寨专属的一个或多个小神山；相邻的几个村寨往往也有共同的神山；还有影响范围较大、为整个藏区所崇拜的大神山，例如名列藏区八大神山之一的卡瓦格博（梅里雪山）；此外，村寨内还有各个家族专属的安放灵魂、祭祀朝拜的小神山或者神林。据不完全统计，1950年，"迪庆藏族自治州境内遵循历史传统进行保护的神山面积不少于2万 hm^2"。由于神山的界定并不具备严格的专属性和独有性，在特殊的情况下，只要具备某些必要条件也可以认定为新的神山，因此，藏区神山目前还在不断增加。在藏民的传统观念里，神山是神灵的化身，神山上的一草一木、一鸟一兽均不得破坏和猎取。他们认为神山上的草木和鸟兽是与人一样平等的生命，不能随意杀生，否则会受到神灵的惩罚。当地藏民在每座神山的山脚或山腰设置烧香台，每年要举行大大小小数量众多的煨桑祭祀仪式，以此传达对神山神灵的敬仰，祈求神灵佑护村寨平安、人畜兴旺。藏民的神山信仰对于生物多样性的保护作用不言而喻，由信仰观念所引发的敬畏和保护行为，不仅使许多高原珍稀濒危动植物得以保存，同时也保护了高原特有的自然景观和人文景观。神山生态良好，可为生存于斯的藏民提供洁净充足的水源，且有益于调节小气候、保持水土、维持生态环境等，在藏区生态系统的良性运行中发挥着重要作用。

结　语

通过对云南的四种生态文化类型的发掘整理可知，生态环境多样性是文化多样性的母体，文化与生态环境相互作用形成的人类文化的适应性是维系人与自然共生的纽带。一种生态文化类型的形成，是特定生境与特定族群长期互动、不断调适的结果，其积累的丰富的知识体系、所构建的良性循环和可持续利用的机制，是其千百年来得以传承的保障。因为如此，即便是遭遇社会急速转型，即使是工业社会和信息社会强势发展的今天，传统农业社会多样性的生态文化依然具有生命力。红河哈尼梯田于 2013 年被遴选为"世界文化遗产",其独特的"四素同构"生态文化模式受到科学界的高度重视与赞扬,即足以说明问题。然而总体来看,传统生态文化的价值和意义尚未受到应有的重视。在社会急剧变迁的情势下,传统生态文化正在以前所未有的速度流失消亡,迫切需要积极抢救、发掘整理与传承,以丰富人类知识宝库,并使之在新时期的生态、社会、经济、文化建设事业中发挥积极作用。

生态与历史

——从滇国青铜器动物图像看滇人对动物的认知与利用

公元前 5 世纪中叶至 1 世纪初期，即战国初期至西汉末年，在云南滇池周边地区曾经存在过一个部落王国——滇国。司马迁所著《史记·西南夷列传》有滇国的记载，但极为简略，今天人们认识滇国，主要依靠从滇王等墓葬中发掘出的多达 15000 余件青铜器所贮存的历史文化信息。滇国青铜器不仅数量多，而且造型独特，构思奇巧，制作精湛，极富地域和民族特色，历来备受学界重视和推崇。考察滇国的青铜器，不难发现滇国青铜器与中原青铜器的诸多明显差异，具有大量的动物形象，便是滇国青铜器有别于中原青铜器的一个十分显著的特征。对于此特征，云南考古学界张增祺先生等曾做过系统的研究。查阅相关的论述，可以看到考古和历史学者们研究的角度和方法大体相同，那就是将动物图像作为滇国的文化符号进行考察，借以解读滇人的社会和生活。这样的研究当然重要，把出土文物作为历史佐证的研究方法，历来为考古学和历史学所沿用。不过，除了考古学、历史学之外，考古文物应该还具备多学科、多方面的研究价值。例如从生态人类学的角度审视滇国青铜器的动物图像，将它们视为"滇人与自然环境关系的媒介"，从而考察滇人认知、利用动物的知识体系，便是不落窠臼、别开生面的视野。

青铜器上的"动物志"

自 1955 年至今，云南的考古学者们对云南昆明石寨山、江川李家山、昆明羊浦头三处滇国重要遗址进行了 8 次大规模发掘，其间还陆续发掘清理了昆明、呈贡、安宁、曲靖、东川、宜良、嵩明、富民、玉溪、路南、泸西、华宁、江川、新平、元江、个旧等地的多个滇文化墓葬和遗址，共获得以青铜器为主的滇文化义物 15000 余件，此外尚有 100 余件流失海外，藏于伦敦大英博物馆。[①] 滇国青铜文化兴盛于中原青铜文化衰落之际，而无论是从文化内涵，还是从艺术风格来看，滇国与中原王朝的青铜器均迥然而异。因为中原青铜器充满着中原封建王朝的威仪和礼乐制度的丰富文化内涵，所以形制主要是礼器、乐器和兵器，装饰图案也多具相应的象征意义；滇国青铜器则表现出浓郁的部落社会特征，其青铜器中礼器较少，主要是生产、生活用具及兵器，其器物的装饰也朴实自然，极少抽象的图案，而多写实的图像。例如动物图像，在中原的青铜器上并不多见，但在滇国青铜器上却有众多灵动的动物，充分显示了部落社会与大自然共生、亲和的特点。滇国青铜器上的动物图像，计有虎、豹、熊、狼、兔、鹿、猴、野猪、狐狸、牛、羊、马、猪、狗、蛇、水獭、穿山甲、鳄、鹄、鹈鹕、凫、鸳鸯、鹰、鸥、燕、鹦鹉、鸡、乌鸦、麻雀、枭、雉、孔雀、凤凰、青蛙、鱼、虾、螺丝、鼠、蜥蜴、蜜蜂、甲虫等，多达 400 余种。[②] 仅在江川李家山墓地第一次发掘的青铜器里，便有各种动物图像 296 个；其中的一件铜臂甲，镌刻动物图像 10 余种，此臂甲因此被命名为"虫兽纹铜臂甲"。

上述动物图像，自然不会是古代云南滇池地区动物种类的全部，然而如果把它们视为当时常见的动物种类，那应该是没有问题的。

①　李昆声：《云南艺术史》，云南教育出版社 1995 年版，第 71 页。

②　张增祺：《滇国与滇文化》，云南美术出版社 1997 年版，第 62、202 页。

图一　牛虎铜案

从这个意义上说，滇国青铜器不仅是极其珍贵的文化遗产，而且还是十分宝贵的自然遗产，其塑造、刻画的数量众多的动物图像，可以称之为古代滇池地区的"动物志"。目前，上述动物中的大部分在滇池地区已经销声匿迹。这些栩栩如生的动物图像，除了可以满足今人的审美需求之外，其蕴含的古代滇池地区的生态环境、生物、气候以及人与自然相互关系的信息，更值得重视。

滇国青铜器为何多以动物为装饰？其原因大概主要有以下4点：

1. 动物图像众多是滇国自然环境的反应

古代滇国具有良好的自然生态环境。《史记·西南夷列传》载："始楚威王时，使将军庄蹻将兵循江上，略巴、（蜀）、黔中以西。庄蹻者，故楚庄王苗裔也。蹻至滇池，（地）方三百里，旁平地，肥饶数千里，以兵威定楚。"《后汉书·西南夷列传》说滇池地区"河土平敞，多出鹦鹉、孔雀，有盐池田鱼之饶，金银畜产之富"。

2. 动物图像众多是滇人生计形态的表现

《史记·西南夷列传》说滇国"耕田，有邑聚"，滇国青铜器中有铜锄、铜斧、铜铲、铜爪镰等生产工具，青铜贮贝器图像里有"播种""上仓"图，说明农业已是滇人的主要生计。滇国青铜器动物图像最多的是牛，牛既是畜力，又是畜牧业的主要对象。除牛之外，滇人还饲养马、羊、猪、狗和鸡、鸭等家畜。滇国得天独厚，坐拥"方三百里"的滇池，周边河流纵横，不仅有舟楫之利，还有渔捞之饶。此外，滇国青铜器狩猎场景不少，给人印象深刻。

3. 动物图像众多是滇人动物崇拜的反应

关于这一点，张增祺先生曾有论述。滇国境内多沼泽、湖泊（如滇池、抚仙湖、阳宗海、杞麓湖、异龙湖等），又多茂密的原始森林，经常有大量野兽和毒蛇出没，对人们构成巨大威胁。因此滇人崇拜动物之神，尤其对对人畜有伤害的虎、豹、毒蛇、鳄鱼等更加畏惧，由畏惧进而祈求、崇拜，将动物视为神灵供奉祭祀，祈望人畜平安。如晋宁石寨山 1 号墓出土一件祭铜柱场面的贮贝器，柱的中段盘绕着两条大蛇，柱的顶端立一虎，下段横绕一条鳄鱼。铜柱边有四个待杀的人，显然是将人作为牺牲祭祀的场面。又如石寨山 12 号墓的一件祭祀贮贝器上也立有铜柱，柱上盘绕一条大蛇，蛇口中衔一人头，使人望而生畏。[①]

4. 动物图像众多是滇国冶金铸造技术达到较高水平的表现

任何金属的艺术造型，无论题材如何神奇，构思如何巧妙，如无制造和加工技术工艺的支持，只可能是空中楼阁，纸上谈兵。滇国青铜器的动物造型、雕刻复杂多变，精细入微，在两千多年前，滇国竟有如此发达的冶金铸造和雕塑的技艺，实在令人惊叹！

滇人对动物的认知

凡属能够充分享受大自然恩惠的人类社会，必有丰富的生态经验和知识的积淀。滇国沃野千里，自然环境优越，滇人生活在动植物王国之中，关于动植物的智慧和知识自然不可低估。然而由于缺乏资料可考，我们已无法得知滇人对植物分类、利用的知识，而从滇人青铜器上塑造的"动物众生像"，却可以窥见滇人动物分类认知之一斑。这种蕴含于琳琅满目、栩栩如生动物图像中的滇人动物分类知识，虽然没有受到考古和历史学者的注意，然而他们从本专

① 张增祺：《滇国与滇文化》，云南美术出版社 1997 年版，第 208、209 页。

业的角度也能觉察到动物图像内在的类别差异。例如李昆声教授就曾从艺术史的视角，对滇国的青铜动物图像进行过分类，认为可以分为下述四种艺术造型：

第一类为单独一件动物圆雕，一般表现家畜、家禽、飞禽和温顺的食草动物。

第二类为动物群组合，分两种情况，一种是同类动物作一组合，在一件高浮雕上表现出来，如群牛、几只孔雀等；另一种是表现动物搏斗及"兽斗"题材。

第三类为人和动物的组合，有表现放牧、狩猎、剽牛祭祀等内容。

第四类为用立体动物雕塑来装饰在青铜器上，大量是装饰在兵器上。[1]

如果把李教授的艺术分类还原为滇人的认知分类，那么动物图像表现的就是生态系统中各种动物、动物与动物之间以及人与动物之间的相互关系。生态系统内的各种关系，也可以概括为四种类型：

第一类是各种动物的独立图像，例如牛、马、鹿、鸡、鱼、鸟、蛙、蛇、鹰等。此类图像反映的是滇人生境中与人类共生的常见动物，显示了滇人对生境动物多样性的认识。

第二类是表现同类动物种群生态的图像，例如"二牛交合扣饰""五牛线盒""四牛头铜扣饰""三孔雀铜扣饰""鸡边组合扣饰""蛇边组合扣饰""猴边组合扣饰""狐边组合扣饰"等。此类图像表现了在生态系统中动物交配、繁衍、群聚生存的状态。

第三类是由两种动物生态关系构成的图像，例如滇国青铜器最具代表性的重器"牛虎铜案"以及"虎牛铜枕""八牛虎贮贝器""虎牛搏斗铜扣饰""虎噬牛啄""三虎噬牛铜扣饰""驯马虎贮贝器""二虎噬猪铜扣饰""二虎噬猪铜扣饰""虎熊搏斗铜戈""二豹噬猪铜扣饰""豹衔鼠铜戈""三狼噬羊铜扣饰""二狼噬鹿铜扣饰""水獭捕鱼铜戈""三孔雀践蛇铜扣饰""鸟践蛇铜斧""鸟衔

① 李昆声：《云南艺术史》，云南教育出版社 2001 年版，第 71—80 页。

图二　三孔雀扣饰

蛇杖头铜饰""水鸟捕鱼铜像""鱼鹰衔鱼铜啄"等。在此类图像中，均以两种动物结合造型，表现了动物界不同等级的肉食动物之间以及肉食动物与草食动物之间"弱肉强食"的生态关系。

第四类是由数种动物生态关系构成的图像，如"虎豹噬牛铜扣饰""虎豹噬鹿铜扣饰""狼豹争鹿铜扣饰""虎牛鹿贮备器""桶形铜贮备器"等。此类图像动物多于前类，内容更丰富。例如晋宁石寨山出土的"桶形铜贮备器"，其器桶上有两只老虎，龇牙咧嘴、虎视眈眈，欲扑向桶顶奔跑状的两只硕壮黄牛，而在一牛腿之下又藏卧着一只猛虎，张着血盆大口，两眼瞪着铜顶所立一棵树上的两只猴子和两只鸟，猴、鸟做惊恐状。此类图像或为几种动物捕食一种动物，或为一种动物捕食几种动物，表现了高级肉食动物捕食对象的多样性及其相互间的激烈竞争。

第五类是多种动物生态关系构成的图像，代表器物如李家山墓葬出土的"虫兽纹铜臂甲"。此臂甲为圆筒状，开口上大下小，高21.7厘米，上口径8.5厘米，下口径6.6厘米，甲面刻画虎、豹、猴、熊、野猪、鸡、鱼、虾蜈蚣、蜜蜂、甲虫等10余种动物。中国古代有"螳螂捕蝉，黄雀在后"的警句，虽然比喻的是政治军事关系的危机四伏，然而无意中却揭示了自然界动物相生相克的生态关系。相比之下，滇国"虫兽纹铜臂甲"上所刻画的各类动物相互间的关系则更为复杂和精彩：

一头老虎腾空而起，圆睁双眼，张开双爪，做凶猛捕食状，其下为慌忙逃亡的野鹿和猴子，还有不知祸之将至、迎面游来的鱼和虾；一头硕壮的野猪口里衔着一条蛇状的捕获物，不料另一头剽悍的豹子已然扑到了它的身上；一只公鸡正在得意地啄食蜥蜴，而其同伴却被狼咬住了脖颈，在狼的后面，又虎视眈眈地立着三只豹子；一只蜜蜂凌空飞翔，当遭遇危险时，它对任何动物都可蛰上一针，然而其蜂窝不管是深藏于土里还是高避于树上，都往往难逃厄运，道理不难明白，其蜂蛹乃是许多动物梦寐以求的美食。

"虫兽纹铜臂甲"刻画的图像，可视为表现滇人认知动物的杰作。如果说上述三四类图像表现的是较少动物种类之间的简单生态关系，据之尚不能感知动物生态系统的面相和作为生态系统重要结构食物链的话，那么"虫兽纹铜臂甲"的图像可以说在这方面大大向前迈进了一步，将众多动物（消费者）按食物关系进行组合，显示了生态系统食物链的能量流动，滇人认知动物的水平在此图像中得到了集中的体现。

图三　虫兽纹铜臂甲图像

滇人对动物的利用

上述"虫兽纹铜臂甲"可视为一个由多种动物的食物链构成的动物生态系统。然而如果把这个系统扩展开来，其食物链结构还可以进一步拉长：从下端走，可有各种虫类、小生物以及微生物；从上端走，顶级肉食动物之上还有更顶级的消费者，那就是人类。人类与动物是共生的系统，这可以说是滇人的切身感受，正因如此，滇人在青铜器上展现其生态和生活的时候，不仅刻画塑造了各种动物结合的图像，而且还着意刻画塑造了一批人和动物组合的图像。赏析此类图像，可以看到在滇人的生态系统中，动物作为其结构的一部分发挥着重要的功能。滇人把动物纳入其生态系统，不仅充分调动技术手段猎取作为生理需求的蛋白质野生动物，而且还将动物作为文化的"媒介"和"载体"在精神需求的空间发挥特殊的功能。动物在滇人生态系统中的功能，可从生计、娱乐、宗教和艺术四个方面得以了解。

图四　四牛骑士贮备器

首先说生计。滇人生计中的动物利用，主要是狩猎渔捞和家畜饲养。

1. 狩猎。在食物获取的活动中，人类与动物是有本质区别的。就像前述许多表现动物捕食的图像那样，动物捕食均为本能的行为，是简单的、直接的捕捉、搏斗、撕咬、噬食，而人类就不是那样。请看滇人的狩猎，其目的当然也是为了获取食物，而滇人狩猎的方式却与动物有着本质的不同：首先，滇人能够制造和使用各种工具，例如铜矛、铜戈、铜斧、铜钺、铜剑、铜刀、铜棒、铜叉、铜弩、铜剑、鱼钩、渔网鱼叉和鱼笼等；其次，滇人狩猎除了个人行动之外，更多的是集体协同操作，例如李家山出土的"八人猎虎铜扣饰""七人二犬猎豹铜扣饰""三人猎虎铜扣饰"和"三人猎豹铜扣饰""二人猎野猪铜扣饰"，表现的就是这样的场面；再次，滇人在使用工具的同时，还发明了许多巧妙的狩猎方法，例如设置陷阱等，李家山24号墓出土的铜矛，其套口部的上段有横杆、凹形的栏槛及绳索等物，栏槛中围困着一虎，此即为陷阱的表现；最后，滇人能够把某些动物作为狩猎和渔捞的工具加以利用，例如借助马力和猎犬追逐猎物，利用鱼鹰捕鱼等，这在石寨山出土的"骑马猎鹿铜扣饰"，李家山出土的两件"骑士猎鹿铜扣饰"和"三人猎虎铜扣饰"，石寨山12号墓出土的"鱼鹰衔鱼铜扣饰"、6号墓出土的"鱼鹰衔鱼铜啄"、李家山24号墓出土的刻有鱼鹰逐鱼船纹的铜鼓中清晰可见。

2. 畜牧业。狩猎是人类直接从大自然获取动物蛋白质的一种方式，畜牧业则是人类凭借其智慧和经验所进行的动物驯化、改良、生产和利用。从青铜器上的动物图像可知，诸如牛、马、狗、猪、羊、鸡等凡适宜作为家畜的动物，滇人均已驯化饲养。反映家畜饲养的青铜器有晋宁石寨山出土的楼下设置饲养牛、马、猪、狗、鸡的"干栏式房屋模型""二人驯牛鎏金铜扣饰""牧牛铜啄扣饰""斗牛场景扣饰"和"牧牛器盖"，还有李家山出土的"喂牛铜扣饰""驯马贮备器""牧羊图像""鸡形杖头饰"等。饲养家畜，首先可以按照人类的需要生产足够的肉类，其次可以进行畜产品的交换和贸易，再次可以使用畜力，最后是某些特殊场合的需要。

滇国青铜器有表现武士骑马进行战斗和狩猎的场面，说明滇人驯马、用马的技术已臻完善。在滇国青铜器的动物图像中，牛的形象最多。以江川李家山墓地第一次发掘为例，出土的青铜器上共有各种动物图像296个，其中牛为96头，约占总数的34%。① 关于滇国的牛，笔者对前人的研究有两点不同的看法。其一是牛的种类，此前考古学者们均一致认为滇国青铜器表现的牛皆为黄牛而无水牛，此说值得斟酌。一方面，云南自古便存在水牛和黄牛两个野牛种类，古代滇中地区的生态环境完全适合两种野牛的生存，既然如此，滇人便没有道理只驯化黄牛而不驯化水牛；另一方面，从李家山墓葬出土的"叠鼓形铜贮备器"等器物上牛的头、角造型来看，显然是水牛而非黄牛。其二，《史记·西南夷列传》说滇国"耕田，有邑聚"，对于《史记》所说的"耕田"，学者们一致认为此乃"锄耕"，而非"牛耕"，因为"耕牛"二字迟至东汉才出现于相关文献，而且滇国青铜器上的牛均未穿鼻，也无犁耕图像，所以肯定其时尚未产生牛耕。对此笔者也有不同看法。所谓"牛耕"，除了当今所见所行的耕牛穿鼻拉犁的耕作方法之外，其实还有别的方法，例如"踏耕"或称"蹄耕"，即为另类的"牛耕"。"踏耕"的方法，是驱赶牛群入田，往复踏泥，从而使土壤细碎熟化，达到耕作的目的。踏耕是分布于南亚、东南亚和中国西南地区的一种古老的耕作方式。樊绰所著《蛮书》卷四载唐代滇西南的"茫蛮部落""土俗养象以耕田"，一些学者不解其意，以为是记载出错，其实不然，《蛮书》所言之"象耕"并非是大象拉犁耕作，而是使象踏耕。西双版纳昔日便确有使象踏田之农法。牛之踏耕，目前在广西、云南等地已经绝迹，幸运的是，笔者20世纪80年代在红河地区调查时竟偶然碰上了踏耕，其时激动兴奋之情无法形容，由于必须赶乘

---

① 张增祺：《滇国与滇文化》，云南美术出版社1997年版，第62页。

汽车，只好匆匆观察，拍下了几张珍贵照片。所以，从历史文献资料结合民族学田野资料来看，滇国的"耕田"很可能就是"踏耕"，这也就是滇国多牛的一个重要原因。

关于滇国畜牧业的状况，除了可从青铜器考证，文献亦有记载。据《华阳国志·南中志》说：汉武帝时司马相如和韩说初开益州郡，"得牛、马、羊属三十万"。《汉书·西南夷传》说："昭帝始元五年（公元前82年），汉将田广明用兵益州（郡），获畜十余万。"《后汉书·西南夷传》载建武二十一年（公元45年）刘尚击益州郡少数民族头人栋蚕，得"马三千匹，牛羊三万余头"。从上述中原王朝几次从滇国所得牛、马、羊的数量来看，少则几万，多则几十万，数量确实惊人，其畜牧业之发达可见一斑。

其次说娱乐。石寨山墓葬曾出土一件"斗牛铜扣饰"，呈长方形，小小扣饰表现观赏斗牛场面颇似西班牙斗牛场风景：

扣饰牌正中开一门，牛正从门口走出，门两边分列五人，头戴长角状装饰物，手中抱着圆形物体，应是为牛造势鼓气的队伍；门楣上蹲踞一人，为开门者；扣饰的上端紧密排列着11个人，显然是观众，表现了人们对观看斗牛的极大兴趣和热情。斗牛之风，即使在今天也十分盛行，它是中国西南彝族、苗族、瑶族等民族节日期间必不可少和休闲时经常举行的娱乐活动，滇国"斗牛铜扣饰"的发现说明，斗牛活动在云南已有悠久的历史。

再说宗教。石寨山墓葬出土了两件"干栏式房屋模型"，房屋底层有形态各异的牛等家畜，楼上的晒台和屋内有多个人物形象，其形状、结构与当代傣族等许多热带、亚热带民族的房屋非常相似。值得注意的是，在一件房屋模型晒台的柱子上挂着一个牛头，十分显眼。笔者20世纪80年代在云南西南山地调查，对于景颇族、佤族村寨悬挂牛头的景象记忆犹新。那时凡到景颇族山寨，一进寨门，便可看到高挂牛头的木桩；凡进景颇族人家，屋后粮仓的门上必然能见到悬挂的牛头；如果有幸遇到烧地和播种前进行的农耕仪式，观看惨烈的剽牛和把带血的牛头高悬到竹竿之上，那情景更令人难忘！景颇族为何尊崇牛头？那是因为他们认为牛头可以避邪驱鬼、防灾佑福。

比较而言，悬挂牛头的习俗在佤族村寨更为盛行，而且更为壮观。景颇族在每个场所通常只悬挂单个牛头，而佤族却不同，各家悬挂数量不一，少者数个，多者十余个。原因何在？那是因为佤族不仅把牛头作为辟邪驱鬼、防灾佑福的吉祥物，而且还将其作为财富的象征，谁家牛头挂得多，便越显富裕和权势。观察滇国干栏式房屋模型，一看便知乃是富裕权势的贵族之家，房屋廊柱高悬牛头，自然如景颇族和佤族有其象征的深意。

在佤族、景颇族等山地民族中，剽牛是与牛头崇拜密切相关的仪式。在人们举行的农耕仪式和新年等节庆活动中，为了祭祀山神、神林、祖先、谷神等神灵，必定要剽牛。牛被剽杀之后，人们或争相抢食肉血，或每家每户平均分配。剽牛习俗，集娱乐、认同、信仰和具有生态学意义的蛋白质补充及平衡肉食分配功能为一身，千百年来经久不衰，而探索其源头，则可追溯到滇国的"剽牛祭祀铜扣饰"之上。

最后说艺术。滇国的青铜器，是滇人艺术的集中体现，是滇人留给后人的一笔珍贵的艺术财富。滇国青铜器以众多动物图像为装饰，形成了有别于中原等地青铜器突出的艺术特色。滇国青铜器为何偏爱动物图像的装饰？前文说过，原因可从滇人的生境、生计、动物崇拜以及冶炼铸造技术四个方面去探寻。而除此之外，应该还有一个很重要的原因，那就是滇人独特的审美情趣。大凡看过滇国青铜器的观众，都会对其塑造的琳琅满目、栩栩如生的动物图像留下深刻的印象，引发震撼和感动，原因何在？那就是美的力量。对于滇人而言，动物是家里、田中、山林须臾不离的"伴侣"，是其物质和精神世界的重要依托。从滇人的青铜图像不难看出，在滇人眼里，动物简直就是美的化身。其不同的形态，多样的习性，时时发生于眼前的一幕幕追逐、搏斗、撕咬、噬食的情景；骑士勇猛战斗、逐鹿的场面；猎人伏虎降豹的景象；牧者悠然放牧的画面，无一不蕴含着浓郁的美感。这种由动物带来的自然之美、生态之美、生活之美、情感之美，深深嵌入滇人的心灵，融入他们的血脉。滇人对于动物美的强烈感受，并由此创造的卓越青铜动物造型艺术，为人类生态文明的园地增添了瑰丽的奇葩。

结　语

本文的写作，意在通过对滇国青铜器动物图像的考察，并参考前人的研究，以探讨滇人动物认知利用的知识。目前，在生态人类学领域，传统知识研究的热情依然不减，但是其中一个现象值得注意，那就是植物研究较多，而动物研究较少。究其原因，大致有两点：其一，当代动物保护备受重视，世界各地均实施了严格的禁止狩猎的法规，随着狩猎时代的结束，其传统知识的研究似乎显得越来越不合时宜了。其二，由于电动机械的广泛使用，畜力退出了历史舞台；由于牲畜集约化生产的发展，家庭养殖业急剧衰落，民间畜牧传统知识因失去了载体而陷于难以传承的困境，这也使得学者们的调查研究越来越困难。然而，正因为如此，所以如何发掘、抢救古代和民间的动物认知和利用的传统知识，便成为当代学者面临的急迫且重要的课题。毕竟人类在工业社会之前近 300 万年都是密切依赖动物，与动物共生进化发展起来的。人类在如此漫长时期创造、积累的动物利用和共生的知识，没有理由任凭其自生自灭，淹没消亡。

环境与住屋

——哈尼族"蘑菇房"的适应性

一个民族的住屋建筑，与其语言、服饰一样，都是民族文化、地域文化的重要特征。红河哈尼族的"蘑菇房"和梯田一道，作为红河地区哈尼族的一个显著的文化象征符号，广为人知。哈尼族建寨环境的最佳选择是"凹塘"，村寨要素的配置有神林、神树、水井、寨门、磨秋（房）等，此外，最重要的就是住屋的建盖了。值得注意的是，红河哀牢山区哈尼族和南部西双版纳等地哈尼族的住屋形态截然不同，南部西双版纳等地哈尼族选择建盖的是木草结构的干栏式住屋，而红河哀牢山区的哈尼族则选择建盖土木结构的"蘑菇房"住屋形式。不言而喻，哈尼族两类住屋形态的形成均与生境风土和社会文化有关。本文关注蘑菇房，研究的旨趣在于，透过蘑菇房产生、建造、结构和形态的事象分析，考察其独特的环境文化适应性。

一 "蘑菇房"生成的原因

史诗《哈尼阿培聪坡坡》说："大地蘑菇遍地生长。小小蘑菇不怕风雨，美丽的样子叫人难忘；比着样子盖起蘑菇房，直到今天它还遍布哈尼家乡。"[1] 红河哈尼族把自己的住屋建筑称为"蘑菇

---

① 朱小和演唱：《哈尼阿培聪坡坡》，史军超等译，中国国际广播出版社 2016 年版，第 39 页。

房"，极其形象，似乎是天然生成，与环境浑然一体，散发着浓郁的自然山野气息，充满了生态之美，体现着人类文化适应的智慧。每当看到这样的家屋和聚落景观，不禁由衷赞叹，同时也会提出问题：适应环境的家屋样式，可有多种选择，哈尼族为何没有选择别的适应样式，而仅仅钟情于"蘑菇房"的设计创造呢？

人类住屋建筑的多样性，是文化多样性的体现。世界五大洲的家屋建筑形形色色、千奇百态；中国各地的住屋建筑亦形态繁多、风格迥异；云南俗称"植物王国""动物王国""民族大观园"，此外还有"民族住屋建筑博物馆"的美誉。据专家研究，云南住屋建筑可分为五大系列二十八种类型。第一系列为干栏式民居，该系列包括傣族的"干栏竹楼"，景颇族的"矮脚竹楼"，傈僳族、独龙族的"千脚落地木楼"，西双版纳哈尼族的"拥戈房"，德昂族的"刚底雄房"，佤族和拉祜族的"木掌楼"，壮族的"吊脚楼"，布朗族和基诺族的"干栏木楼"。第二系列为井干式民居，该系列包括纳西族井干木楞房，普米族和彝族的木楞房，怒族的"平座式垛木房"，独龙族井干式木房，中甸藏族的"土墙板屋"，洱源白族的"栋栋房"。第三系列为土掌房民居，该系列包括彝族的"土掌房"，哈尼族的"蘑菇房"，德钦藏族"土库房"。第四系列为落地式民居，该系列包括拉祜族的"挂墙房"，佤族的"鸡罩笼房"，哈尼族支系西双版纳爱尼人的"拥熬房"，瑶族的"叉叉房"，苗族的"吊脚楼"，布依族的"石板房"，白族的"土库房"。第五系列为合院式民居，该系列包括滇中及昆明地区的合院民居，滇西北大理、丽江地区的合院民居，滇东北会泽地区的合院民居，滇南建水、石屏地区的合院民居，滇西南地区的合院民居。①

住屋多样性的生成，有多种原因，其中环境因素无疑是最重要的原因。建筑学者杨大禹认为："一方水土养一方人，同样，一方水土也造就一方屋，云南各少数民族形式多样的住屋，基本上是其

---

① 参见杨大禹、朱文良编著《云南民居》，陈谋德、王翠兰《云南民居》，蒋高宸《云南民族住屋文化》等著作。

所处那一方水土的产物。"① 国外学者奥尔特曼（Altman）把"住家作为文化和环境关系的一种反应"。

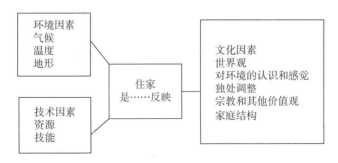

奥尔特曼住屋关系图（杨大禹，1997）

日本学者石毛直道提出影响居住形式的因素主要有八个：自然环境、生活方式、技术体系、村落形态、家庭形态、社会结构、精神结构和与异族的文化接触。② 八个因素里自然环境排在第一位。建筑学家蒋高宸认为：

> 各民族人民在历史上所创造的每一种住屋模式，都是在一定历史时期，在一定地理单元内，与一定自然环境和一定文化环境相适应的适应性模式，如果承认这个观点是正确的，那么，住屋模式化的机理乃存在于人们不断谋求造就与本地自然环境和所处文化环境相适应的最优居住空间的努力之中，这种努力或可称为人的调试；……上面所说的人的调适可以分为三类：其一，自然性调适，谋求住屋与自然环境的适应；其二，社会性调适，谋求住屋与社会环境的适应；其三，观念性调适，谋求住屋与观念意识的适应。③

---

① 杨大禹：《云南少数民族住屋——形式与文化研究》，天津大学出版社 1997 年版，第 2 页。

② 同上。

③ 蒋高宸：《云南民族住屋文化》，云南大学出版社 1997 年版，第 81 页。

文中强调住屋是人对于环境的适应性模式，而三个层次的适应首先是自然性适应，即与自然环境的适应。

人类住屋的自然环境适应，根据环境要素，有不同的层次，然而最基本、最核心的层次，乃是气候的适应，印度建筑师 C. 柯里亚提出的"形式服从气候"的观点，可谓经典。[①] 住屋的气候适应论，可资印证的案例比比皆是。在中国大地，无论是在地理纬度差异形成的多种南北气候带，还是在地貌垂直差异形成的多种垂直气候带，都存在形式迥异的住屋形式。即如云南，在 39 万平方公里的土地上，住屋形式的多样性何以如此突出？而且，为什么分布在不同地域的同一个民族会有截然不同的住屋形态？为什么同一地域不同的民族会居住相同的住屋形式？原因不是别的，就是气候，气候的文化适应。如果从这样的角度来理解的话，那么就可以明白，红河哈尼族选择建筑蘑菇房的住屋形式并非偶然，并非是一个孤立的现象，而主要是出于生境的适应，尤其是气候的适应。

按建筑学分类，哈尼族的蘑菇房属于土掌房系列。在云南，土掌房的分布主要是在红河流域的玉溪市和红河哈尼族彝族自治州一带，该区红河流域为干热气候区，土掌房即为干热气候区的住屋建筑适应方式。所谓干热气候区，是指年平均气温在 20℃ 以上，最高值可达 23.8℃ 的地区。最热月（一般为 7 月）的平均气温在 24℃—29℃ 之间，而最低气温在 0℃ 以上。年降水量最低为 611.1 毫米，最高为 973 毫米，一般在 800 毫米至 900 毫米之间。显而易见，在干热地区建筑的主要控制目标，是避免夏季建筑室内过热。土掌房正好是能够满足这一目标要求的优化形式。[②]

那么土掌房是一种什么样的房屋呢？土掌房是云南的一种独特的土生建筑，是用土坯或夯土筑成墙壁，在土墙上端横铺成排的木椽，椽子上再铺荆条和草拌泥使房顶成一平台。土掌房除房门外，墙上一般不开窗，或只开少量的小窗，从外表看，很像一座人工筑

①　蒋高宸：《云南民族住屋文化》，云南大学出版社 1997 年版，第 83 页。

②　同上。

成的方形土台。红河流域的土掌房，其四面围护的墙体为夯土墙或土坯墙，墙厚40厘米至50厘米，在石料取用方便的地方，也有在筑墙时先用石块或卵石砌起高约30厘米的墙角（为防雨水侵蚀墙基），在石脚上再筑夯土墙。如土质较好或排水方便的地方，多将土坯或夯土墙直接砌筑在地基上，即使不用石脚，也能使用很长时间。土掌房四周多设有排水沟，使雨水不易停留、侵蚀墙基。墙壁四周的高度一致，上端横铺木椽。木椽上的覆盖物根据房主的经济条件和当地材料情况而定，有的铺木板，也有辅竹子、荆条和树枝，上面再覆盖20厘米至30厘米的草拌泥和净土，然后捶打拍实拍平，形成屋顶。平顶既是晒台，可晒衣服、粮食，也可供人休息、乘凉，在山区和河谷缺乏平展土地的情况下，屋顶成为人们仅有的活动场所。土掌房多为平房、二层结构。土掌房厚实的土墙和土平顶有较好的隔热性能，加之不开窗或开窗小，大大降低了热辐射量，故房屋内冬暖夏凉，这是其突出的优点。土掌房适宜生活于干热（或干冷）气候环境中的人们居住，而且具有取材容易、建造技术要求不高、施工简便、容易修补、造价低廉等特点，所以一直是该区最为喜居的住屋形式。[①]

　　红河流域以土掌房为住屋的民族有傣族、彝族、哈尼族和部分汉族，傣族是该区最早的住民，当是土掌房的最先创建者。彝族、哈尼族等先民属北方氐羌族群，是在秦汉之后自北方陆续南迁的族群，他们在漫长的迁徙岁月中，停留过许多地方，尝试过不同的生活和居住方式，最后到达红河地区定居下来，受傣族先民住屋文化的影响，学习、接受了土掌房住屋形式。然而由于哈尼族居住山区，山区气候较为凉爽，冬季则阴冷潮湿，而且降雨量多于河谷地带。为了增加冬季的保暖和夏季的防雨功能，哈尼族于是在借鉴傣族土掌房形式和结构的基础上，加盖了形状呈四面坡的草屋顶。这样一来，土库形式的土掌房便成了有斜面草顶的"蘑菇房"，形成了哈

---

　　① 张增祺：《云南建筑史》，云南美术出版社1999年版，第159页。

尼族独特的住屋形式。

有学者对此有不同看法，认为蘑菇房应该是哈尼族先民固有的住屋形式，理由是哈尼族先民为羌人体系，羌人的古老住屋乃是“累石为室，高者至十余丈，为邛笼”的“碉楼”，蘑菇房的基本形态便是从“邛笼碉楼”的原型演变而来的。其说曰：“古羌人族群的文化构成是哈尼族文化之源，是哈尼族传统文化赖以发轫和生长的原始本根，建筑自不例外。邛笼建筑，是古羌人族群最古老的建筑样式，这在学术界是不争的共识。作为古羌人的后裔，构成哈尼族建筑原型的土掌房直接脱胎于邛笼建筑；哈尼族建造使用土掌房的年限，与本民族的历史一样久远。”①

此为一家之言，然仅为推测，惜无确凿证据。太多的事实业已说明，以族群源流论证区别族群住屋形式的观点是难以成立的。前文曾经说过，为什么同一族群在不同的栖息地会有不同的住屋形式，而不同的族群分布于相同的栖息地会有相同的住屋形式？原因就在于住屋形式的决定因素并非族源及其“传统”，而主要是环境和气候。哈尼族先民出自古羌确为共识，不过当代哈尼族毕竟不等同于羌族，何况现有考古资料并不能证实羌人住屋自古便是“邛笼碉楼”，和所有族群一样，羌族住屋形式也一定经历过由原始到文明的漫长复杂变迁过程。

值得注意的是，在哈尼族的口传史诗里，倒是有哈尼族先民住屋形式历史变迁的记述。史诗十分清晰地表明，“构成哈尼族建筑原型的土掌房”并非“直接脱胎于邛笼建筑”，而是脱胎于“岩洞”“鸟窝房”。远古，哈尼族先民生活在北方一个叫“虎尼虎那”的地方，他们居住山洞，靠采集狩猎为生：

> 虎尼虎那时代的先祖，
>
> ……

---

① 王学慧、白玉宝：《诗意家园——哀牢山系古村落建筑与文化》，云南民族出版社 2008 年版，第 53 页。

撵跑豹子，

他们就搬进岩洞，

吓走大蟒，

他们就住进洞房，

……

看见猴子摘果，

他们学着摘来吃，

看见竹鼠刨笋，

他们跟着刨来尝，

……①

史诗接着说，随着人口增长，山洞住不下了，便搬到洞外，在大树杈上搭建"鸟窝房"：

哈尼先祖养下了大群儿孙，

石洞不能再当容身的地方。

看见喜鹊喳喳地笑着做窝，

先祖也搭起圆圆的鸟窝房。

鸟窝房搭上树杈，

冷天暖和热天荫凉，

圆圆的房子开着圆圆的门，

堵起大门不怕虎狼。②

若干年代之后，哈尼族先民迁徙到一个叫"惹罗普楚"的地方，在那里"头一回开发大田"，开始了农耕生活，住屋建筑随之发生变化，初期的蘑菇房出现了：

---

① 朱小和演唱：《哈尼阿培聪坡坡》，史军超等译，中国国际广播出版社 2016 年版，第 12 页。

② 同上书，第 13 页。

惹罗的哈尼是建寨的哈尼。

一切要改过老样。

难瞧难住的鸟窝房不能要了，

先祖们盖起座座新房。

惹罗高山红红绿绿，

大地蘑菇遍地生长。

小小蘑菇不怕风雨，

美丽的样子叫人难忘；

比着样子盖起蘑菇房，

直到今天它还遍布哈尼家乡。①

　　蒋高宸先生曾根据上述《哈尼阿培聪坡坡》的记述，绘制了哈尼族从采集狩猎时代到农耕时代住屋建筑的进化演变图，观之则一目了然。

二　"蘑菇房"的建造和结构

　　蘑菇房属于土掌房系列，其建造方法与该区的傣族、彝族的土掌房大致相同。蘑菇房的墙基通常用石料砌成，墙基也叫墙脚，地上地下各高1米或半米，地下墙基一般宽1米，地上墙基宽40厘米到50厘米，其上两侧固定厚木夹板，木夹板长两米，宽50厘米，把土加入夹板捣捣夯实，夯土一段一段往上垒。墙高6米左右，墙壁一般不开窗，只是在正房后墙上留出一个小孔，用以透光和透气，太阳光可从墙孔直接照射到室内火塘上。墙筑成后，架设柱子和屋梁，柱子共立8根，中间两根，每个墙角立一根，柱子底部垫50厘米高的石墩，起到防潮湿腐的作用。柱子与柱子之间架设木梁，形成稳固的"框架结构"。蘑菇房通常建盖两层，隔层楼板使用竹片或木板。屋顶先铺细竹子或竹片，其上铺稻草，再加压10厘米的

---

① 朱小和演唱：《哈尼阿培聪坡坡》，史军超等译，中国国际广播出版社2016年版，第38页。

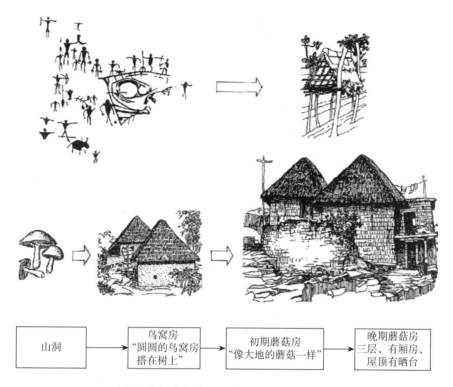

| 山洞 | → | 鸟窝房
"圆圆的鸟窝房
搭在树上" | → | 初期蘑菇房
"像大地的蘑菇一样" | → | 晚期蘑菇房
三层，有厢房，
屋顶有晒台 |

哈尼族先祖造屋传说示意图（蒋高宸，1997）

土层并拍实。半山多雨，所以屋顶要加盖草顶，草顶呈 V 字形或四斜面，草顶以竹子做框架，以篾片绑定椽子，然后覆上多重茅草。草顶斜度一般为 45 度，利于雨水流淌，可增强其稳固性和使用寿命。

蘑菇房有两层和三层结构样式，两层结构由正房、耳房、前廊组成。前廊与耳房顶部为夯实的泥土平台，是休憩纳凉和晾晒农作物之所。正房底层为畜圈，并堆放农具。二层是居住、做饭、休息、会客的空间，用木板隔成左、中、右三间，左右两间为卧室，中间设一常年生火的方形火塘。火塘里立三个石头或铁三脚架，作为"锅架"，火塘旁有土灶，辅以煮饭、炒菜或煮猪食。二层屋顶夯土，上面加盖高度三四米的草顶。二层屋顶和草顶之间的空间叫作

"封火楼"，用以贮藏粮食、瓜豆或其他食物。耳房多为一层，也有建做两层的，楼下关牛马，猪狗或禽类，楼上住人。通常老人、大人和小孩住正房，成年儿子姑娘住耳房，耳房也是青年男女娱乐和谈情说爱的空间。

三层结构的蘑菇房，底层关马圈牛，堆放谷船、犁耙等农具，二层为卧室、厨房、客厅并连接平台，三层置放粮食柴草等物。

蘑菇房门口常设置一口大水缸，水缸多为一块儿完整的石头凿成，也有用混凝土制造的，常年蓄水以备消防之用。[1]

金平县哈尼族的蘑菇房分两种，名为"糯美"和"糯比"。"糯美"型为二层，不设畜圈，正房底层隔为二间，一作卧室；另一作堂屋兼厨房，前面为一封闭围廊，楼层作卧室和储藏，分隔视需要决定。"糯比"型平面为曲尺型，空间划分和使用安排与"糯美"型基本相同。

哈尼族的房屋按用途分有三种，第一种是住屋，是主体；第二种是田棚；第三种是水碾房，均为蘑菇房形态。

哈尼族耕种梯田，梯田分布于山谷，大多离村子较远，且谷深坡陡，所以需在远离村寨的梯田里建筑田棚。春耕和收获的农忙时节，住在田棚，可省却山路往返疲劳，大大延长劳务时间，利于抓住节令抢种、抢收；农闲时牲畜放牧于田间，田棚可做畜圈；稻谷收割后，可暂时存于田棚，有时间再慢慢运回村寨。过去田棚都盖成蘑菇房式样，体量较小，现在用塑料等材质的瓦片取代稻草的田棚逐渐增多。田棚有的建一层，有的建两层。一层结构的田棚人与鸡鸭共住屋内，牛马拴在田棚外；二层结构的田棚人住楼上，楼下为畜圈。

水碾是我国南方稻作地区普遍应用的重要谷子脱壳加工设施，水碾以水力驱动碾轮压碾谷子使之脱壳，是传统农耕社会稻谷加工的代表性科技创造杰作。据《元阳县志》记载，哈尼族的水碾是20

---

① 资料来源于红河哈尼族彝族自治州方志办公室文件。

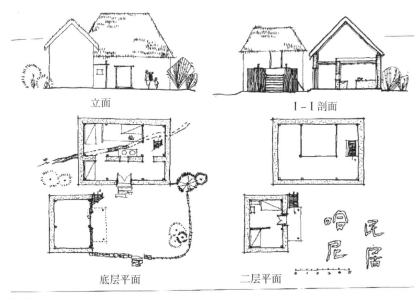

立面　　　　　　　　　　　Ⅰ–Ⅰ剖面

底层平面　　　　　　　二层平面

10－32

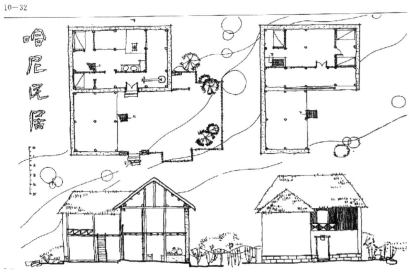

哈平县哈尼族的蘑菇房，上图为"糯美"型，

下图为"糯比"型（杨大禹，1997）

世纪 20 年代从两广地区引入的。在 20 世纪 80 年代之前，红河地区大多数哈尼族村寨都建有水碾房。水碾房也按蘑菇房式样进行建设，管理由村民轮流负责，或设专门看护人员。收获时节，水碾、水碓

日夜不停地运转，成为哈尼族梯田文化和村寨景观的一道靓丽风景。

三 蘑菇房的适应性

蘑菇房是环境适应的产物，总结其适应性，主要表现为以下几点：

1. 气候适应性。蘑菇房土墙厚重，开窗小，上覆斜面草顶，适应哀牢山区日温差较大、夏季多雨、冬季阴冷潮湿的亚热带山地季风气候，冬暖夏凉，具有遮风挡雨的良好功能。

2. 资源适应性。土掌房主要建筑材料为土、木、竹、草，土、木、竹可就地取材；稻草产自梯田，一举多得，物尽其用。

3. 乡土社会适应性。蘑菇房由村民自建，房屋设计、伐木、木材加工、取土、夯土、建竖柱梁屋架、搭建修葺草顶等均为乡土知识，无须外界参与帮助。哈尼古语说"大的田地可以一个人挖，但房子不可能一个人盖"。一家盖房，全村参与，此习俗发挥着传承乡土团结互助精神的优良传统，以及增强村民凝集力和亲合力的功能。

4. 农耕生产生活适应性。蘑菇房的空间结构布局，能够很好地满足农耕生活的需要：一层为畜圈，可解决耕牛等牲畜的饲养并可获得稳定充足的厩肥；二层、三层空间包括起居、厨房、进餐、祭祀、仓储等，利用率极高；耳房、回廊等顶部设置的露天大平台，具有晾晒谷物、脱粒筛糠以及家庭聚会、纳凉休憩的特殊功能。蘑菇房形态的水碾房和田棚，亦具备上述经济、实用的功能。

5. 生态环境适应性。这里说的生态环境适应性，主要是指蘑菇房的形态、材质、色调及其聚落景观，均与山地的生态环境、自然景观十分协调，体现着人与自然和谐、天人合一的人文生态之美。

哈尼族蘑菇房的环境适应性显而易见，不过从现代的眼光看，也存在若干适应的缺陷，例如：

1. 因建造技术粗放，建筑质量欠优，是传统蘑菇房和土掌房普遍存在的问题。由于此，所以容易变形破损，抗灾性能较差，修缮较为困难。

2. 传统蘑菇房人畜共居，便于饲养管理和积肥，然而细菌滋生，空气污浊，环境卫生较差，不利于人的健康。

3. 蘑菇房土墙厚实，开窗小，有冬暖夏凉的优点，不过也造成屋内光线昏暗，通风不良，加之火塘整日柴火不断，烟熏火燎，四壁黝黑，降低了居住的舒适度。

4. 蘑菇房屋顶以木竹做框架上面覆盖稻草，可避雨挡风，防潮保温，然而草房容易发生火灾，加之哈尼村寨家屋密集，失火后果严重，这是毫毛斧柯；草顶三五年更换一次，较之使用板瓦盖顶，成本高，费时费力；草顶稻草源于梯田传统种植的高秆稻种，传统高秆稻种产量较低，现在多被矮秆杂交稻所取代，如果固守传统草房建筑，那么将面临优质稻草短缺的困难。

5. 没有卫生、供水、供电等设施，是几乎所有传统民居的弊端，蘑菇房也不例外。相对而言，供水和供电问题比较容易解决，卫生设施的改造涉及观念和生活方式，要达到相应的水平，还需要一个过程。

哈尼族的蘑菇房，是历史时期或称传统农耕时代，哈尼族对其生态环境文化适应的产物，其良好的适应性毋庸置疑，然而由于历史的局限，蘑菇房也存在着上述若干非适应性的缺陷。历史翻开了新的一页，随着时代的进步，随着人们生活方式和观念意识的改变，随着社会经济的发展和科学技术的提高等，为消除和弥补传统文化中非适应性的缺陷，传统适应方式必然要进行调适和某些变革。蘑菇房也如此，近50年来，红河地区哈尼族村寨景观已然发生了显著变化，在许多村落，蘑菇房已经和正在消失，代之而起的是毫无特色、千篇一律的钢筋水泥房，住居条件改善了，村落的民族特色却淡薄了，失去了往昔浓郁的生态文化意象。这种发展的选择，是多种因素综合作用的结果，其中不排除现实功利的驱动，不过，其最大的推动力，却是来自片面否定传统文化和盲目崇尚外来文化不良思潮的主导。

道路是曲折的，经过历史的检验，人们逐渐明白了这样一个道理：对于传统文化，全盘否定，彻底抛弃是错误的；传统与发展的关系，采取"不破不立""砸烂旧世界建立新世界"的极端做法是十分有害的；正确的方针，应该是珍视优良传统，继承和弘扬优良传统，并与时俱进，适应社会发展，对传统文化的消极因素进行改良和革新。红河哈尼族蘑菇房的存亡，是涉及民族历史文化传承和建筑文化遗产保护的大事，不仅如此，它还是现实社会经济发展可供开发利用的宝贵资源。红河哈尼梯田于 2013 年成功申报为"世界文化遗产"，在诸多申报的条件中，以蘑菇房为核心的村落景观占有重要地位，一直是评委们关注的一个重点，足见其社会文化价值。时下乡村振兴运动如火如荼，乡村旅游成为实现乡村振兴的重要途径。然而无论是国外还是国内，几乎所有旅游胜地都昭示着这样一个真理：绿水青山是金山银山，古屋幽村也是金山银山。

诸多事例说明，某地村落景观保持维护得好，传统住屋保护改良得当，其旅游业必能兴旺发达。有鉴于此，我国几乎所有的乡村旅游胜地都将传统村落和民居的保护整治作为大事来抓。我国的几个著名的梯田农耕区也不例外，为了解决梯田保护与发展的矛盾，促进生计方式多样化转型，都制定了相应的旅游发展战略，致力于梯田农业遗产与传统村落建筑遗产的融合发展。目前，广西龙脊梯田地区壮族和瑶族的落地木楼，贵州黔东南梯田地区苗族侗族的吊脚木楼，湖南新化紫鹊界梯田地区苗瑶侗汉族的干栏式板屋，闽粤赣交界地带梯田地区客家人的土屋等优秀建筑文化遗产，由于各具形态、特色鲜明，所以深受游客青睐，已经成为不可替代的特色旅游资源，产生着显著的社会和经济效益。多年来，在红河州政府的主导下，哈尼民众自觉行动，社会各界积极参与，哈尼蘑菇房的保护、改良、修复已经取得一定成效，尤其是在包括元阳县、红河县、金平县等在内的哈尼梯田核心区，传统蘑菇房聚落景观又得以恢复重现，与壮丽梯田融为一体，相映成趣，美不胜收，成为国内外游客向往的世界级风景名胜区。

照叶树林文化

——云南与日本

　　郭沫若先生有诗说:"黄河之水通江户,珠穆峰连富士山。"诗句形象地写出了中日之间一衣带水、源远流长的睦邻关系,然而纵观两千年来的中日文化关系史,史家的研究多为中国东部沿海地区及中原地区与日本列岛的交往,人们津津乐道的也是长安与奈良、江南与九州。如果说到云南与日本,其间有三千多公里山川之隔,有内陆高原和海中列岛之异,很难想象在交通闭塞的古代,两者之间会有什么联系。然而,令人困惑的是,近年来在日本人民中可以说确实出现了一股"云南热"。不少日本客人都自称到云南来"寻根",并说云南的一些少数民族是他们的"祖先";一些日本学者也争相前来调查研究云南的少数民族,以探求日本文化的源流。人们不禁要问,这股"寻根热"究竟是怎么一回事呢?为了回答这个问题,笔者详细收集了日本学者的相关研究文献,对其代表性的几种"云南寻根论"进行评述,供学界和社会参考。

一　日本与云南的寻根热

　　日本人是什么样的人?他们的"根"究竟在什么地方?这是日本人民十分关心的问题,然而要回答这个问题却不那么容易。在这里,我们首先应搞清楚日本学者所探寻的"日本人"的定义,他们所探寻的日本人"并不只是指远古生存于日本列岛的人类,……我们要寻求的应该是掌握了使日本人成为日本人的文化诸特征的直接祖先，也可以说是寻求日本文化的根"①。

"寻根"也许是所有岛国共同的文化史课题吧，而日本独特的地理特征又使这一问题的内容更为丰富多彩。日本列岛东西距离仅为 200 公里，可是南北距离竟长达 2400 公里，它呈一条弧形岛链紧紧地环绕着几乎整个亚洲大陆东缘，隔着并不广阔的日本海、黄海和东海，日本列岛北向西伯利亚，中与朝鲜半岛、中国东部和东南部相望，南指中国台湾及菲律宾群岛。面对着如此广阔的地域，尽管历史早已淹没了日本文化源流的真相，大海早已冲刷了日本文化传播道路的痕迹，然而在日本历史学界、考古学界、语言学界，尤其是民族学界，还是提出了种种文化源流论。如日本文化"北来说""南来说""海上之路说""南岛文化说""稻作文化说""骑马民族说""复合文化说""照叶树林文化说""枹叶树林文化说""倭人起源于云南说"等。其中，照叶树林文化说和稻作文化说认为日本文化与云南有渊源关系，倭人起源于云南说则进一步认为倭人是由云南高原迁徙到日本的。为了使读者可以详细地了解这三说的内容，现将关于三说的主要著作汇集于下：

1. 中尾佐助：《栽培植物和农耕的起源》，日本岩波书店 1966 年版。

2. 上山春平：《照叶树林文化——日本文化的基础》，日本中央公论社 1969 年版。

3. 佐佐木高明：《热带的砍烧地农耕——文化地理学比较研究》，日本古今书院 1970 年版。

4. 渡部忠世：《泰国糯稻栽培圈的形成》，载《人类学季刊》1970 年 1—2 期。

5. 佐佐木高明：《稻作以前》，日本广播出版协会 1971 年版。

6. 佐佐木高明：《日本砍烧地农耕——地区比较研究》，日本古

---

① 佐佐木高明：《照叶树林文化的道路——从不丹、云南到日本》，日本广播出版协会 1983 年版。

今书院 1972 年版。

7. 渡部忠世、佐佐木高明：《栽培稻的起源和发展》，载《人类学季刊》1974 年 5 月。

8. 村上顺子：《流传于中国西南部少数民族中的洪水神话》，载《东亚的古代文化》1975 年。

9. 渡部忠世：《亚洲栽培稻的传播途径——阿萨姆和云南起源说》，载《考古》1975 年 7 月。

10. 上山春平、佐佐木高明、中尾佐助：《续照叶树林文化——东亚文化的起源》，日本中央公论社 1976 年版。

11. 佐佐木高明：《照叶树林文化和稻作的系谱》，载《古代史的观点》，日本朝日新闻社 1976 年版。

12. 渡部忠世：《稻米之路》，日本广播出版协会 1977 年版。

13. 鸟越宪三郎：《探寻日本民族之源》，《每日新闻》1979 年。

14. 饭沼二郎：《日本的古代农业革命》，日本筑摩书房 1980 年版。

15. 鸟越宪三郎：《探寻古代倭族》，《每日新闻》1980 年。

16. 鸟越宪三郎：《充满活力的倭人》，《每日电视》1980 年。

17. 渡部忠世：《东西稻米之路考》，载《本》1980 年第 6 卷第 9 号。

18. 栉渊钦也：《云南的自然、稻子和人》，载《农业技术》1980 年。

19. 坂口谨一郎：《发酵——东南亚的智慧》，载《东亚农品文化》，日本平凡社 1981 年版。

20. 佐佐木高明：《茶和照叶树林文化——东亚北部山地茶的原始饮用形态探讨》，载《茶文化的综合研究》第二部，日本淡交社 1981 年版。

21. 守屋毅：《茶之路》，日本广播出版协会 1981 年版。

22. 佐佐木高明：《照叶树林文化的道路——从不丹、云南到日本》，日本广播出版协会 1982 年版。

23. 森田勇造：《探寻倭人的源流——云南、阿萨姆山地民族调查之行》，日本讲谈社 1982 年版。

24. 鸟越宪三郎：《原弥生人的渡来》，日本角川书店1982年版。

25. 鸟越宪三郎、若林弘子：《云南之路》，日本伊奈画廊1982年版。

26. 若林弘子：《佤族的干栏式住房》，载《风俗》1982年22期（1）。

27. 鸟越宪三郎：《始于云南的道路——探寻倭族之源》，日本讲谈社1983年版。

28. 佐佐木高明：《日本农耕文化的源流》，日本广播出版协会1983年版。

29. 佐佐木高明等：《在云南的照叶树下——国立民族学博物馆中国西南部少数民族文化学术调查团报告》，日本广播出版协会1984年版。

如果了解一下上述著作和论文的内容，那么，至少可以明白如下两个问题：

第一，从时间上来看，到云南引良的有关研究始于20世纪60年代末期，到了70年代，特别是在70年代末至80年代初这一段时间达到了高潮。最新的著作《在云南的照叶树下——国立民族学博物馆中国西南部少数民族文化学术调查团报告》，是1984年5月才出版的。该书是以国立民族学博物馆的成员为中心组成的1982年西南少数民族调查团的调查研究报告，七名团员分别是民族学、民族植物学、蔬菜园艺学、社会人类学、音乐人类学的学者，此外还有一名特派记者。该书汇集了九篇研究云南及其周围地区的论文；涉及面较广，体现了日本学者研究云南的新的深度和广度。

第二，从研究领域看，到云南寻根的研究是从作物学、民族植物学、历史学、民族学等方面展开的，而最主要的则是比较民族学的研究。从研究者来看，研究云南著作较多、有创见的学者是大阪府立大学中尾佐助教授，日本国立民族学博物馆的佐佐木高明教授，京都大学东南亚研究中心所长渡部忠世教授，大阪教育大学鸟越宪三郎教授等。

那么，日本学者到云南寻根的学术研究具体有哪些内容呢？

二　共同文化要素的比较

无论是照叶树林文化说、稻作文化说，还是倭人起源于云南说，都主要是依据实地调查的材料，力求通过对大量的共同文化要素进行对比研究，从而论证云南与日本之间的文化渊源关系。这里拟将上述三论中所举共同文化要素摘录出来，分类进行介绍。

（一）住居

1. 干栏式住房　从云南晋宁石寨山出土的滇国的铜房子，是干栏建筑物；傣族、哈尼族至今仍住干栏式住房（布朗族、拉祜族、基诺族也住干栏式住房）。从日本奈良县的佐味田宝塚古坟出土的家屋文镜和从东大寺古坟出土的铁刀环头饰上的家屋文，皆系由正房和晒台组成的干栏式住房，两件文物都是3世纪末至4世纪初的文物。

2. 千木和千木组　千木为屋脊两端的破风板或破风竹交叉伸出屋脊的两只角，千木组为并列于屋顶上卡压茅草的交叉压木（或压竹）。云南石寨山滇王墓出土的铜房子上有千木和千木组，哈尼族、拉祜族等现在的住房还保留着千木和千木组的形式。日本香川县出土的铜铎上画有高仓建筑，高仓屋脊上有与滇国铜房子相同的千木组；现在在日本一些神社和民家的屋顶上也还可以看到千木。

3. 顶梁柱　哈尼族、缅甸克伦族干栏式住房的一个显著特征是以顶梁柱直接支撑脊梁；日本伊势神宫的正殿和外宫的御撰殿等还保持着这种形式，日本出土铜铎绘画上的高仓的顶梁柱也与此相同。

（二）食物

1. 大豆发酵食品　云南有不少种类的豆豉、豆酱、醋、酸鱼肉等，日本也有很多发酵食品，最典型的如豆酱和酱油等。

2. 以曲酿酒　云南的米酒、烧酒等，是利用曲的酵素力使淀粉糖化、发酵来酿酒，日本清酒等酿法也相同。

3. 茶　云南南部自古就有独特的"嚼茶""吃茶"等发酵茶，布朗族还制作"竹筒茶""酸茶"等发酵茶；日本四国山地的一些地方，现在还继承着这种独特的发酵加工茶叶的技术，以制作"碁石茶"和"阿波番茶"。

4. 糯食品　云南西双版纳有糯米饭、糯米粑粑、糯糕、粽子，节日吃黄饭或紫米饭；日本也有粽子等，节日则吃小豆染色红饭，静冈县的滨松也吃用栀子果实染色的黄饭。

（三）服装

1. 贯头衣　石寨山出土的滇国贮贝器腰部绘画中，有一人身穿袈裟式贯头衣；现在哈尼族、缅甸克伦族还穿贯头衣（云南古代的哀牢人、布朗人和崩龙人等也穿贯头衣）。在日本出土的古坟时代的埴轮人像中，也能辨认出身穿贯头衣的女像。

2. 贯头衣绘画技法　云南沧源崖画将穿贯头衣的人物画成简单的三角形；日本香川县出土铜铎绘画中身穿贯头衣的人像也被画作三角形。

3. 披肩　云南石寨山出土滇国贮贝器的盖子上有披披肩的人物像（哈尼族在盛装时要披披肩）；日本古代、现代在举行神祭时都要披披肩。

（四）农耕礼仪

1. 人头祭　云南石寨山出土的两个贮贝器的盖子上都有表现杀人祭祀的场面；杀人祭祀在侃族中一直流行到新中国成立初期。日本典籍《日本书纪》和《今昔物语》中，有关于日本杀人祭的记述；长野县的诹访大社祭曾有猎头礼仪；中国史书《春秋左传正义》也有东夷"杀人而用祭"的记载。

2. 播种、插秧、收获礼仪　哈尼族和缅甸克伦族等在播种时要举行求雨仪式，要重建寨门，要在神林中、宅地内、谷地里建造祈愿丰收的小神房；当稻子长到10厘米左右时，又要新建小神房，并杀牲祭祀，收获时要以新谷祭神，还有尝新习俗。日本人播种时有水口祭，栽秧时有插秧祭，收获时有神尝祭和新尝祭。

3. 插秧歌　撒尼人有插秧歌。日本广岛县山县郡千代田町还保留着叫作"大花插秧"的礼仪，悠扬的笛、鼓、锣声伴奏着手拿竹刷的参拜人的歌声，头戴草帽、身穿碎白点花纹衣的插秧姑娘们一面唱歌，一面把秧插到田里。

（五）宗教信仰

1. 神林和神树　哈尼族建造村寨要预先选定神林和神树（景颇族、佤族、布朗族、彝族、纳西族等都有神林、神树崇拜）；日本也有所谓"守护神的丛林"崇拜。

2. 寨门和草绳　哈尼族等要在村外建立防止恶鬼进入的寨门，拉祜族等则在村口悬挂草绳，这是寨门的简化形式；日本神社都有与哈尼族的寨门意义相同的大门——鸟居，琵琶湖畔的菅浦村现在还保留着村门，奈良县的都祁村、中山町、柏森村的出入口处都悬挂着草绳。

3. 咒符和咒具　哈尼族的寨门上有锯齿形刻纹咒符，还有鬼眼等咒具；在哈尼族、拉祜族，缅甸克伦族的家门、仓库门上和神林中，都有竹编的套环绳、鬼眼等咒具。日本神社的"鸟居"上和村子出入口处，也有类似的咒具，如"请神绳"、鬼眼，装有击鬼石的竹笼等。

4. 鸟崇拜　云南石寨山出土的贮贝器腰部描绘的谷仓，屋顶上有三只鸟，沧源崖画中两幢干栏房屋上分别有两只鸟，哈尼族、拉祜族的寨门上也有木雕的鸟。日本神社大门上都装饰木鸟，因而被称为"鸟居"；日本出土的家屋文镜的屋顶上有鸟图案，现在日本大阪府南河内郡河南町河内村民家屋顶上还装饰着鸟图案。

5. 神竿　拉祜族一般在村长家和寺庙里竖立挂有白旗的竹竿，村长家的家神即供在旗杆根部的屋角；日本出土的家屋文镜上的两幢干栏住房也插着竹竿，竿上吊着斗笠。

6. 蛇崇拜　滇国的青铜器很多都以蛇为装饰；日本大和三轮山有关于蛇神的传说，还有对多头的八歧大蟒的崇拜等。特别是石寨山古墓出土了汉朝廷所赐的金印，日本志贺岛也出土了同是汉朝赐给的金印，两颗金印同为蛇纽。迄今为止，已发现了不少中国王朝赐予各国的各种金印，然而其中只有滇国和倭国的金印是蛇纽，这

231

是因为当时的中原人是将东海的倭人与云南高原的滇人作为同族或极相类似的民族来看待的缘故。

7. 性器崇拜 哈尼族在寨门下设置显露性器的男女祖先木雕像（白族所建云南剑川宝山石钟寺石窟第八层窟内供奉着一具石刻女性生殖器）；日本奈良县飞鸟川上游的柏森村口悬挂着稻草绳，入口稻草绳户央吊挂着用稻草编成的男性生殖器，出口则吊挂着女性生殖器。

8. 山岳崇拜 撒尼人崇拜圭山，苗族和瑶族人死后要葬于山顶；日本也有山岳信仰，有把山作为人死后归宿的山上冥界观。

（六）神话、习俗、节庆

1. 神生五谷的神话 在中国典籍《山海经》中，有后樱死后在其葬地长出五谷的神话。其葬地为"西南黑水之间"即今云南、四川交界处。日本古籍《古事记》和《日本书纪》都记述着掌食女神死后从其身体各部分长出五谷的神话。

2. 创世和洪水传说 在云南绝大多数少数民族中流传着洪水传说和兄妹创世传说；日本有叫作伊装诺尊和伊装冉尊男女二神创世的神话和类似的洪水传说。

3. 占卜 哈尼族有以鸡骨占卜凶吉的习俗（云南不少民族都有此俗）；《魏志·倭人传》说："其俗举事行来，有所云为，辄灼骨而卜，以占吉凶，……"

4. 对歌 云南大多数少数民族有对歌的习俗。日本文献《常陆风土记》《万叶集》记述古代日本对歌习俗时涉及摄津、肥前、出云、前原等日本各地；在日本四国山地高知县大丰村旧历七月六日的祭祀中，最近还在举行对歌。

5. 黥面文身 据《云南北界勘察记》（1933年）所载，属于云南北部的独龙族妇女有黥面的习俗；至于文身习俗现在仍然流行于傣族、拉祜族、哈尼族等民族中。《魏志·倭人传》说："男子无大小，皆黥面文身。"

6. 新娘戴斗笠 哈尼族在举行婚礼时，新娘头戴斗笠；日本中部、东北地区，新娘入门时也戴营草斗笠。

7. 三圈绕的习俗　傣族举行葬式，亲属们一同围绕棺材向左转三圈。拉祜族在火葬时绕尸体转三圈。日本则是使棺材向左绕三圈；新娘入嫁首先要在灶旁向左绕三圈。

8. 火把节　撒尼人、阿细人于旧历六月二十四日夜举行火把节（白族、阿昌族、纳西族等也都有火把节）。日本有与其类似的盂兰盆节；在日本的纪伊半岛的熊野那智大社，七月十四日也举行火把节。

9. 龙舟赛　西双版纳的傣族每年要在澜沧江举行一次龙舟比赛；日本的冲绳、长崎、山口县的萩市和歌山县的新宫市以及爱媛县的由良等地也有划船比赛。

（七）其他

1. 漆器　云南有漆木碗、漆木盆、漆竹器等；在云南至缅甸北部的德昂族和帕拉温族中还继承着佩戴竹制的涂漆腰箍和手箍的习惯。在日本福井县鸟滨贝塚绳文时代前期的文化层中，曾发现过漆梳、漆钵和漆盆。

2. 臼　哈尼族、缅甸克伦族等有舂米的手臼和脚臼；云南沧源崖画中描绘着以杵舂臼的情景。日本香川县出土的铜铎绘画中也有舂臼的场面；日本瓜生堂遗迹曾出土过手杵，福冈县汤纳遗址则出土过臼。

上述云南与日本所具有的共同物质文化要素，共7类32项，数量之多令人吃惊！仅用"奴隶社会之前的共同文化特征"来解释这一现象，显然说明不了问题，那么，大量类似性的根源究竟在哪里呢？下面将从三个方面来阐明。

三　照叶树林文化之源

云南与日本之间之所以存在着大量共同文化要素，首先是因为它们都处于照叶树林带之内，都具有共同的史前文化——照叶树林文化。

照叶树林文化论是日本民族学家提出来的，它的含义如下：

从喜马拉雅山山脉中部直至日本西部这一延绵五千公里的地带，是东亚一大自然地理带。在这一亚热带湿润地带，生长着以青冈栎类为主的常绿阔叶林——照叶树林，因此，这一地理带也被称为照叶树林带。照叶树林带的山地和森林，孕育出不同于其他地带的独特的文化，其最基本、最重要的文化内容是以栽培杂粮（包括陆稻）和薯类为主的砍烧地农耕。此外，照叶树林带还具有一些显著独特的文化要素，加以水漂法去除鸟糯、葛等野生薯类及青冈栎等的坚果涩味而食用的方法，加工茶叶的技术和喝茶的习惯，从蚕茧抽丝织绢，造漆技术，柑橘和紫苏的栽培和利用，以曲酿酒等等。在神话及礼仪方面、如神体生长五谷的神话、创世神话、洪水神话等，都在居住于照叶树林带内的少数民族中广为流传。此外，还有对歌的风俗以及山上冥界的观念等，也都是这一地带共同的文化要素。

在日本的传统文化中，深深地打着照叶树林文化的烙印，时至今日，在日本的传统文化中还可以看到不少照叶树林文化的痕迹，照叶树林文化论否定了弥生时代日本金石器并用时代，公元前3世纪到公元3世纪形成的稻作文化是最早的日本文化这一定说，认为在稻作文化传入日本之前的绳文时代（日本新石器时代，公元前七八世纪到公元前3世纪）末期或弥生时代初期，以栽培杂粮和薯类为中心的照叶树林砍烧地农耕文化即已传到了日本，它应是日本最早的基层文化，是产生水田稻作、形成稻作文化的母体文化，这就是照叶树林文化论的主要观点。

日本学者提出的照叶树林文化论，复现了日本绳文末期的古老文化，将日本农耕文化的起源上推了好几百年。可是在今天的日本，照叶树林文化已是蛛丝马迹，仅残留于部分传统文化之中，而在云南少数民族地区，这种文化却仍然普遍存在。

在从喜马拉雅山脉中部至日本西部这一广阔的地带中，云南大体居于中部。它汇集了长江、珠江、红河、循公河、萨尔温江、伊洛瓦底江等江河的上流，布拉马普特拉河上流的一条源流距云南也极近。这些河流从云南向四面八方流去，成为云南与西藏高原、南亚、东南亚、东亚联系的便利通道。日本的照叶树林论者非常重视云南这一突出的地理特征，将云南称作"扇子骨"水系的汇集地、"亚洲的水塔""古代人类迁徙和文化交流的中心"。

这样的自然条件使云南高原自古便成为多民族活动的历史舞台，今天也仍然是世界上民族最为集中的地区之一，共分布着 25 个少数民族。由于种种原因，云南 25 个少数民族的发展呈现出极大的差异性，直到新中国成立前夕，不少民族还处于原始社会后期阶段。而越是在后进民族之中，照叶树林文化便越典型、越丰富。这种事实一方面说明了照叶树林文化的原始性，同时也说明了云南乃是这种文化的渊源地。日本学者说："如考虑构成前述照叶树林文化的各种各样的文化要素——稻米、稗子及荞麦等的起源地，制造茶、绢、豆酱、蒟蒻、漆、紫苏、曲酒等技法，以鱼鹰捕鱼以及对歌风俗等——的分布，那么这些要素分布最多、最密集的地域就是以云南高原为中心，西起阿萨姆东至湖南省这一大体呈半月形的地域。我们将西亚的农耕起源地称为'肥沃的半月形地带'，而将这一构成照叶树林文化的中心地域叫作'东亚半月弧'。"①

日本所具有的所有的照叶树林文化要素，都可以在云南找到它们的根，以至于日本学者在云南考察时，往往会产生回到"故乡"的亲切感，这乃是文化渊源的缘故。

四　稻作文化之源

如前所述，日本最早的农耕文化并非是稻作文化，而是以栽种杂粮和薯类为主的砍烧地农耕文化，然而，在弥生时代传到日本列岛的稻作文化，对于日本社会的推动力却是巨大的。日本学者中村新太郎曾将稻作文化之前的日本列岛称为"饥饿的神仙岛"，他认为当时拯救了日本列岛饥馑的人们和他们的妻子的是"稻子传来了"，② 水稻传到日本，随之也传去了种稻的先进生产工具；为适应

---

① ［日］佐佐木高明编著：《在云南的照叶树下》，日本广播出版协会 1984 年版，第 8 页。
② ［日］中村新太郎：《日中两千年》，张柏霞译，吉林人民出版社 1980 年版，第 4 页。

水稻农耕，日本列岛上原有的生产方式必须要发生一个飞跃性的变化。"这些变化，对于长时间停滞在原始社会中的日本列岛上的人民来说，是有决定性意义的。"① 那么，在日本古代史上曾起了如此重大作用的水稻，是通过什么样的道路传到日本去的呢？

要回答这一问题，首先必须搞清楚亚洲栽培稻的起源地。关于这个问题曾有几种不同的说法，日本的盛永俊太郎教授首先提出亚洲栽培稻起源于锡金一带，即起源于亚洲热带高纬度地带的学说。国际稻米研究所的育种学家张德慈主张亚洲栽培稻起源于"从喜马拉雅山麓的恒河沿岸通过上缅甸、泰国北部和老挝至越南北部及中国南部这一广阔的地带"。中国农学家柳子明认为云贵高原一带是亚洲栽培稻的起源地。而在日本学术界和日本人民中比较有影响的看法，则是日本作物学家渡部忠世提出的亚洲栽培稻起源于印度东北部的阿萨姆和中国云南的学说。②

渡部忠世为了探明亚洲栽培稻的起源地，进而复现出传播到日本的稻米之路，自1963年起曾多次到东南亚和印度进行调查。他不仅详细地考察了这一地区现存的稻种，而且对其古代稻种也进行了仔细的考证和研究。为了搞清楚古代稻种，渡部氏采用了如下有趣的方法。在印度和东南亚，古代建筑多用掺拌了稻草和谷壳的土基建造，如果知道了古建筑的建造年代，那么，也就大致确定了土基中谷壳的年代。靠此方法，渡部氏在印度收集到远达公元前五六世纪的谷壳，在东南亚也收集到了公元1—2世纪的谷壳。他对收集到的大量谷壳进行精密地计测和系统地分类，其结果与现有稻种调查的结果相符，即稻子种类最多、最为密集的地区乃是阿萨姆和云南。另外一个明显的事实是，按谷壳年代排列复现出的一条条稻米传播的道路，其源头都汇集于阿萨姆和云南。因此，渡部氏指出："如果追寻亚洲大陆稻米传播的道路，那么，所有道路的源头都将回归到阿

---

① 汪向荣：《邪马台国》，中国社会科学出版社1982年版，第127页。

② ［日］渡部忠世：《西双版纳的野生稻和栽培稻——稻米起源论的观点》，收于佐佐木高明编著的《在云南的照叶树下》，1984年，第26页。

萨姆和云南山地。由此可以导出不同于以往常识的结论，即印度型稻米和日本型稻米以及其他种类的稻米都是起源于这一地带。"①

和照叶树林论者一样，渡部氏也充分注意到了汇集于云南的水系。他将栽培稻从云南沿伊洛瓦底江、萨尔温江以及湄公河南下传播到印度支那半岛的路线称为"湄公河系列"，将从云南沿长江东下到达华中和江南，继而再传到日本九州的路线称为"扬子江系列"，此外，还有从云南沿珠江传播到华南的路线等。渡部氏复现出来的从云南到日本的稻米传播之路，是历经长江和东海的一条漫长的水路，真可谓渊远而流长！它告诉日本人民，在探索曾使日本列岛发生过决定性飞跃的稻作文化的根时，江南只不过是一个重要的中心途站，溯长江而上，在其上游的云南才是日本稻作文化的真正的起源地。

渡部氏的亚洲栽培稻起源于阿萨姆、云南说，不愧是有独到见解的极新颖的学说，然而遗憾的是，其时他并没有到过云南，因而，他的云南论事实上只是一个假说。1982 年，他作为日本国立民族学博物馆所组织的中国西南部少数民族调查团的成员，到云南来进行了考察。尽管他们此行访问云南的时间极短，然而可喜的是，他在考察的过程中获得了一些能够支持其云南论的实证材料。

渡部氏 1982 年到云南西双版纳调查有两个目的，一是欲调查野生稻的种类、分布和变异的情况；二是想收集当地古代原有栽培稻品种的分布和现状的资料，通过以上两个问题的落实，进一步察索亚洲栽培稻的起源。关于第一个问题，渡部氏在从思茅至景洪的途中和在景洪民族师范学校内发现了亚洲普通野生稻（O. spontanea），在南糯山发现了疣粒野生稻（O. meyenane），后来在景洪郊外曼景兰村的水田周围发现了亚洲普通野生稻（O. perennis）群落。关于西双版纳古代原有栽培稻的情况，渡部氏在访问南糯山哈尼族村寨时，看到当地居民仓库中大量贮藏的"且谷"（哈尼语，即"冷山

---

① ［日］渡部忠世：《东西"稻米之路"考》，载《本》1980 年第 6 卷第 9 号。

谷"），他认为这是一种水陆未分化的古老品种。这一品种目前还在该地大量栽培，使渡部氏感到非常吃惊，他由此推论西双版纳地区一定分布着不少古老的稻种群。

现在我们用渡部氏的话来看他 1982 年调查的结论：

> 无论是西双版纳分布的亚洲普通野生稻（O. perennis），还是如"且谷"（冷山谷）那样具有极其古老的形质栽培稻品种，都不是我的新发现。如前章所述，尽管有不够全面的地方，然而中国学者对此已经有过报告。从这个意义上来说，此次我的调查不过是较详细地落实了中国方面报告的内容。尤其是丁颖先生和程侃声先生的报告，我认为在世界学术界有重新评价的必要。
>
> 总之，关于亚洲栽培稻起源于从阿萨姆至云南一带的可能性，几年来我一直在论述。而从此次西双版纳调查的结果来看，可以说我的研究已跃出了仅是假说的阶段，其可靠性已经得到了进一步证实。至于西双版纳是否是亚洲栽培稻起源的中心地，现阶段谁都不可能明确地回答，然而至少是在非常遥远的古代，作为云南一部分的西双版纳即已从事着稻作农业，这一点可以说几乎是没有什么疑问了。[1]

渡部氏的云南之行，进一步证实了栽培稻云南起源说的可靠性，而国内一些学者的研究也有力地支持了他的观点。据调查，我国目前确认的野生稻有普通野生稻（O. sativa）、疣粒野生稻（O. meyeviena）和药用野生稻（O. officinalis）三种，而同时具有这三个稻种的省仅有云南。而且，迄今为止云南已有五个地方出土了古稻谷，其中有三处是新石器时代遗址：滇池附近、元谋县大墩子、宾川县白羊村；有一处是铜石并用时代遗址：剑川县海门口。此外，从文献来看，

---

① ［日］渡部忠世：《西双版纳的野生稻和栽培稻——稻米起源论的观点》，收于佐佐木高明编著的《在云南的照叶树下》，第 44—46 页。

《山海经·海内经》《华阳国志·南中志》《后汉书·西南夷列传》等书中均有关于云南稻子的记载。特别令人感兴趣的是，云南普洱县是有野生稻分布的县，最近在该县凤阳公社民安二队又出土了已经炭化了的古稻谷，从而成为我国"双有"，即既有野生稻又有炭化稻的唯一地区。[①] 以上诸事实，对于亚洲栽培稻云南起源说无疑都是有力的佐证。

日本的稻作文化是否真如渡部忠世所说，是从云南经江南传到日本的，目前确实还难以定论。然而，由他提出的亚洲栽培稻起源于云南的新说，却是很有说服力的。相信随着考古学和民族学等研究的进展，栽培稻云南起源说和其向周围传播的途径将会得到进一步说明。现在明确无误的问题是，云南与日本之间有不少共同文化要素是属于稻作文化的内容，例如居干栏、各种稻作礼仪、神灵崇拜、食品文化等。显然，作为农耕文化第二层次的稻作文化，是两者之间内在联系的第二条重要纽带。

五 倭族之源

云南与日本，既有照叶树林文化的渊源关系，又有极为类似的稻作文化，那么，两地的民族究竟有什么关系呢？由于两地相距甚远，同时各自的族源又都早有定论，因此，要进一步探讨两地的族属关系，无疑是一种大胆的尝试。日本大阪教育大学的鸟越宪三郎教授最早提出了倭人起源于云南说，并大量撰文欲从各方面对此加以论证，下面是他的主要论点。

> 翻阅《史记》和《汉书》可知，在公元前的长江上游流域，有一些不同于汉族的倭人的王国，如滇、夜郎、邛都、昆明、嶲、徙、筰、冉駹、蜀巴、且兰等。……上述诸国的民族，是与日本人同根并且是具有日本人相同文化特征的倭族，倭族的

---

① 李昆声：《云南在亚洲栽培稻起源研究中的地位》，载《云南社会科学》1981 年第 1 期。

239

发祥地就在云南。

在滇中盆地的滇池湖畔最早驯化成功栽培稻的倭族，为适应水稻农耕这一生产形态，发明了干栏式房屋。继而倭族即携带着水稻农耕和干栏式建筑文化，沿着江川河谷，从云南迁徙到远方。

到达长江流域的倭族，建立了吴国和越国，进而又向北部的山东半岛扩展，建立了一些被汉族称之为"东夷"的小国。

倭人大概就是从东夷之地携带着稻作农业文化经由朝鲜半岛到日本的，或者可能是直接渡海在北九州登陆的吧。①

鸟越氏的这一观点，曾以专著、论文、展览、电视等方式介绍给日本人民，在一般群众中有一定影响。那么，鸟越氏是从哪些方面、根据什么来论证这一大胆的假说的呢？

首先，他从历史学的角度，以文献记载为体据来进行论证。鸟越氏注意到《论衡》中有三处记载着周代倭人的史实，例如"周时天下太平，……倭人贡畅草"。他由此推论说："公元前一千年左右，倭人曾向立国不久的周朝廷入贡产于长江上游高山地带的畅草，即泡酒饮服使人长生不老的妙药灵芝。由此可知，渡海来到我国的倭人的同族，曾居住在远离日本的长江上游一带。"②

其次，鸟越氏从比较民族学的角度，对他所称的"倭族"——云南及云南周围的少数民族和日本民族——进行对比研究，以探讨日本民族文化的源流。

鸟越氏曾到云南来进行过调查，特别是曾多次深入泰国、缅甸北部边境山地的少数民族中进行调查，搜集到不少民族学方面的实证材料。概括起来他的对比研究有如下三方面的内容：

（1）稻作文化和农耕礼仪。包括水田稻作农耕，人头祭、蛇、鸟崇拜，占卜法、小神房，尝新习俗等。

---

① ［日］鸟越宪三郎：《始于云南的道路——探寻倭族之源》，日本讲谈社 1983 年版。
② 同上。

（2）村寨与住房的建造。包括村寨的搬迁，寨址的选择，建造村寨的仪式，选择神林，建造寨门，咒具。干栏式住房，千木和千木组，谷仓和神殿，人体计量法等。

（3）服装。包括贯头衣，贯头衣的各种演变形态，披肩等。

关于鸟越氏引证的《论衡》史料，《恢国篇》是这样说的："成王之时，越常献雉，倭人贡畅。"《异虚篇》又说："使畅草生于周之时，天下太平，倭人来献畅草。"畅草系指郁金草，是古代酿造祭祀用酒的配料。畅草是否为古代云南的特产？也许还难以定论，因而倭人来自何方还是个谜。"倭"这一名称，最早出现在中国典籍中的是《山海经》，在其十二卷《海内北经》中曾提到倭，但说得很简单，只有寥寥十一字："盖国在巨燕南，倭北，倭属燕。"这个倭既属燕，那可能是指辽东一带。可是，倭究竟具体位于什么地方，究竟是不是指今天的日本列岛，还不得而知。中国官撰正史中，首次出现倭的是《汉书·地理志》，《地理志》燕地项下有十九字说到倭："夫乐浪海中有倭人，分于百余国，以岁时来献见。"从这十九字的记载中可以清楚地知道，汉时的"倭"系指乐浪海中的日本列岛。

鸟越氏的倭族起源于云南说，与我国历史学界和民族学界的传统看法大相径庭，证据也嫌不足。不过，如果说云南的一些少数民族与倭族完全没有关系，那么，又如何解释两者之间大量的文化类似性呢？

人们对倭人系自云南迁往日本这一说法感到玄妙，但是对倭人是从江南渡海去日本的这一说法则没有疑义。"倭""越"两字发音相近，古代当是同音异字。日本考古学家江上波夫曾考证说：

> 历史上被称之为"倭人"的人们，被认为还是江南的渡来人。这些人是到达日本之后才被叫做倭人的呢，还是渡来日本之前便有此称呼？在渡来之前他们居住在什么地方？这些都是没有解决的问题。不过，根据各方面的材料来看，有一点却是

可以肯定的，那就是倭人是经由东海来到日本的。

……从中国大陆的江南携带米文化的人们来到了北九州，他们不仅带来了稻作，而且还带来了制造稻作所必需的石器农具，还有用于收获的石器等。弥生式的石器最接近于江南的类型。它们与中国北部和东北亚的石器不同，虽然似乎应该与之有联系，但是从各方面的调查结果来看，如果要说用于挖掘的凿型石斧、扁平石斧这些弥生式的典型石器究竟与中国大陆什么地方的石器最相似，结论仍然是江南。这就是说，明确的事实是，这些人是从江南带着这样的文化来到日本西部的。①

那么，在日本的弥生时代，居住于中国江南的又是什么人呢？是越人。《后汉书·地理志》说："自交趾至会稽七八千里，百越杂处，各有种姓。"古代越人分布相当广阔，东至江南西达云南西部一带，今天居住于云南的壮侗语族皆属古代的百越。云南省考古学者张增祺认为，古代在滇池区创造过光辉灿烂的青铜文化的滇人的主体民族是越人。② 江应梁先生也持此看法。这样，滇文化与倭文化的一些不可思议的类同性便可以从族源上得到解释。前述云南石寨山与日本志贺岛曾出土过两颗完全相同的汉赐蛇纽金印，日本学者森田永造解释说，那是由于中原人将倭人和滇人视为同族或极相类似的民族的缘故。③ 这一看法也许是有道理的。

上述事实说明，"倭""越"实系同族。前述云南与日本之间的大量的共同文化要素，不过是远在新石器时代便已形成的百越各族的共同文化特征。随着历史的演变，今天大部分百越民族已不同程度地汉化了，而云南的百越系民族多数几乎没有太大的变化，直至今日也还完整地继承着古代百越民族的传统文化。因此，虽然关于

---

① ［日］江上波夫编著：《日本人是什么》，1979 年天城讨论会记录，第 27—30 页。
② 张增祺：《关于滇文化的族属问题》，载《云南省博物馆建馆三十周年文集》，1981 年。
③ ［日］森田永造：《探寻倭人的源流——云南、阿萨姆山地民族调查之行》，日本讲谈社 1982 年版，第 46—47 页。

越人发源与迁徙的问题一时还难以说清楚，然而日本学者所探求的倭人文化之根，诸如住居、食物、服装、农耕礼仪、宗教信仰、风俗习惯等等，难道不是还可以在云南少数民族中寻找到吗！

至此，笔者论述了始于 20 世纪 60 年代末期的日本方面的各种云南寻根论。日本学者到云南寻根，是由于云南与日本之间存在着农耕文化的两个层次——照叶树林文化和稻作文化的渊源关系，而这种渊源关系除了居于共同的地理这一因素之外，主要还因为倭人与云南壮侗语族同为越人族群。需要进一步探讨的问题是古代越人的发源与迁徙。从日本学者的著作中可以看到，在古代云南民族迁徙和文化传播的问题上，他们与国内学者的看法不尽相同。他们认为云南是联系周围地域、汇集和传播各种民族文化的中心地区，因而，在古代有不少民族和文化曾经从云南迁徙和传播到各地去。最近，中国科技大学科学史研究室用科学的方法对安阳殷墟五号墓出土的部分青铜器进行了测定，结果说明其矿料并非产自中原，而是产自云南。[①] 早在 3200 年前云南就已开发铜矿并运输到中原，这一事实从一个侧面支持了日本学者的看法，这是值得学术界认真思考的。

（原载《民族学的现代化》1985 年第 1 期）

照叶树林文化

---

① 中国科学技术大学科研处：《科研情况简报》第 6 期。

木文化

——生态人类学的视野

2009 年 11 月 28—30 日，国际木文化学会在中国昆明举办中国木文化研讨会，希望笔者从生态人类学的角度谈一谈木文化。

说到木文化，首先得谈文化的概念。文化人类学（Cultural Anthropology）经典的文化概念，要上溯到 1871 年英国人类学家爱德华·泰勒在其所著《原始文化》中的定义："文化或文明是一个复杂的整体，它包括知识、信仰、艺术、道德、法律、风俗等等，以及人作为社会成员可以习得的其他能力和习惯。"据此，所谓"木文化"，可以说就是人类在长期对森林和树木依存和利用的过程中，产生、创造、积累的相关物质文明和精神文明的总和。

生态人类学（Ecological Anthropology）属于人类学的分支学科，它是关注人类与自然相互关系文化研究的领域。如果将木文化置于生态人类学视野的话，那么大概主要有四个方面可以进行研究：一是木文化的多样性，即不同族群不同地区木文化的差异；二是木文化的阐释，即通过特定的森林和树木的利用方式及不同时代、不同地域的各类器物以探索和阐释特定的人类文化；三是木文化的变迁，即人类与树木相互依存、相互作用、相互影响的过程；四是木文化的可持续发展，即在全球化和市场经济的背景下，森林树木资源的可持续利用和不断满足人们需求的问题。下文将结合几个案例，谈谈树木的文化生态。

一　木文化的多样性

地球上生态环境的多样性和自然资源的多样性、人类族群的多样性及其对生态环境和自然资源适应利用的多样性，必然表现为文化的种种差异——文化的多样性。生态人类学区别于其他学科的一个显著特点，就在于特别关注不同族群的传统知识和不同地域的地方性知识，即特别关注民族和地域文化的多样性。我们知道，人类的祖先形成于非洲 300 万年前的原始森林。在人类历史的长河中，度过了漫长的以森林为摇篮的阶段。即使是在工业社会高度发达的今天，仍然有不少族群依存于森林。由于如此，毫无疑问，就世界各地的传统知识或地方性知识而言，森林或树木的知识均占有重要的地位。关于这一点，欲希望了解认识并不困难。在笔者进行田野调查的绝大多数地区，当地中年以上的人都熟悉其生境所有的树种，叫得出当地各种树木的名字，知道它们生长的特性及木材的特质，并能根据其特性和特质加以独特和巧妙地利用。这方面代表性的研究，可举康克林（Conklin，1954）对菲律宾棉兰老岛哈努诺族植物分类的调查的例子。哈努诺族的成年人几乎都是训练有素的"植物学者"，在他们的语言中，关于植物的部位至少有 150 个名称，他们使用 822 个基本的名词识别了 1625 个不同的植物类型。在 1625 个植物类型中，栽培或受保护的植物约为 500 个，余下的 1100 多个属于野生。该族在日常生活中程度不同地利用植物达到 1524 种，占其识别总数的 9 成以上。其对植物的利用，从大的方面可分为供食用、物质文化和超自然目的 3 大类。其中供食用的达 500 种以上，用于物质文化的约 750 种，用于超自然目的的（包括药用）多达上千种。此外，需要注意的是，关于人与植物的关系不能只停留在物质的层面，精神生活也离不开植物，在哈努诺人的诗歌中，吟唱的植物就有 554 种。

文化多样性是客观存在的现象，承认、尊重文化多样性，有利于克服文化中心主义，有利于文化的交流和繁荣。譬如说杉木，不同地域、不同民族种植的历史、观念、技术、管理制度、利用方式、经营模式等就有很大的差别，就值得相互学习和借鉴。数年前笔者到云南省屏边县等地调查，看到那里杉木种植规模巨大，蔚为壮观，令人赞叹。问到杉木的效益，当地人却一脸无奈，告知笔者，虽然种了几十年的杉树已经成材，然而现行政策规定只能种不能用，即使老朽倒烂于山林，也严禁砍伐。禁止砍伐，当是出于生态环境保护和提高森林覆盖率的考虑和需要，然而对于杉木这样的可再生资源，如果只栽种而不利用，不使之产生经济效益，那就是对资源的浪费，实令人不可理解。其实，在正常的情况下，民间老百姓是最懂得生态环境和资源保护的，而且能把保护和利用结合得很好，因为那是他们生存和发展的需要。

典型的事例，如贵州省东南地区清水江流域苗族等的历史悠久杉木种植和经营。目前在黔东南清水江锦屏县一带，民间尚大量保存着旧时的林契和地契文书，粗略估计，数量可能在 10 万份以上，经历了多次动乱焚毁，锦屏文书居然遗存如此之多，算得上是一个奇迹。据说目前，黔东南地区的苗族和侗族等，不仅十分善于种植杉树，而且善于利用和营销。从历史文献记载，尤其是从当地得知，早在明清时期，那里便是我国著名的杉木种植和销售的基地。苗族、侗族等适应当地温暖多雨的气候和山地丘陵地貌，因而大量种植杉木，并与内地汉族商人建立起密切的商贸关系，木材行销大半个中国，甚至皇宫的建材也取自苗侗之乡。

关于这方面的详细资料，先有唐立、杨有庚、武内房司主编的《贵州苗族林业契约文书汇编（1736—1950）》（日本东京外国语大学国立亚非语言文化研究所，2001 年），此后贵州、广东等地学者加大了收集整理的力度，大量的契约文书得以陆续编辑出版。该书由编者从其收集到的近两千份契约文书中挑选出的与林业有关的853 份文书汇集而成，分三大卷，内容涉及黔东南历史悠久的杉木种植利用和产业经营经验和智慧，勇于走出大山开拓市场的精神，在现今大力发展市场经济、鼓励做大做强产业的形势下，值得总结、学习和借鉴。

云南省腾冲县长期以来都保持着较高的森林覆盖率，这跟当地人爱护森林和重视人工种植林有关。在众多的人工种植的树种中，杉树种植具有特别的意义，在腾冲人传统观念中，杉树被认为是"阴木"，主要用于制作上等棺材，一般人家栽种杉木即为备此用，而非用于家具制作和建盖房屋。因"阴木"也适于绿化幽深、清静的寺庙，所以寺庙周边常常育有大片杉林。再看日本的一个事例。日本京都北部的北山，盛产杉木，其所产的杉木，被称为"北山杉"，北山也因此成为闻名遐迩的"北山杉的故乡"。北山杉的种植始于日本应永年间（1394—1427），作为京都的传统产业，迄今已有六百年的历史。其地杉木的种植，始于茶道盛行、大量兴建茶室的需要，后来被选为朝廷的御用木材，获得了"北山杉"的美名。日本可视为保护和传承传统文化的典范，即使是在现代化高度发展的今天，其木造民居仍然广受欢迎，北山杉乃是建造传统民居的名贵木材，所以北山的杉木产业长盛不衰，至今仍兴旺发达。六百年来，北山人仰赖优越的气候和地形，凭借着不懈的努力和智慧，代代相传，不断发展，把北山林业打造成了林业技术和文化的奇葩。

笔者曾于 1996 年、2000 年两次短暂访问过北山，对其种植、加工杉木技术之高超、精细，留下了极为深刻的印象。北山山峦高耸绵延，杉林一望无际，而在浓绿的山坡，不时可见一块块黄色裸露的"天窗"，那是间伐的林地。树木有计划地砍伐，伐后再度蓄林，循环不止，持续利用。树木根据用途而确定砍伐年限，作为北山木材品牌的杉木柱生长年限须达到 40 年。这样的造林技术被称为"计划林业"和"园艺林业"。木材的种植和加工须经以下流程：育苗、植树、打枝、采伐、剥皮、干燥、修削、精细打磨（此项工作由女性完成）。为了增加美感，部分杉树生长到直径约 10 厘米之时，便以铁丝将筷子粗细的塑料短条捆绑到杉树主干上，待树长大之后，解开铁丝，剥开树皮，树干表面就会显现出凸凹不平十分自然的优美纹路，形成巧夺天工昂贵的艺术木材。北山杉名气极大，

木文化

247

人们多慕名前往参观，当地于是建立了"北山杉资料馆"。该馆集展示销售为一体，以实物、照片、多媒体、全景立体画、实景场面等再现了京都的古都风貌和从植树到木材成品的整个种植加工过程。馆内展示有茶室和民居建筑的各类木材以及不同样式风格的木造房屋模型，有杉木柱精细打磨的现场表演，还有日本全国的名木和京都的木制工艺品的展示销售等。规模不大，然而却是一座展示精致、内涵丰富、品位很高的木文化博物馆。什么是木文化？如何发展木文化？北山杉的事例能给我们诸多启发和感悟。

二　木文化史的解读

人类经历新石器时代一万余年，农业社会几千年，在这漫长的岁月中，留下了无数文化史之谜，其中不少与木有关，这当是木文化研究的一个重要领域。纵观文化史的研究，在解释文化差异的时候，多持进化论和传播论的观点，而往往忽视各地区生态环境对文化的塑造因素，即对文化对生态环境的适应性没有给予足够的重视。对此，笔者将列举两个田野调查研究的案例加以说明。

先说傣族传统榨糖的木机。傣族生活在热带和亚热带低地，气候炎热，适于种植甘蔗，制糖历史悠久。在中国各民族当中，就笔者的视野而言，传统榨糖木制机械种类之多，制作技术水平之高，傣族当排第一。傣族榨糖木机傣语叫作"tfa i yai"。木机全用木材制作，首选木材是长叶榆（UImus Ianceaefolia Roxb. Eswall）。长叶榆木理交错，材质坚硬，强度高，耐磨性好，一般生长在热带低中山沟谷密林中。傣族榨糖木机的类型，可有多种分类方式。如按驱动方式划分，可分为人力驱动、牛力驱动、水力驱动三类；按结构形式划分，可分为立式和卧式两类；按安装固定方式划分，有二柱固定和四柱固定之别；按滚轴数量分，有二轴式和三轴式两种；如按传动齿轮的形状划分，则有双柱弧型齿、三柱弧型齿、双柱直齿和双柱人字齿四种类型。

傣族榨糖木机类型之多，在中国各民族之中实属罕见。根据科技史专家的研究，从文献记载资料看，亚洲榨糖木机有两个重要的分布地，一个是中国华南，另一个是印度。中国古代文献关于汉族榨糖木机的记载，仅有直齿轮式的榨机而无涡轮式和弧形式的榨机，仅有二轴直立式的榨机而无三轴直立式榨机，仅有人力、牛力驱动的直立式榨机而无水力驱动的卧式榨机；印度则不同，其榨机多为涡轮齿式和弧形齿式，且具有中国华南所未见的直立三轴式榨机和水利驱动卧式榨机。而且，令科技史、文化史专家难以置信的是，水力卧式榨糖木机不仅未见于中国古代文献，就是在亚洲其他曾经有过的地区，也早已消亡无踪，而傣族的水力榨糖木机居然于20世纪80年代尚存在于西双版纳傣族地区，无疑是一个奇迹。对傣族榨糖木机的研究，尚存在未解之谜：其类型丰富的木机和高超的制作技术是本土的发明，还是传来的文化？

由于缺乏考古学资料和相关的历史文献，欲回答上述问题十分困难。就西双版纳所处的特殊地理位置和自然条件以及傣族的历史文化来看，笔者认为，傣族的木机榨糖文化应是多种文化交流、影响、结合的产物。首先，傣族源于古代百越族群，自古即居住于热带、亚热带低地，从傣族所有礼仪和祭祀都必须使用蔗糖这一点来看，甘蔗当是傣族很早便栽培利用的重要作物。从现实傣族的榨糖木机来看，许多方面具有自身显著的技术特色，说明其制糖历史的悠久和傣族所具有的文化创造的高度智慧。不过，在傣族的木机榨糖文化中，又可以看到我国华南榨糖木机的诸多特征，还有明显的印度影响，这并不奇怪。傣族分布的地区，位于东亚汉文化区和南亚印度文化区之间。我国文献记载甘蔗最早可上溯到先秦，其时文献记为"柘"字，汉代开始写作"蔗"（此读音可能来自梵文"sakara"），公元10世纪之后，我国南方各省已普遍种植甘蔗，汉文化必然会传播影响到边地文化。印度甘蔗历史种植悠久，被认为是甘蔗的起源地之一。西双版纳等地傣族文化的一个显著特点，是信奉南传上座部佛教，此佛教即公元10世纪之后从印度、斯里兰卡经泰国、缅甸传到我国傣族地区，这从一个侧面佐证了印度蔗糖文化传入傣族地区的可能性。①

　　从上文可知，傣族的榨糖木机具有很高的科技、文化和文化史的价值。然而随着时代的变化，科学技术的进步，木机榨糖的历史在我国绝大多数蔗糖生产地区已经消亡。10 余年前，云南一些地方为了维护制糖工厂的利益而禁止民间使用木机榨糖，加之电动钢铁榨糖机的推广，木机榨糖迅速退出了历史舞台。在田野调查中，当笔者看到傣族村寨中废弃的木机丢在村头墙角，感到十分惋惜，于是征集了几套木机，现藏于云南民族博物馆。近年来，国家进一步重视物质和非物质文化遗产的保护，建议有关方面趁熟悉榨糖木机制造的老人尚未全部辞世之时，抓紧发掘抢救，将其作为非物质文化遗产保护项目传承、展示于乡间，使之发挥应有的效益。

　　再说传统农业生产的重要工具木犁。关于木犁的研究，也存在着若干难解的文化史之谜。

　　第一是木犁的起源问题。国外学者研究木犁的起源，大多认为印度是其最早的起源地。E. Werth 是该领域有影响的西方学者，他的学说认为，犁耕最早起源于印度的西北部，他将那里称为犁耕的第一次起源中心，此后又形成了由第一次起源中心分别向东、西、南各方传播的三个第二次起源中心：一是中国，二是地中海，三是东北非。② 与 E. Werth 的主张相左，中国犁耕的研究者则认为中国犁耕的起源就在本土而非印度。中国最早的文字甲骨文有木农具"耒"和"耜"的几种写法，形象均与木犁相似，所以一些学者认为木犁即由木耒和木耜结合演变而成。而作为木耜前身的石耜和骨耜，曾发现于北方河北、河南、内蒙古等地距今约 8000 年的新石器时代遗址和南方浙江余姚河姆渡等距今约 7000 年的新石器时代遗址，年代极早。

　　从犁铧来看，浙江吴兴邱城的新石器时代遗址曾经发现过距今约 5000 年的三角形石犁铧，后来这种形体变薄、平面为等腰三角

　　① 尹绍亭：《傣族的木机榨糖技术》，载云南省民族研究所《民族调查研究》1990 年第 1 期。
　　② ［日］家永泰光：《犁农耕文化》，日本古今书院 1980 年版，第 16—18 页。

形、刃部在两腰的石犁铧在江浙一带相继发现，迄今为止，总数已不下百例。进入金属时代之后，夏商周曾遗留下少量青铜犁铧，而到了春秋时期，铁制的犁铧便产生了。

以上考古发现和文字资料说明，因为中国木犁的起源和演变发展的脉络是比较清楚的，而 E. Werth 的印度起源传播说却缺乏相应的证据，所以本土起源是我国学者普遍的主张。

对此笔者尚有不同的看法。据笔者的调查，我国的木犁并非是单一的形式，而是存在着多种类型。例如西北地区的无框架长直辕型木犁与印度木犁十分近似，而与江南的四角框架曲辕型木犁却大不相同；云南、广西、广东南部的三角框架直辕犁，也与内地的许多犁型不一样，然而却与越南、泰国的木犁相似。这些例子说明，生态环境、地貌风土以及民族历史文化的不同，必然会带来木犁结构和形状的差异，这是国家的疆域界限所不可能规定的。所以在研究木犁起源的问题时，应观照的是自然地理板块和文化圈及其相互影响，而非国家版图。居于这样的观点，世界木犁的起源当然还有进一步研究的必要。

第二是木犁的进化演变问题。国内木犁研究者对于木犁的进化演变通常持这样的观点：从耒演变为耜，进而演变为直辕犁，最后演变为唐代江南的"江东犁"并沿用至今。笔者对此说也难以苟同。笔者根据实地调查研究，将我国的木犁大致分为五种类型。第一型为"江东犁"，是我国历史文献最早详细记载的代表性木犁，主要分布于水田稻作历史最为悠久和最为发达的长江中下游流域。第二型为"无犁柱长辕犁"，是我国西部干旱高原地带的典型犁具，从其结构看，与印度和西亚的犁具十分类似。第三型为"四角框架长直辕犁"，亦是我国西部地区分布较广、历史悠久的重要犁型，其形制具有上述两种犁型相结合的特征。第四型为"三角框架长直辕型"，其分布主要在中国西北和西南的过渡地带。使用此犁型的民族，多为从西北往西南迁徙的民族，据此推论，此犁型是上述第三型犁在向南传播的过程中为适应新环境而改良的形态。第五型为

"三角框架曲辕犁"，主要分布于中国西南和华南，在东南亚的老挝、越南、泰国、缅甸等地也有分布。

从木犁的多样性来看，如果依据单线进化论的观点，将它们排列成从简单到复杂、从低级到高级、从原始到先进的发展演变系列的话，那是十分牵强甚至荒唐的。由于人类具有共同的心智，一种文化的创造未必只有一个源头，族群的迁徙及其相互影响自然会带来文化的传播，然而一个地域木犁的形成，却主要是适应当地风土和农业形态的产物，这一点在研究木犁进化演变的问题时，是绝对不能忽视的。

三　木文化的崇拜与象征

万物有灵和崇拜，是早期人类社会普遍存在的自然观和神灵观，只有人类，才会与自然发生如此奥妙、深刻的关系。时至今日，万物有灵和崇拜仍然程度不一地为许多族群所信奉。而在具有灵魂的"万物"世界之中，森林树木占有重要的地位。关于这方面民族志的资料，可以说举不胜举。

詹·乔·弗雷泽所写的名著《金枝》的第九章列举了众多树神崇拜的事例：在欧洲雅利安人的宗教史上，对树神的崇拜占有重要的位置。雅各·格林对日耳曼语"神殿"一词的考察，表明日耳曼人最古老的圣所可能是自然的森林。克尔特人的督伊德祭司礼拜橡树之神，是人们都很熟悉的史实。瑞典古老的宗教首府乌普萨拉有一座神圣树林，那里的每一株树都被看作是神灵。欧洲芬兰—乌戈尔族人的部落中异教的礼拜绝大部分是在神圣的树丛中进行的。澳大利亚中部的狄埃利部落把某些树看得非常神圣，认为是他们的祖辈化生的，因此谈到这些树的时候，非常尊敬，并且注意不许砍伐或焚烧它们。

与《金枝》相似，爱德华·泰勒所著的《原始文化》，也有不少篇幅记述人们对森林树木的崇拜："对树木的崇拜在非洲极为普遍，……正如维达·包斯曼所说：'这树是这个国家的二级神，是在生较之平常发烧更重的病时唯一用供物来祈求应急以便恢复患者健康的。'"在阿比西尼亚，盖拉人（Gallas）从四面八方去朝觐哈瓦河畔的圣树沃达那比（Wodanabe），向它祈求富裕、健康、长寿和多福。缅甸的塔兰人，在砍树之前，向它的"卡努克"——也就是灵魂或居住在它里面的精灵——祈祷。暹罗人在砍伐树木之前，给它奉献馅饼和米饭，同时认为住在它里面的物神或树木之母变成了用这种树木建造成船的善灵。住在北美洲太平洋沿岸美国西部地区的印第安人，在进入内布拉斯加黑山峡谷的时候，常常把供品悬挂在树上或放到峭壁上，目的是向精灵讨好，让它们赐给好天气和使狩猎成功。"新西兰人常常习惯把食物或一绺头发作为供品悬挂在一块陆地的树枝上，……这悬挂物向是给住在这里面的精灵的一份供品。在狩猎部落里特别适宜的树木崇拜，至今还在西伯利亚北方部落之间流行，……所有这些部落同林魔十分熟识。"具有较高文化的北欧人也仍然保持着树崇拜的显著遗风。在爱莎尼亚地区，旅游者们还可以时常看到树神，一般是古老的椴树、栎树或白蜡树，它们神圣地矗立在靠近住房的隐蔽处。

上述世界各民族对森林树木崇拜的灵魂观，在中国各民族中亦普遍存在，这方面的资料大量见于民族学的调查研究报告之中。这里仅举两例。

傣族信奉南传上座部佛教，佛寺遍布村寨，菩提树是每个佛寺必种的树种，那是人们顶礼膜拜佛祖赐予的"圣树"。村头村尾生长着高大茂密的百年老榕树，是傣族村寨的又一特征，那也是神灵的栖居之所，人们常为祛病救灾而祭献老树。神山、神林是傣族村寨不可或缺的构成要素，傣语叫"垄山""垄林"，垄山、垄林不能随便进入，人们精心保护，严禁砍伐、采集、狩猎，更不能开垦耕地，而且每年还要以猪、牛作牺牲，按时集体举行祭献仪式。云南彝族是至今保留神林、神树最多的民族之一，也是相关宗教祭祀传承得最好的民族。仅以昆明市石林县的撒尼人（彝族支系）为例，该县虽然接近发达的都市，但受汉文化的影响，及数十年来不断经历政治运动的冲击，可至今却大都保存着大片的"密枝林"（即神林），而且传承着"密枝林"的祭祀活动。典型的村寨如月湖村，其村神林、神山与村寨紧密相连，村寨树林掩映，每年由全体村民或大家族在神林神山中举行的祭献仪式多达七个。由于神林神树崇拜观念深入人心，因此爱护树木蔚然成风，形成了良好的传统。除神山和神林之外，村中目前尚有百年老树数百株，秋天所有大树都被当作"仓库"，树上挂满从地里收获回来的玉米棒，金灿灿美不胜收。

树木所体现的精神文化，除了神林神树的崇拜之外，常见地，还有把树木作为寄托愿望和传递信息的象征载体。西藏珞巴族有一个十分突出的文化现象，每家房屋的门上都吊着一个硕大的男性木制生殖器，那是生殖崇拜的象征，而作为圣物又可以辟邪驱鬼。类似的景象又可以在哈尼族的寨门上看到，其寨门以木柱、木梁建造，木柱两旁通常竖立着一男一女两个木人，木人给人的最强烈视觉刺激，便是裸露着不成比例、极其夸张的男女生殖器。与珞巴族一样，这同样是生殖崇拜和驱邪避鬼的象征之意。哈尼族的寨门，除了男女木人之外，通常还悬挂着木刀、木梭镖、木箭等兵器，其守护、镇寨的意义一目了然。

在各民族的民居建筑中，景颇族的房屋别具特色，为干栏式长木房。在一进屋木梯旁的横木上，通常雕刻着一个个隆起的丰满女性的乳房，这被解释为是对女性生殖和哺乳力的崇拜，是对人口繁衍、家庭兴旺祈愿的表达。

傣族、布朗族、拉祜族、德昂族的村寨，中央有"寨心"，寨心由一根或数根雕刻着图案的木桩组成，周边用竹篱或石坎围成圆形，上面挂满人们祭献的各种祭品。寨心是寨神所居神圣之地，雕刻的木桩即为寨神；而由于木桩形状犹如男性生殖器，所以又被赋予了生殖崇拜的意义。诸如此类的例子还可以罗列许多，兹不赘述。

木文化中的崇拜与象征，表达着人们对自然的敬畏，寄托着人们的愿望和情感。在商品经济时代，物欲横流，一方面是物质文化高度发达；另一方面则是精神文化的没落。如何彰显和发展传统文化中的精神文化精华，无疑是建设和谐社会面临的重大课题。由于长期以来，自然崇拜被认为是封建迷信、文化糟粕，成为革命消灭的对象，而且50年来政治运动频繁冲击，因此很多民族的神山、神林及其祭祀仪式大都消亡了。

结　语

上文从三个方面简单介绍了生态人类学研究木文化可能切入的角度和贡献。目前传统木文化面临的问题，是如何抢救、发掘、传承、发展和弘扬粗浅的想法，笔者认为可以从以下四个方面去进行努力。

第一，选择文化底蕴丰厚、森林文化和木文化比较典型、民众的文化自觉性较高的社区和村寨，建设民族文化生态村或生态博物馆，进行原地、整体、活态的保护传承。关于这方面的知识和经验，可参考以笔者为首的学术团队在云南开拓的民族文化生态村建设事业以及贵州、广西创建的生态博物馆。

第二，积极进行民间森林文化和木文化的抢救、发掘、整理、保护和传承，积极申报文化遗产，努力争取进入国家设立的各类文化遗产保护名录之中，以获取法律和资金的保障。

第三，对于森林文化和木文化除了进行传统文化的解读之外，还应当拓展其文化的空间和内涵，努力发掘所蕴含的现代科学价值和其对当代社会适应的积极意义。例如对神山、神林的研究，许多学者现在已不满足仅仅限于宗教文化的解读，而是把目光转向了生态环境保护的角度，于是关于"圣境"生态文化、神山、神林生态文化研究的论文大量涌现，这样就为这一传统陈旧的宗教文化注入了当代生态环境保护的崭新文化内涵。值得注意的是，这样的研究，不仅大大提升和丰富了神山神林文化价值，为神山神林的保护在现代科学领域中取得一席之地，而且还可能使之成为民间生态环境保护，进行生态学知识和生态伦理道德等宣传和教育的教室和基地。

第四，在保证森林文化和木文化的纯正性和严防拜金主义侵蚀的基础上，开展生态文化旅游，使保护传承与利用开发相结合，走和谐和可持续发展之路。

人与动物

——昆明红嘴鸥的故事

生态人类学是研究人类对自然环境的适应及其所表现人类与自然环境互动演变的过程。人类与生态环境的关系和互动演变的过程，乃是与诸多学科有缘的"公共研究领域"。[①] 野生动物与人的关系就是其中之一。

说到人与野生动物的关系，春城昆明的人与海鸥（红嘴鸥）的故事可谓新奇稀罕。每年秋冬之际，数万只海鸥从西伯利亚飞抵昆明，与春城民众亲密接触，那人鸥同乐、共生和谐的情景堪称人间奇观，春城昆明因此又有了"红嘴鸥之乡"的美誉。而掐指算来，海鸥莅临昆明，不觉已有 23 个年头。23 年来，昆明关于海鸥的故事不少，以海鸥为题材的新闻报道、摄影作品和文学诗歌的篇章等也大量见于报纸杂志，俨然形成了一道"海鸥生态文化"的靓丽风景。几年来，笔者也和众多的春城人民一道，喂鸥、爱鸥、恋鸥，醉心于人鸥同乐的情景；而除此之外，笔者出于专业的"本能"，又有意无意地将人与海鸥的关系作为"田野"进行观察和体验。所以在笔者的眼里，昆明人与海鸥的关系就不仅仅是纯粹的消遣和娱乐，也不是一般意义的环保事项，而是一个有着特殊价值和意义的

---

① 尹绍亭：《人类学生态环境史初探》，载尹绍亭、〔日〕秋道智弥主编《人类学生态环境史研究》，中国社会科学出版社 2006 年版，第 2 页。

"生态人类学"的研究题材,一个引人入胜的"生态环境史"的观察分析对象。从生态人类学的角度解读海鸥的故事,对于了解和认识昆明的人鸥关系而言,可以说是一个别开生面、有效而贴切的视角;而对于生态人类学和环境史的研究而言,考察昆明23年来人鸥关系的产生和互动的过程,阐释其生态文化的意义,并结合相关的学术问题进行思考探索,亦不失为有意义的尝试。

一 人鸥关系的缘起

据昆明市鸟类协会统计,红嘴鸥这种候鸟到昆明过冬的历史大致可以分为四个阶段:第一阶段(也称"前期"),1963年前后,每年大约300只;第二阶段(又称"初期"),1965年至1987年(其间1985年海鸥进入昆明城区),大约1500—9000只;第三阶段(也称"增长期"),1988年至1999年,大约12000—15000只;第四阶段(也称"稳定期"),2000年至2006年,大约21000—33000只(2001年为最高年份)。[①] 又据报道,2008年来昆海鸥的数量为31700余只,比2007年多了700多只,仅次于2001年的33000只。[②]

上述统计,粗略地记录了45年间海鸥来昆数量变化的情况,但并非精确翔实的统计。例如海鸥从西伯利亚飞来温暖的昆明地区过冬的最早记录是1963年,然而一些六七十岁的老人就清楚地记得,小时候他们在滇池草海玩耍就常常见到成群结队的海鸥。1985年以前,由于每年到昆明过冬的海鸥全都只待在郊外的滇池等地,不敢接近人烟稠密的城市,与人的关系疏远,没有受到人们特别的注意,所以这一期间的统计自然也比较粗糙。相对而言,1985年以后统计的数字就比较准确。从上述统计数字可知,1985年以后来昆海鸥数

---

① 左学佳:《昆明将首次详细统计海鸥数量》,《春城晚报》"都市新闻"版,2007年12月1日。

② 左学佳:《今冬来昆海鸥比去年多了700余只》,《春城晚报》"都市新闻"版,2008年12月22日。

量呈快速增长的势态，究其原因，那是因为海鸥飞进了昆明城，大大扩展了其生存空间的缘故。

海鸥进城，无疑是昆明海鸥历史上一件划时代的大事。进城之前海鸥生活在自然生态系统之中，其生存史可以说纯粹是自然史；进城之后海鸥走进了人们的生活，"自然史"便融入了"人类史"，海鸥便也成为人类生态系统中的一个生态要素。显然，昆明人之所以爱上海鸥，海鸥之所以成为昆明的靓丽景观，昆明之所以获得"红嘴鸥之乡"的荣誉称号，都是缘于海鸥进城的结果。本文所要讲述的关于红嘴鸥的故事，自然不是它们的自然史，而是始于1985年的人鸥关系史。

1985 年 11 月 12 日是一个值得春城昆明永远记住的日子。这一天，昆明城内盘龙江的水面上，突然出现了大群"不速之客"——白色红嘴的海鸥，平静的盘龙江顿时热闹起来，市民争相观赏，新闻媒体敏感地抓住这个人们关注的热点及时进行了报道。一位于1985 年在昆明盘龙江边看过海鸥的人曾经记下了他初次见到海鸥的生动情景，从中可以真切地感受到当时市民们初次观看海鸥时的惊喜热烈之状：

1985 年初冬的一日，照常来上班，一个女同志脚才踏进门，手里还拿着吃剩的半个饵块，眉飞色舞地比画着：

"昨天我看见盘龙江上飞着许多鸟，太好瞧了，一江都是人。"……第二天一大早，我背着心爱的相机，匆匆赶到盘龙江边，一到那里，人们你一言我一语地描绘着所见所闻。忽然，有眼尖的人兴奋地大喊，"飞来了，飞来了"。顿时，两岸的人欢呼雀跃，只见远处天空中白影点点，由远而近。啊！原来是海鸥，我简直不敢相信眼前发生的一切，海鸥轻盈的身姿和修长的翅膀上下翻飞，红色的小嘴发出悦耳的叫声，从眼前掠过，几个盘旋之后又飞回来了。我的心激动得快跳出来。平常只在电视中看过的海鸥飞到了都市里，使人仿佛进入了童话般的梦境。人声鸥声响彻晴空，一股幸福的热流暖遍全身。美丽的盘龙江，被这群不速之客上演了人间神话。我立即拿出相机，抓拍这千载难逢的场面。人山鸥海把整个盘龙江都挤爆了，有些大人抱着小孩来看海鸥，小孩被挤得怪叫，大人则脸上洋溢着欢笑。一时间无数双手把油条、馒头、面包、饵块一股脑投向海鸥。①

令人感兴趣的是，海鸥进入人们生活的空间，昆明并不是唯一，世界上的许多城市，冬天也有候鸟的光临，不过像昆明市民反应那么热烈，感到那样地"兴奋、激动和幸福"，并不多见，原因何在？这些来自西伯利亚的白色精灵，为什么在 1985 年秋天一改集聚于昆明郊外水域生活的方式，而突然做出重大的"战略决策"，成群结队地飞进了昆明城，又是什么原因？

要说明个中的缘由，首先让我们稍微回顾一下 1963 年前后昆明郊区滇池周边的自然环境状况。那时的昆明城区，面积不到现在城区的十分之一，周边皆为宽广的农田。距城不远的滇池由主湖区和草海两部分组成。主湖区烟波浩渺，湖水澄净，其东岸的海埂公园曾经是昆明人十分喜爱的天然游泳胜地，1966 年 6 月 18 日，笔者还亲身参加过在滇池举行"紧跟毛主席在大江大河中游泳"的盛大游泳活动。滇池的草海连接主湖区与城区，大部分为沼泽湿地，生物多样性非常丰富，堪称一座天工造化的"自然生态博物馆"。昆明之所以被人们称为"春城"，并闻名遐迩，除了气候宜人之外，很大程度上是因为有"高原明珠"滇池的映衬相伴。

然而令人无比惋惜和痛心的是，人类对于大自然的恩宠往往回馈以无知亵渎和糟蹋，滇池遭受的便是这样的厄运。从 20 世纪 50 年代开始，化工、冶炼、造纸、水泥等黑色工业就像一个个"毒瘤"陆续菌集于滇池周边，大量废水毒液川流不息排入滇池，面积

---

① 王云山：《都市时报》2005 年 10 月 26 日第 A18 版。

300 平方公里的滇池怎能承受如此严重的污染！六七十年代之际，云南的当政者竟盲目效法一些沿海地区的做法，强行发动围湖造田，耗时数年，征用工农兵学商等人力数十万，以土石填平了大部分草海。这一空前的愚蠢莽撞之举，又给滇池和昆明的自然生态以沉重打击，且不说其对生物多样性、小气候和自然景观等的恶劣影响，滇池主湖区由于失去了水草对城市污水的沉积和过滤，致使水质迅速恶化，酿成了后来无可挽救的生态灾难。

昆明的自然生态，先因污染工业的发展和"义化大革命"期间草海大面积填埋而遭到严重摧残；20世纪80年代之后，又因经济高速增长、人口爆炸、城市膨胀而陷于生态严重失衡的状态。滇池还是那个滇池，不过"奔来眼底"的早已不是乾隆年间孙髯先生所看到的"喜茫茫空阔无边"的清浪碧波，而是悲怆莫名、令人生畏的绿藻臭水了！数十年间，滇池变化之巨大，用"令人瞠目结舌"之语来形容，绝对没有丝毫的夸张。据此即不难明白，1985年海鸥飞进昆明城便不是一个偶然的行为，而是自然环境严重恶化，导致来昆海鸥生存危机的结果。说得具体一点，那就是因为城郊田园大量减少，荒野消失殆尽，滇池水体严重污染，海鸥已无法寻觅到足以生存的食物，于是才"铤而走险"，飞进了城区。

海鸥栖息地生态环境的恶化，其实是整个昆明人居环境恶化的结果。20世纪60年代的昆明，人口仅有30余万，加上周边几个县也远不足百万人，城区疏朗开阔、朴素自然、安静优雅。然而在40年后的2007年末，昆明市常住人口已经增长到了619.33万人，人口密度从1949年的83人/平方公里，上升为现在的294.76人/平方公里，比全国140人/平方公里的人口密度高了一倍多。[1] 而伴随着人口爆炸式的增长，城市建设的规模也急剧扩大，市容的变化可谓翻天覆地，到处高楼林立，城市活像一个巨大的容纳着水泥、钢铁和玻璃混合体的"集装箱"。在这个大"集装箱"内，整日还有滚

① 常敏等：《昆明市城乡生态建设的资源环境分析及对策》，《云南城市规划》2009年第2期。

滚的车流，喧嚣的噪音、污浊的空气。如今的昆明，虽然还算不上特大城市，然而其人口密度之高、建筑密度之大、私家车拥有量之多，皆高居全国大中城市前列。显然，昆明的现代化已经取得了巨大的成就，大多数人的物质生活水平显著提高，现代文明走进了千家万户；和全国的大中城市一样，其市容市貌变化之大、城市规模扩展之巨，是"老昆明"做梦也想不到的。

然而从负面来看，人们为此付出的生态环境代价也十分巨大。"人类的可悲之处是一方面创造了巨大的物质财富，另一方面又制造了数不清的环境问题。"[1] 现代文明在给人们带来高度发达物质享受的同时，也常常让人们感受着压抑、紧张、焦虑、孤独和冷漠的痛苦。不难理解，昆明人在对"水泥森林"和"车水马龙"产生了厌倦和困乏之后，自然会萌生回归自然、拥抱山水的强烈希望。不仅如此，昆明乃是闻名遐迩的"春城"，昆明人总是为此深感自豪和骄傲。然而令人遗憾和痛惜的是，像著名学者周善甫先生1988年所撰《春城赋》中描写的"极目如茵，秀嶂琼拱"那样优美的自然环境却再也难以寻觅。而当人们深深为"湖山不可复识"而"感慨何极"，为内心萦绕的"春城"情结无法消解而郁闷失落之际，突然有数千乃至数万只美丽的海鸥飞临身边，给寂寥的冬天带来了无限生机，为枯燥的城市增添了色彩和欢乐。海鸥与人们亲密接触，其乐融融，其情切切，人们感受到了一种特别的快乐和幸福，这不正是大自然赐予昆明人的特别恩惠！人们对此自是充满惊喜，于是热情地去拥抱那些从天而降的白色自然精灵，把那郁积已久的、对于大自然的眷恋和憧憬之情，尽情地释放和宣泄到可爱的海鸥身上。

据上可知，1985年昆明海鸥进城和市民的热烈反应，都与40年来昆明生态环境的变迁和恶化有着密切的关系。滇池周边生态环境的变迁和恶化，迫使海鸥不得不进城寻找新的栖息环境，以获取

---

[1] 景爱：《环境史引论》，载王利华主编《中国历史上的环境与社会》，生活·读书·新知三联书店2007年版，第46页。

生存必需的食物；城市人居环境的变迁和恶化，则导致人们产生了眷念自然、向往自然、回归自然的强烈愿望。1985 年的深秋，历史充当了一次特殊的"红娘"，把海鸥和昆明人撮合到了一起。两者可谓"一见钟情"，立即成了"亲密的好朋友"，于是一段人鸥关系的历史，便由此拉开了序幕。

二 人鸥关系的构建

环境史学者伊懋可（Mark Elvin）曾说："环境史不是关于人类个人，而是关于社会和物种，包括我们自己和其他的物种，从他们与周遭世界之关系来看生和死的故事。"[①] 其意是说，环境史是人类及其社会与自然环境中的"物种"发生关系的事象与过程。而人类与野生物种发生关系是有条件的，那就是它必须是一种具有"生态价值"和"生态意义"的可供人类利用的"自然资源"。着眼于"物种"或"资源"的利用价值和意义，创造出种种利用的文化策略，并不断尝试、探索、调适、完善，从而达到对"物种"或"资源"价值和意义的持续利用和充分享受的目的，这就是人类及其社会与"物种"或"资源"之间经常发生的"故事"。

翻阅昆明的历史，迄今为止，尚找不到有哪种野生生物能像红嘴鸥那样牵动那么多人的情感和神经，使社会各阶层各行业都积极加入"海鸥热"的"大合唱"之中。由此看来，如果海鸥不具有作为特殊"资源"的价值和意义，那是不可能有如此魅力的。那么其生态价值和意义究竟何在？

说到昆明"人与海鸥"的关系，这个"人"可不是一个单纯的群体，乃是社会各个阶层和各种组织的总称，而其中占主体的无疑是市民。从市民的角度看，海鸥的价值和意义至少有两点。其一是观赏性。海鸥羽毛洁白，嘴部鲜红，形体优美，叫声悦耳，俯冲啄食千姿百态，凌空飞舞如漫天白雪。城市中有如此独特的"景观"，

---

① 伊懋可、刘翠溶、伊懋可主编：《积渐所致——中国环境史论文集》（上），台北"中研院"经济研究所 1995 年版，"导论"第 1 页。

置身其中，恍若童话世界，在获得感官刺激快感的同时，还会油然而生一种集圣洁、灵动、奇妙、梦幻、亲切融合的美感。海鸥具有如此高品质的观赏性，实属难得。其二是象征性。在这个层面上，人们眼里的海鸥就不仅仅是单纯的野生"候鸟"，而是体现着人类对自然的感情和人与自然关系的"象征"。

通常认为，人类与自然的关系大致经历了四个历史阶段：第一是原始崇拜的阶段。此阶段人类尚处于原始社会，生产力低下，完全依赖自然而生存，即人在相当大的程度上是以"生物"的角色活动于生物圈之中，完全受制于大自然的支配，相信万物有灵，对自然充满着崇拜与敬畏。第二是适应的阶段。农牧业社会大致属于这一阶段。总的来看，此阶段人类已积累了相当丰富的自然知识，懂得了顺应自然的规律，并不断以所创造的文化去适应自然、利用自然，在正常的情况下，对待自然谦恭而取之有度。第三是与自然对立的阶段。工业社会基本属于此阶段。工业文明的产生，使人类获得了高度发达的生产力，于是一改对自然的崇拜和谦恭的态度而产生了主宰和征服自然的欲望，于是自觉或不自觉地将自然当作了奴役的对象，大肆开发、任意掠夺、杀鸡取卵、竭泽而渔、极尽破坏污染之能事，造成了无穷无尽深重的生态灾难，其结果，搬起石头砸自己的脚，受到了自然的报复和惩罚。第四是意识到必须与自然和谐共生的阶段。生态环境遭受人为严重破坏，人类遭到大自然的报复和惩罚，饱尝了自身酿下的苦果，于是幡然醒悟，逐渐改变傲慢狂妄的态度，摆正自身在生态系统和生物圈中的位置，懂得了只有尊重自然、热爱自然、善待自然、保护自然，人类才能够幸福、和谐、持续地生存和发展。

如前所述，50多年来，昆明的生态环境发生了巨大的变化，只说一个滇池，就让昆明人痛心疾首，在环境问题上抬不起头来。"高原明珠"竟然满湖"劣五类"水质，几十年来投入治污的资金达到了天文数字，然而效果不显，水清无日，真是"早知今日何必当初"！海鸥飞进昆明城，绝大多数昆明人反应热烈，关爱有加，其热情固然出于观赏之美，然而往深层去看，原因也许还在于长期萦绕于人们心头的人与自然的情结。在日益人工化的环境里，人们对生态环境恶化的忧虑与日俱增，人们希望回归自然、唤起亲近自然、热爱自然、保护自然的人性和良知，期盼着新型和谐的人与自然关系的构建。在这样的时空里，海鸥变得非同一般了，它们显然已被赋予了较多的诉求和意义。

我们说海鸥的生态价值和意义表现为观赏性和象征性两个方面，而这两种感知是存在区别的。有第一种感知的人，虽然也会喜爱和保护海鸥，然而本质上还停留在追求自身欲望的以人为中心的认识层面；只有上升到第二种感知，才能达到人与自然和谐共生的认知境界。可喜的是，在昆明人与海鸥的关系上，许许多多的人已经跳出了单纯的观赏感知的层面，而上升到了象征感知的层面。下文是笔者从报纸上摘录的几段文字，读过之后，对此便会有真切的感受。

一位市民给报社写信说：

> 我把海鸥想象成昆明远嫁到西伯利亚的女儿，就像当年的昭君出塞，海鸥每年冬天的回归是女儿想家了。我们所有的昆明市民都是海鸥的娘家人，远嫁的女儿回来探亲，娘家人要把最好吃的、玩的、住的留给我们的女儿……①

一位12岁的小女孩何秋璇在2006年的圣诞节为了喂海鸥，自己却饿了一天，她在给报社写的信中说：

> 每年我都要去翠湖喂几次海鸥。家人都说我是一个喂鸥迷。平时的零用钱我都舍不得用，准备买面包喂海鸥。当我看到报道《寒风中，海鸥饿死在海埂》后，我就想：这些小天使不远万里给我们送来温馨、和谐与美好，我们就应该用更美好的心

① 无名市民：《海鸥就像昆明远嫁西伯利亚的女儿》，《春城晚报》2006年12月13日第B4B版。

灵去喂它、爱它和留住它。①

一位记者记述了某大姐的事迹：

> "22 年来，我从未间断过到翠湖、大观楼、海埂公园投喂海鸥，每年都把这些小精灵的倩影留在我的相片里。"这位大姐名叫张琼芳，1985 年 22 岁刚从学校毕业，通过拍摄海鸥照片认识了一位男青年，并结成了终身伴侣，所以她说："海鸥还是我和丈夫的月老呢。"张大姐一家始终是海鸥的忠实"色迷"，家里的海鸥照片已多达数箱。张大姐每当看到海鸥受饿的报道，便心急如焚，利用午休时间骑着电单车从老远的地方赶到翠湖喂鸥。"怕小精灵们营养不够，周末时张大姐都会专门制作一些营养鸥粮，头天买好鱼虾，利用晚上的时间去鱼刺、蒸一蒸，"搁在袋子里怕馊了，撒上些淡盐水能保鲜"。或是在苞谷面里掺上糯米面，蒸好后再分成小份，一早，就能拿去喂海鸥。②

2005 年 12 月，海鸥突然离开了昆明城中的南太桥，市民忧心如焚，急盼鸥返。一位记者写道：

> 昨日上午 9 点多，记者在双龙桥附近遇见了几位晨练的老人。蔡元英老人常年居住在盘龙江东岸靠双龙桥的附近，她有一个 3 岁的孙子。"平常孙子特爱睡懒觉，但在前段时间，孙子早早就被喜欢嬉戏的海鸥吵醒，可孙子非但没有抱怨，反而叫嚷着要跟我出去晨练。自他喜欢上海鸥后，每天早上比我起得还早，还自作多情地说海鸥又在呼唤他了。没有意料到的是，一个礼拜前不知什么原因海鸥突然不见了，孙子像是失去了亲

① 罗南疆、何瑾：《家人都说我是一个喂鸥迷》，《春城晚报》2007 年 1 月 30 日第 B4 版。
② 罗南疆、何瑾、苏颖：《张大姐与"月老"海鸥相约 22 年》，《春城晚报》2007 年 1 月 27 日第 B4 版。

密的伙伴一样，哭喊着要我把海鸥叫回来。自从海鸥离去的第二天，孙子再也不愿陪我出来晨练了，我的心里也总是有一种莫名的失落感。"

2001 年，记者聂丹曾经写过《海鸥曼舞春城闹市》一文，描绘了南太桥美轮美奂的鸥景。当得知盘龙江南太桥、得胜桥、双龙桥的海鸥已有 10 多天没来后，聂丹说：

就好像是突然之间心被抽空了似的，那么失落。也是相同的一个冬天，也是同样美好的一个早晨，可是美好的景色猝不及防地消失了，心里空荡荡的。翻开过去写的报道，眼中突然就有了泪水。①

关爱海鸥，不仅仅是昆明人，还有来自远方的省外的游人。一位记者记下了这样一件事：

当一对浙江夫妇俩掏出 1000 元钱硬塞到翠湖公园管理处相关负责人手里时，现场所有人都有些吃惊。在昨日的活动现场（指关爱海鸥行动现场——笔者注），来自浙江宁波的游客周建华夫妇看到炽热的爱鸥情景，深受感染，现场提出一定要捐出 1000 元用于爱鸥行动。他们说："海鸥是昆明一笔难得的财富，昆明人真是有福气啊，这个爱鸥的行动也算上我一份。"②

又一位记者记述了下面感人的事迹：

从北京专程坐飞机来昆明，既不是为了旅游，也不是来办什么事，而是专程到昆明来喂海鸥。开出租车的胡先生向记者

①　陈楠：《"鸥戏盘江"美景不再？》，《都市时报》2005 年 12 月 27 日第 A17－19 版。
②　记者：《浙江游客现场捐出千元爱鸥款》，《春城晚报》2006 年 12 月 21 日第 B2 版。

人与动物

讲述了这一令人感动的事。昨天下午 3 点左右，他从昆明机场拉了一位行色匆匆的中年男乘客，他从媒体上看到昆明的海鸥因食物不足而挨饿的消息后，便决定亲自到昆明来给海鸥投喂食物。因没有充裕时间，他只得买了往返的机票。从昆明机场一出来，就急匆匆地打乘了出租车，直奔翠湖公园。他告诉胡先生，因为急着赶路，连中午饭都来不及吃，到公园喂两个小时海鸥后，马上又要乘傍晚的飞机回北京。①

上述几段报道生动地表现了人们爱鸥、护鸥、恋鸥的殷殷之情。正是有了这个"情"字，昆明人与海鸥之间的亲密关系才得以构建。

三　人鸥关系的多元互动

唐纳德·沃斯特说："生态学所描绘的是一个相互依存以及有着错综复杂联系的世界。"② 昆明人与海鸥的关系就是一个"错综复杂联系"的生态事象，其错综复杂的联系既体现于人与海鸥之间，还体现于人与人、人类各种群体和各种社会组织之间。在人与海鸥的关系中，我们清楚地看到，不同的市民、不同的社会阶层和组织、不同的行业和机构，对海鸥的认知和行为是不同的，多样化的认知和行为各显其态、相互影响、相互协调、积极互动，逐渐形成了一个系统性的运行机制，调适、维护、促进着人鸥关系的良性发展。下面就让我们来看一看究竟有哪些角色参与了昆明人鸥文化生态系统的构建，以及他们在构建过程中是如何互动的。

1. 生物学家

生态人类学认为，人与动植物的关系是建立在人对动植物的认知上的。许多人类学学者坚持这样的观点，在 200 余万年人类文明

① 田跃：《北京客"打飞的"到昆喂鸥》，《都市时报》2005 年 12 月 29 日第 A17 - 19 版。
② ［美］唐纳德·沃斯特：《自然的经济体系——生态思想史》，侯文蕙译，商务印书馆 1999 年版，第 10 页。

史的长河中，百分之九十九的时间系停留在以采集狩猎支撑的原始社会阶段，在如此漫长的岁月里，原始人孜孜以求所探索、掌握、传承和积累的丰富自然知识是现代人，尤其是现代都市人无法想象的。可怜的现代人，他们的自然知识来源早已不是可以亲密接触的大自然，而只能是依赖非自然的书本和老师了。海鸥飞进了昆明城，人们对其可以说是一无所知：它们从哪里飞来？为何飞来？喜欢吃什么食物？怎样科学喂食？它们有什么样的生活习性？它们在昆明的生活状况如何？如何留住和保护海鸥？等等问题人们期待着得到解答。

毫无疑问，对上述问题最有发言权的就是生物学者。在生物学者的眼里，海鸥是科学研究的对象，其价值和意义不在于"观赏和象征"，而主要在于新科学知识的探索和发现。1985年11月下旬，仅仅距海鸥初次进城10余天，云南大学生物系的王紫江、吴全连两位教授便组织成立了海鸥研究课题组，开始对海鸥的迁徙路线、生态习性等进行跟踪调查。1986年1月，课题组首次对海鸥进行研究，次年1月获得了红嘴鸥来自西伯利亚的研究结果。随着研究的进展，1987年1月20日，以云南大学课题组为首的生物学者们又成立了"昆明市红嘴鸥协会"。[1] 该协会和"昆明鸟类协会"在海鸥的数量变化统计、鸥食的研制、卫生防疫、指导市民爱鸥护鸥、普及科学知识、进行咨询服务、提高人们的环保意识等方面做了大量的工作。

值得一提的是，昆明人鸥关系的发展并非一帆风顺。2004年年初在东南亚部分国家相继发生的禽流感，波及云南昆明，引发市民恐慌，喂鸥人数大量减少。据昆明鸟协的普查统计，2005年"来昆海鸥减少5800余只，进入城区的海鸥锐减近9000只，盘龙江上空已看不到海鸥；在素来被认为是海鸥'天然粮仓'的滇池岸边，已经发现饿死的幼龄海鸥……"昆明陷入了空前的"海鸥危机"。[2] 对

人与动物

① 记者：《海鸥入昆大事记》，《都市时报》2005年11月11日特2版。

② 张明：《2005"海鸥危机"考验昆明》，《春城晚报》2005年12月27日。

此，昆明鸟类协会及时地采取了多种应对措施。

第一，捕捉了3100多只红嘴鸥取了血样和分泌物样，交由云南省亚热带动物病毒重点实验室检验，检验结果全部为阴性。为了让人们消除疑虑，放心喂鸥，鸟协理事会副会长杨明还现身说法，把自己接触海鸥时手常被抓破但并没有感染上禽流感的经历向市民宣传。第二，早在1992年1月8日，云南大学课题组便研制出人工喂鸥的专用饲料。2005年为预防禽流感，鸟协及时研制出抗病毒的鸥粮。第三，向社会和管理部门提出应正确引导社会的爱鸥热情，建立爱鸥的长效机制和组织机构，统筹协调人力财力保证海鸥不受饥饿，并进行高效务实的管理等建议和措施。第四，发动和组织市民参与爱鸥护鸥等各种形式的志愿者活动。第五，倡议并与一些企业合作，成立"爱鸥基金"，以调节和保证鸥粮的平衡和持续供给等。通过鸟协的积极宣传、正确指导和卓有成效的工作，使得人与海鸥的关系经受了严峻的考验，渡过了艰难和危机。

科学就是力量。"鸟协"的专家们总是及时且热忱地向大众提供相关的信息和服务，他们作为人鸥文化生态系统中的一个组成部分，其地位和所发挥的功能是其他角色无法取代的。

2. 艺术家

生态美学告诉我们，生态环境对于人类而言，不仅是生存的栖居地和获取资源的世界，而且是充满了"美"的意象渊薮。前文说过，海鸥的生态价值在于观赏性和象征性。从观赏性的角度看，海鸥可谓美的化身，它集形体、色彩、灵动、姿态万千、群体行为之美于一身，观赏海鸥能给人以强烈的感官享受和精神愉悦；从象征性的角度看，海鸥体现了另一种更深刻的美，那就是人鸥亲近，人鸥同乐，人鸥情深，人与自然共生、和谐的生态美。

关于人与自然相互关系的研究，迄今为止生态人类学的视野主要集中在人类的生计方面，少有从审美的角度去进行考察，然而这却是一个重要的领域。对于人类而言，愉悦抚慰精神的审美与依赖生计的物质生产都是不可或缺的，"食色，性也"这句古话，精炼地概括了人类生理的最基本需求。

而人与自然的审美对应关系的产生是有条件的："一是人与物处于一个由认知、实践关系的系统中；二是自然物的形态、属性、神韵有着似人性、悦人性；三是主体有发现自然物这种似人性、悦人性的能力。只有这三个条件具备，人跟自然的审美对应关系才可能实际地建立起来，并同步地催生自然美。"① 其实，在人与自然的审美对应关系中，人类不仅具有"发现自然物这种似人性、悦人性的能力"，而且还有塑造、升华这种似人性和悦人性的卓越才能，昆明的人鸥审美对应互动的关系，对此便有生动的表现。

如果说海鸥在生物学家的眼里是"候鸟"和科学研究的对象，那么它们在艺术家的眼里就完全不同了，艺术家眼中的海鸥乃是美的符号和艺术创作的对象。现在"海鸥生态文化"这个词频繁出现于媒体，所谓"生态文化"其重要的一个内容和形式便是艺术家们的艺术创造。文学家以诗歌、散文、小说抒发大众的爱鸥之情，文艺家用歌声和舞蹈赞美海鸥和生活，雕塑家用石材、金属等材料雕琢塑造"红嘴鸥之乡"的形象，摄影家则用相机捕捉人鸥之美。在所有表现海鸥题材的艺术形式中，摄影创作可谓洋洋大观、引领时尚。云南及全国的摄影家们所拍摄的海鸥作品难计其数，大量精品佳作把海鸥之美表现得淋漓尽致，将人鸥之情升华定格到了崇高的境界。在各方面的支持下，摄影家们不断举办展览，给春城人民奉献了一道道美轮美奂的视觉"盛宴"。如果你有幸观看如"'云南山泉'杯红嘴鸥摄影大赛"等展览，那将会感受强烈的视觉冲击和心灵的震撼，并会久久为之陶醉和惊叹。许多摄影家的海鸥作品纷纷获得国内国际大奖，其整体艺术成就堪比曾经风靡世界的云南重彩画派。作品中如表现世博园职工顾兵与"鸥王"神奇的不解之情画面，以及用镜头诉说"海鸥老人"感人至深的事迹等，已成为深嵌在春城民众脑海中不可磨灭的印象。

---

① 袁鼎生：《美海观澜——环桂林生态旅游》，广西师范大学出版社 2008 年版，第 188 页。

3. 企业家

我们说海鸥的生态价值和意义在于观赏性和象征性，其实远不止于此，它还有潜在的经济价值和意义。不过一般人是看不到此类价值和意义的，只有企业家才具有过人的敏感和超常的眼力。海鸥进城几年，企业家便从市民的爱鸥热和艺术家们的创作热等现象中发现了商机，感到了"财源"。在企业家看来，海鸥不啻为上帝慷慨赐予的难得"机遇"，是可以开发利用的"生态资源"，是一张极富魅力的"名片"和"广告"，把握利用好这个机遇和资源、这张名片和广告，无疑可以提高企业及其商品的知名度，扩大其影响，有利于其促销。

首先利用海鸥大做文章的商家是旅行社，他们大力宣传昆明人鸥亲密接触、和谐共生这道"靓丽的风景"，"隆重推出"了作为全国仅有的昆明冬季"春城观鸥"特别旅游项目。由于资源独特，创意新颖，因此颇受省内外游客的青睐。在海鸥带来的机遇面前，照相行业也不甘落后，而且新意迭出、花样翻新，诸如打出"海鸥情侣照""新婚伉俪照""海鸥毕业照""海鸥退伍纪念照""海鸥老同学怀旧照"等广告吸引人眼球。看到翠湖边观鸥人潮涌动，车市老板也坐不住了，把新车开到了翠湖边，让漂亮的车模招摇穿梭于人群，免费发放鸥粮，把喂鸥、观鸥、赏模、看车有机结合在一起，可谓别出心裁。

当然，企业家也并非完全是唯利是图之辈，他们中也不乏热心公益事业、希望报效社会的仁人贤达。例如云南大山公司便多次资助爱鸥护鸥等公益活动，而且始终关注着海鸥的动态；又如云南红酒业有限公司为举行"保护红嘴鸥"系列活动连续数年捐款，为宣传环保和解决鸥粮不足等问题做出了积极的贡献。

4. 政府

任何一种文化都不能缺少管理协调的机制和法律制度的控制。昆明的海鸥生态文化也如此，只有政府参与和其职能体现，该文化体系及其功能才得以健全和完善。

在昆明人鸥关系的建构中，政府亦表现出了高度的敏感性和能动性，这应是其社会角色和职责使然。昆明市各级政府一直把建设"生态城市""宜居城市""园林城市""文明城市"作为奋斗的目标，并为此不遗余力。例如坚持不懈地对市民进行环保宣传和教育，大力整治环境卫生和市容市貌，移栽乔木170余万株美化绿化环境，等等。尽管如此，距离期望的目标仍然遥远，与先进城市的差距依然显著。

1985年海鸥飞进城市后产生的效应说明，它有利于激发市民的环保意识，有利于提高大众的文明素质，有利于提升和丰富昆明生态文化的内涵，有利于塑造昆明旅游和城市的新形象，这正是政府求之不得的生态文明建设景愿。于是政府高度重视，因势利导，积极作为。1985年12月12日，海鸥进城仅一个月，昆明市政府便颁布了第一个保护海鸥的通告。为了使海鸥保护措施落到实处，省、市、区，政府多次划拨经费，保护事业走上了轨道。此后围绕鸥粮、保护及管理等问题，环保、公安和林业等政府部门始终积极参与协调关系、制定法规，解决困难。和市民一样，市长等领导干部也情系海鸥，在百忙中抽出时间参与喂鸥和相关的公益活动。2005年，在政府的大力倡导和支持下，通过各界人士的共同努力，昆明市获得了由中国野生动物保护协会命名的"红嘴鸥之乡"的殊荣。为纪念海鸥进城20周年，市政府又出台了一系列护鸥的举措，并举办了"中国昆明'人鸟和谐'国际论坛"等活动，向世人展示了昆明构建城市生态文明的理念和实践。

5. 媒体

一个自然生态系统，它的物质循环和能量转换启动因子是光合作用；一个文化生态系统，其相互影响相互作用的促发因子则是信息流。在昆明海鸥文化生态系统中，除了上文所说的市民、生物学家、艺术家、企业家、政府的要素之外，还有一个重要的要素，那就是媒体。该系统各个要素功能的充分发挥，以及相互影响、相互作用效应的增强，很大程度上得益于媒体信息流的促进。

1985 年 11 月 19 日，《云南日报》首次报道了海鸥进入昆明城区水域的消息，并附有该报摄影记者拍摄的第一张照片。① 从那时起，云南各种传媒对海鸥的相关报道达近万篇次。每年初秋，人们就把对海鸥的热切期盼寄托于传媒。传媒鼓励人们关爱海鸥，每年都奖励最早发现第一批来昆和进城的海鸥人士，每年都及时地公布海鸥来昆的时间和数量。在海鸥滞留昆明的数月时间，各家媒体都把围绕海鸥所发生的各种事件和故事当作重要新闻加以跟踪报道：诸如海鸥是否会因觅食困难而饥饿，社会各界将采取哪些办法提供足够的鸥粮；哪里又出现了干扰、捉拿海鸥的不文明行为，应该如何加强教育和管理；政府又制定了哪些保护法规，出台了哪些便民利鸥的措施；社会各界将举办哪些爱鸥护鸥的活动，各大专院校的志愿者们又将有什么新的环保创意；哪里又出现了爱鸥、护鸥、人鸥和谐的好人好事和感人的事迹；等等。媒体成了市民诉求的最便捷渠道，人们不仅依赖传媒获取海鸥的信息，而且还积极通过传媒热忱地表达自己的意见和愿望。各媒体除了新闻报道之外，还与社会团体和企业一道经常发起组织各种爱鸥护鸥的公益活动。在春城人鸥和谐关系的建构过程中，媒体充分发挥了桥梁、纽带的作用，深刻地影响了广大民众，有力地促进了各界良性互动，实现了自身特殊的功能和多重效益。

四　人鸥关系的升华

人类与动物的关系历史极其久远。而将动物视为同类，对其生命的价值予以充分尊重甚至虔诚崇拜的时代主要还是原始社会时代。在原始社会，人类相信动物都有自己的灵魂，据此产生出如下一些观念和行为。其一是赎罪。翻阅世界和中国的民族志，有许多这样的案例：狩猎民族常常因杀死猎物而产生不安、内疚和恐惧，于是创造出种种赎罪仪式，恭敬虔诚地乞求牺牲的灵魂给予宽恕和原谅。

---

① 记者：《昆明信息报》2005 年 12 月 2 日第 A5 版。

其二是灵魂迁移。很多民族相信，作为牺牲的动物死后，其灵魂会和死人的灵魂一起转移到它界，能够继续为人们所利用。[1] 其三是崇拜。认为某些动物是神的化身，能降祸福于人类，所以将其奉为神灵，顶礼膜拜。其四是图腾。一个民族将动植物认定为自身的标志或祖先，这个动植物就被视为该民族的图腾。动物图腾亦为动物崇拜之一种，但其与上述动物崇拜的意义并不完全一样，图腾的主要功能还在于族群认同的意义之上。[2]

和原始社会相比，当代人的动物观显然大不一样了。当代人很少再有基于灵魂观的共生、恐惧和崇拜，而多半是基于科学观的重视、自律和保护了。两种观念导致两种行为策略：前者不断地将动物神灵化、神圣化，以维护、平衡、稳定的人与动物的关系；后者则重在不断地对人进行教化，以期去除人类无知、自私、短见、贪婪、残忍、堕落的德行，从而构建人与动物和谐共生的关系。对于制衡人类的行为规范而言，神灵信仰的力量显然要远远大于教化的力量，因而即便是进行基于科学观的环境伦理道德的教化，也在努力谋求和塑造着具有崇拜和信仰意义的象征符号。在昆明关于红嘴鸥的众多的故事里，流传最广、最富传奇色彩、最令人感动、最为人难忘的故事名为"海鸥老人"。这位老人便是在大众的向往和憧憬中应运而生，作为教化意义象征的崇高典范。

海鸥老人名叫吴庆恒，是昆明化工厂的退休工人。老人自1984年退休后，每逢海鸥来昆的季节，每天都要从距城10余公里的城郊马街步行到城内翠湖喂鸥，从不间断。老人孤身一人，每月仅有308元的工资。他居住低矮狭窄的房屋，每天吃馒头、米饭、面条，捡树枝、煤炭为薪，舍不得穿好衣服，舍不得乘坐公共车，舍不得花钱看病，每月精打细算，节省攒下的钱，全都用于购买喂鸥的粮食。老人对海鸥一往情深，海鸥已成为老人的"莫逆之交"。在海

① ［英］爱德华·泰勒：《原始文化》，连树声译，广西师范大学出版社2005年版，第384页。

② 李亦园：《宗教与神化》，广西师范大学出版社2004年版，第14页。

鸥来昆的季节，常在翠湖锻炼、玩耍的人几乎天天都会看见一个老人，他腰背拘偻，面容憔悴，常穿一身陈旧的蓝色中山服，戴一顶帽檐变形的蓝布帽，挎一个装满鸥食的旧布包。一见到海鸥，老人精神便为之一振，愁苦的脸上顿时现出了慈祥的笑容，海鸥也像见到了亲人一般，立刻成群飞到老人的身边。老人于是取出鸥粮，"撮起嘴唇向鸥群呼唤，或歌唱般地喊着由其命名熟悉的海鸥名字，海鸥也像一些馋嘴的孩子，张开红嘴直朝他嚷嚷，依着他手势的起落，飞成一篇有声有色的乐章。老人有情，海鸥有义。1983年有一只海鸥在飞离昆明时，在老人头戴的布帽上连连歇落了五次，此后就再也没有来昆，使老人颇为伤感。1985年12月21日，贫病交加的老人带着对海鸥的牵挂，怀抱着海鸥的照片，孤寂地离开了人世。几位老人生前的采访者，把放大的老人遗像置于翠湖平时老人喂鸥的地方，引得海鸥围着遗像翻飞盘旋，连声鸣叫，后来竟在老人的遗像前面和后面，整整齐齐站成两行，肃立不动！"①

2005年，昆明纪念海鸥入城20周年，在众多的纪念活动中，《都市时报》报道和纪念"海鸥老人"的文章尤其令人瞩目。这位老人用生命写出的"一个震撼人心的昆明童话""一支人与自然的情歌""一段真实的人鸥悲欢史""一份永不磨灭的真情"，一时间家喻户晓，人们争相传颂，谈者无不动容。人们在老人的事迹中看到了"人鸥情"达到的极致，同时也看到了平凡、朴实、节俭、善良、无私、博爱等超乎了"人鸥情"的崇高人性之光。人们因此受到了一次深刻的教育，一次圣洁的洗礼，一次情感的升华。人们景仰老人，将其视为人类环境伦理道德的象征，视为世俗中平凡而崇高的楷模。于是有人提出，应该在老人生前喂鸥的地方为他塑造一座雕像供人瞻仰，要让人们永远记住他用自己的生命书写的那段令人刻骨铭心的故事。这个建议立即受到全社会的热烈响应，市民们建言献策，慷慨捐资，盛况空前。2006年1月18日，一尊栩栩如

---

① 邓启跃：《海鸥老人》，《都市时报》2005年1月11日特14版。

生的老人铜像，连同一座记载着海鸥和老人事迹的丰碑，矗立在了翠湖公园的中央。

讲述昆明红嘴鸥的故事，说到海鸥老人之时也许应该画上句号了。昆明人鸥关系的缘起、建构、互动和升华，连同海鸥老人的形象，作为昆明民众创造的一份珍贵的文化生态遗产，必将载入史册，并将得到进一步的继承和发扬。

结　语

迄今为止的生态人类学的研究，大多以封闭、半封闭社会和农业社会为研究对象；对动物的研究，则主要关注狩猎和畜牧。本文选择在当代都市中发生的人类与野生动物的关系为研究对象，不落传统窠臼，有一定的学术新意。另外，产生于20世纪八九十年代的环境史和环境人类学这两个新的分支学科，其述说的故事多是自然环境遭受严重破坏或污染，自然资源因盲目或过度开发而枯竭的悲剧式世事沧桑。本文所描述的昆明红嘴鸥的故事，虽然也缘发于环境破坏污染令人沮丧的背景，然而故事的发展却演变为人鸥关系的良性发展，其景象犹如乌云中的一抹彩霞，透出了光彩和绚丽，令人感动和赞叹。它生动地向人们诉说了一个道理：自然环境、人与自然的关系会因为人类的无知愚昧、狂妄贪婪而遭受破坏甚至毁灭，然而也可能因为人类良知和道德的回归、环保意识的觉醒和增强而得以恢复和重建。由此看来，生态人类学、环境人类学和生态环境史在揭露、鞭笞人类对于环境的负面愚昧和行为的同时，还应该在热情赞赏人类回归自然、重建环境和生态文明方面做出努力。

喀斯特山地的人类生态

—————一个洞穴村庄的考察

云南省文山壮族苗族自治州广南县南部山地有一个名为峰岩洞的山洞里的村庄。1992 年 10 月，这个"藏在深山人未识"的洞村第一次迎来了一批调查者，那就是我带领的由 7 名民族学学者和社会学学者组成的调查小组。自那次调查以后，峰岩洞"出名"了。事隔 5 年，我与日本京都大学的山田勇教授又去了这个魂牵梦绕的村庄，再次体验了洞村的生活。说到洞穴里的村庄，也许人们会立即想到与世隔绝的野蛮、原始的另类，其实不然。洞中丝毫看不到神秘诡奇的意象和风俗，洞里的居民每天听国内外新闻，和我们没有多少差别。那么，他们为什么至今仍然穴居洞里呢？

石旮旯

在云南东南部的文山壮族苗族自治州，有不少被当地居民称为"石旮旯"的山地。石旮旯，从名释意，可以定义为偏僻的乱石角落。在印象中，属于中低山山地、亚热带季风气候的滇东南一带，其自然条件无论如何是不会太差的。要说生境条件恶劣，我们很容易想到滇西那深陷陡峭的峡谷和滇北严寒高峻的山地。然而出乎意料，滇东南的所谓石旮旯地区，其自然条件竟也恶劣得出奇。那里看上去貌似美丽富饶，实则苍白贫瘠；貌似广袤平缓，实则狭窄崎岖；貌似易于生计，实则生存困难。它们在今天中国的经济地图上被打着"特困地区"的标记。

石旮旯是老百姓的说法，地理地质学家称其为喀斯特地貌或岩溶地貌。在地质时代，滇东南还是一片汪洋，在经受了水的漫长冲刷、侵蚀和雕塑后，才形成如今这般景观。其山脉并不巍峨苍莽，却星罗棋布，比肩接踵，容不下稍微平坦宽敞的盆地；其山势虽然说不上陡峭险峻，却里里外外全是岩石，留不住些许土壤和泉水。石山、岩石，在平原和一些地区也许是十分难得和备受重视的资源，而在这里却无处不在。举目是石，投足是石，石头占据了人们绝大部分的生存空间，成了障碍和灾害，给人们带来了巨大的不便和无尽的困扰。

这样的生态环境，假如没有人类的垦殖，任凭自然造化，那么石隙中也能生长树木，石山也会披上绿装。而如果森林茂盛，也便少不了奇花异草、飞禽走兽、清泉溪流，那么石旮旯也能造福于人类。然而遗憾的是，在我们的国土上，人类似乎无处不在，到处拥挤不堪，使得自然环境不堪重负。石旮旯也不例外，不知从何时开始，壮族、彝族、苗族、汉族等便相继来到这里，如今已是人烟稠密，村落遍布。"旮旯里的人们"是怎样生活的呢？其生活环境在多大程度上影响着、支配着他们生活的方方面面？在举国推进现代化的浪潮中，他们能否改变"特困"状况，走上富裕之路呢？

洞村景观

我们调查的对象是石旮旯中的一个岩洞村落，村名叫作峰岩洞（地图上标记为"蜂岩洞"，但村民们认为应写作"峰岩洞"）。偌大的村庄坐落在岩洞之中是天方夜谭？不，这是活生生的现实。世界上有无类似的景象？不甚了解。而在当代的中国，大概是绝无仅有的了。在云南，研究者、探奇者、观光者对西双版纳、大理等地趋之若鹜，而对于文山壮族苗族自治州却很少问津。不用说，研究喀斯特地区的民族是极有意义的，而以峰岩洞为对象无疑更具有典型性，而且令人惊异的是峰岩洞内竟全是汉族。通常认为比少数民族开化先进的汉族，居然远远不如附近的彝族和苗族，20 世纪 90 年代尚居于岩洞之中，这更使峰岩洞蒙上了一层神秘的色彩。

洞中景观

峰岩洞位于云南省文山壮族苗族自治州广南县境内，属于南屏镇（原名马街）安王办事处。从文山州城或广南县城到南屏镇，有柏油马路可通，交通便利。从南屏镇到安王办事处约 9 公里，晴天可乘吉普车或拖拉机，从安王到峰岩洞又有约 10 公里，全为崎岖乱石羊肠小道，步行约需 3 个小时。沿途景观最富特征的是深盆状圆形山坳，其底部有小面积的平坦盆地，周围是石头山坡，其间残留着收获后的苞谷秆。峰岩洞便坐落在这样一个山坳的山腰之上。从远处眺望，峰岩洞像巨大的张开的鱼嘴。洞上方有一片断壁，估计是上部山体崩塌之后才形成开敞的洞口。山坳是寂静的，洞口也呈现出一派苍凉冷寂的景象。如果不是事先知道，大概谁也想象不到那洞中会有另外一个世界。到了洞口，但见一坪宽敞的凹地，凹坑中有一处很大的石砌蓄水池。水池上方，面向洞口横列着几座大石墓，使人感到一种强烈的风水意蕴。坟墓上面有几株高大的古树，树后现出满缀着钟乳石的穹形洞顶。洞顶和倒悬的钟乳石多呈黑色，那是火烟长期作用的结果。然而此时仍然看不见村落，只是古树下石坎上露出了一角屋顶，还有在洞外水池的左前方坐落着一幢孤零零的房屋。绕过水池，这才突然听到人、马、鸡、猪的一片嘈杂之声。与此同时，一个极为壮观的景象映入了眼帘。在低陷的洞内，拥挤着一片鳞次栉比、错落有致的房屋。屋顶上堆满了金黄、紫红、玉白的苞谷，吊挂着一串串草烟、辣椒和腌肉，更有那大大小小、形形色色的囤、箩、筐、箕等，在千奇百态的钟乳石之下构成了一幅色彩斑斓、美妙无比的图画。走进偏僻的石旮旯，来到这荒凉的山坳，在一个看似完全死寂的岩洞中竟然深藏着一个拥有 56 户 287 人的庞大聚落，着实使我们感到强烈的震撼。

洞外山地景观

峰岩洞大致坐东朝西。洞内最宽处约 125 米，洞口至洞底最深处约 100 米，洞内面积大约 7500 平方米，相当于 11 亩左右。洞口海拔 1250 米，洞底海拔 1130 米，落差 120 米。岩洞分为三个部分：上洞、中洞、下洞（也叫倒洞）。上洞位于北端，地势稍高，光线黑暗，仅在靠近中洞的地方建有数幢房屋。上洞居住条件虽然较差，却是该村最早的房屋基地，随着人口的增加，才发展到中洞和下洞洞口一带。中洞石壁距离洞口最窄，大约 60 米，然而由于正对洞口，光线明亮，而且每天有短时间的阳光照射，冬季约 1 小时，夏季可达 2 个多小时，故为洞中黄金地段，房屋建筑也最多，依倾斜地势而下，密集处有 4 排房屋。从中洞向南，日照渐少，光线渐暗，房屋从 4 排减为 3 排、2 排。下洞深陷于东南角，从高程 1186 米处往下便无人居住。在下洞的顶部还有一个天洞，上天洞需攀登悬崖峭壁。据曾经上去过的人说，天洞面积如果以当地犁地方式计算时间，要犁一个上午，相当于两个篮球场那么大。

据 1992 年统计，峰岩洞共有 56 户人家，其中 3 户住于洞外，53 户住于洞内。目前洞内房屋共有 33 幢，一家单独居住的有 17 幢，两家合住的有 10 幢，三家合住的有 5 幢，还有一幢一半为家居一半是小学校舍，此外，有一户 7 口之家仅住着一间房屋。

若以建筑材料分类，洞中房屋可分为篾笆墙房和夯土墙房两类。篾笆墙房是较早的房屋，最早的篾笆墙房也叫丫丫房，即挖洞埋柱搭上横梁围以篾笆的简陋房屋。后来，梁柱结构虽然改为榫头连接，但墙壁仍以细树条或竹片编制，以灶灰拌牛粪糊抹。由于洞内较洞外温暖，这种房屋冬天也不会令人感到寒冷，夏天则比较凉爽，而且利于火烟排出屋外。夯土墙房大约出现于 70 年前，也叫墙房子。从保暖御寒方面看，墙房子当然要比篾笆房强。目前在洞内 33 幢房屋当中，17 幢是篾笆墙房，16 幢是夯土墙房或半土半篾房。

峰岩洞房屋式样别具一格，绝大部分为 3 洞 1 层式。中间为堂屋，中堂供奉着祖先、灶君等牌位，侧面大都置一木床供客人住宿，左右两间是厢房。如果是分家后的兄弟两家合住，那么各家使用一间厢房，各起炉灶，堂屋则共同使用。堂屋和厢房后面留出一定面

土地稀缺，只能在石头缝隙中栽种物作

积作为卧室。很多卧室是吊脚楼，有木梯通到楼下猪圈，猪圈亦是大小便的地方。房屋多为一层，也有二层、三层甚至四层者。除了靠近洞口的一幢房屋部分覆盖瓦片之外，其余皆无房顶。这是因为在洞内无雨水浇淋之虑。屋上以细树条和箭竹编排铺垫，既作晒场亦作仓库。粮食、腌肉、干菜、草烟、草秆、饲料、竹器、陶器或堆或晒或吊或挂，琳琅满目，应有尽有，这是利用率最高的地方。洞中还有牛圈、骡马圈、猪圈、鸡圈，或依房屋吊脚而建，或依山岩而筑，或利用天然石洞，显得十分热闹和拥挤。

峰岩洞地上有人畜，顶上还有岩燕。钟乳石的缝隙之中，是岩燕筑巢的理想场所。它们来不等春，去不等秋，每年春夏两季到此客居。岩燕来时，漫洞飞舞，叫声噪耳，燕粪如雨，人们颇感不宁。然而岩燕以蚊虫为食，可谓益鸟；而且燕巢常常从洞顶脱落，那可是绝好的滋补物品，用它煮稀饭给身体瘦弱的孩子吃，效果十分显著。当岩燕最盛之时，孩子们还常常手持木棍击打燕群，据说一个上午可猎获七八只，烹食其肉，香嫩无比。

峰岩洞内住人，究竟感受如何？经与多人交谈，认为有利也有弊。建房省钱省力是利之一，在洞外建造一幢房屋至少需要七千元人民币，多者高达二万元；而在洞内只需要二千元，节省不少。洞内冬暖夏凉是利之二。不怕暴雨，雨季不愁没有干柴烧，道路干燥，出入方便是利之三。洞内居住可以节约洞外土地是利之四。房屋集中，邻里往来方便。开门是一寨，关门是一家是利之五。当然，弊病也是显而易见的。例如，洞中日照少，通风差，阴暗冷凉，对人畜健康有一定影响。关于这一点，由于人们大部分时间在洞外劳作，所以危害不太明显，而鸡猪便不同了，它们大都在洞中关养，所以常有瘫猪跛鸡。峰岩洞人说，洞内养猪不像猪，养鸡不像鸡。洞内卫生条件较差，空气比较污浊，这与饲养牲畜有关，也与人口密度有关。据老人介绍，20世纪50年代洞中仅有12户人家，住房宽松，卫生状况也不错，现在56户人家挤在一起，人口是原来的四倍多，今非昔比。看来，岩洞的居住环境有很大缺陷，不过更主要的还是人满为患的问题。

礼教民风

说到岩洞村落，人们也许会马上联想到与世隔绝、茹毛饮血的原始部落，其实峰岩洞信息灵通，教化甚高，与原始二字风马牛不相及。

在实地调查之前，我们曾设想洞中居民也许不知山外事，然而到达洞中，见村长等人开朗精明，对答如流，显然是见多识广之辈。峰岩洞南北有南屏镇和董堡两个集市，虽然相距甚远，但人们视步行为家常便饭，每逢集日都有不少村民前往赶集。不少人还常去广南县城和文山城，甚至到过昆明和广西。而且，诸如收音机之类的现代用品洞中亦不稀罕。每当清晨，收音机播放新闻的标准国语与鸡鸣猪哼、推磨舂碓之声相互交织，在洞中杂然回荡，使人感到从未体味过的新鲜。

令人吃惊的是，峰岩洞内也和洞外一样有过阶级和阶级斗争的历史。在名副其实的"特困"岩洞中，过去居然也有 2 家地主、4 户富农。由于阶级斗争的存在，洞民们不仅与天斗、与石斗，而且还演出过不少与人斗的故事。在"文化大革命"时期，洞民们也被"触及了灵魂"。他们曾经虔诚地背诵过"红宝书"，高唱过造反歌，横扫过"四旧"。地主富农等"牛鬼蛇神"遭受冲击自不待言，洞中唯一一座小庙宇也被摧毁了，现在只留下几根断梁残柱。

峰岩洞人待人亲切，见到来客，不论认识与否都会说："来了咯？""哪天来？"生人从家门前经过便招呼："来家坐嘛！"不论长幼男女，对外来者皆依年龄称呼，年长男女称大爹、大妈，中青年男女叫叔叔、孃孃，显得十分亲切而有礼教。客人进家，主人立刻让坐，传烟倒茶；告别时一定说"吃饭嘛"或"吃了饭走"，且连说再三；客人不吃则说"一样也不得吃"，并送出门外，招呼"又来坐嘎"。待客吃饭，或杀鸡，或煮油炸肉和火腿。男人陪吃，妇女、孩子不上桌，主妇守在厨房，不时添菜加饭。客人吃完之后，妇女、孩子才能吃。吃饭先敬酒，鸡头鸡脚也敬客人。客人逗留时间稍长，则磨豆腐做豆花、煮青菜招待。留客住宿，主妇给客人倒水洗脸洗脚，洗完又抢着倒洗脚水。峰岩洞人待人接物，无疑有汉民古朴敦厚的遗风。

峰岩洞南边靠石壁有一座土地庙，虽毁于"文化大革命"，只遗断梁残柱，但每逢节日仍有香火。村民供奉祖先神灵，主要在家堂设置牌位，形式与我们通常所见的汉族村庄大致无异。和很多民族一样，该村堂屋门上也挂避邪之物。有的是一方红布外挂一个小布娃娃，有的是在门楹上置一小石猫。有病人就在门楹上贴一方咒符，或直接贴到病人的背上。峰岩洞有 4 人会看风水、算日子、画咒符。有的人在附近一带还小有名气，常受邀请外出帮人察看房基坟址，推算红白喜事的日子。

禁忌也是有的，如本村同姓不能通婚；年轻人与长者之间、叔嫂之间、表兄妹之间，甚至本村所有的人之间，都不能开玩笑；大年初一置一长凳于正门门槛上，以示妇女不得串门；在洞中不允许唱谈情说爱的山歌等。

峰岩洞人崇尚教育，其教育和文化水平超出了安王办事处其他村寨。洞中不少人能读《三国演义》、说《封神榜》、讲述《二十四史》，并且肚中装有不少曲调唱词，随口能说谜语故事。洞中文化氛围还表现在家家户户的楹联上，楹联皆出自村民之手，不仅书法漂亮，而且颇具文采，兹略举数联便可见一斑。

春到人间

喜鹊登枝盈门喜　山花烂漫大地春

年胜一年

爆竹刚唱丰收曲　春风又开富裕门

六畜兴旺

六畜兴旺牛为首　五谷丰登耕为头

牛厩柱上也贴对联：专业承包五谷丰登　政策放宽百业俱兴

峰岩洞现有一所小学，设一、二年级，同在一间教室里上课。一年级学生有10人，其中男生8人；二年级学生有19人，其中男生11人。教师只有1人，名叫周德玉，24岁，是本村唯一一位女性高中毕业生。周老师除了白天上课之外，每周还有三个晚上为村里年轻人开办夜校，是文山壮族苗族自治州的先进教育工作者。三年级以上的学生到3公里之外的白泥井上完小学，中学则到南屏镇就读。从20世纪50年代初到1992年为止，峰岩洞已培养出高中和中专生10人、大学生2人，有7人分别在白泥井小学、南屏镇中学、老街小学、麻栗坡教育局、广南民族中学从事教育工作。以上数字看起来并不起眼，然而如果想到这些人才是出自一个偏僻的贫穷的山洞，便会感到很了不起了。

寸土寸金

峰岩洞虽为举世罕见的洞窟聚落，却不乏华夏遗风。其文化、教育、经济的发展水平在安王办事处9个村寨之中，甚至在南屏镇所辖区域内，皆居于中上水平，然而按理说，洞居无论如何都是弊大于利，那么峰岩洞人为何不走出山洞建立家园呢？

在讨论这个问题之前，让我们先了解一下该村的土地状况。

据了解，在20世纪60年代以前，峰岩洞村民的土地面积比现在多得多，而且分布较广，连相距约20公里的南屏、拖董等地都有其水田。60年代初，政府进行土地调整，将该村三分之一的田地划出，分拨给安王、水淹塘、石洞、那慕、白泥井、马鞍山等村寨，使该村土地大为减少。现在水田仅剩5亩雷响田，其余皆为旱地。

目前该村的土地主要在洞前山坳，其他地方有零星分布，最远的要步行1个多小时的山路。洞前山坳大致呈椭圆形，底部盆地海拔1109米，这是全村唯一的一块平整的土地，面积接近7000平方米，合10亩左右。由于地势较低，气温比高地温暖，农作物成熟期稍短，所以叫作黄旱坪。这种小盆地在当地泛称塘子地，也叫荡子地。塘子地沉积周围山坡冲刷而下的土壤和有机质，土层深厚肥沃，加之平坦易于耕作，所以是上等好地。但是由于地势低洼，每遇暴雨，山洪汇集，常被淹没。过去的塘子周围设有防洪沟，现在土地紧张，防洪沟也种上了庄稼。幸而塘子南边10余米的石山之下有一深陷溶洞，于是人们从地边凿出一条排洪道与溶洞相通，解决了排涝的问题。塘子地按户分配，每家充其量不过0.1—0.2分地。塘子地中五步一石，十步一桩，界限分明。

在塘子地的东面、东南面和北面，从海拔1109米至1150米地段不规则地、间断地分布着一些台地，当地人叫作台子地。台子地次于塘子地，为二等地。台子地人均亦不过三分。

台子地以上部分是三等旮旯地。旮旯地大约人均1亩，然而其中大部分为石头，土壤仅存于石缝、石窝之中，无法以面积计算。故当地人的计算单位是"背"而不是亩。如村长李朝旺介绍他家好年成可收获约 80 背苞谷，每背苞谷毛重约 30 公斤，净重约 15 公斤。"背"与亩的关系，风调雨顺时，一、二等地亩产相当于十八背苞谷，而旮旯地只有四背。

20 世纪 80 年代初实行土地承包，峰岩洞不论男女，凡 14 岁以上皆享有分配土地的权利。然而如前所述，人均分配土地虽然超过 1 亩，但一、二等地所占比例极少，旮旯地又多为乱石。很显然，只依赖所分配的土地是难以维持生计的，所以人们不得不去开垦自留地。开发的对象，就是山坳高处的林地。

土地资源如此紧张，20 世纪 60 年代初期的土地调整固然是重要原因，然而人口的增长亦是加深危机的重要因素。据统计，1962 年峰岩洞人口为 134 人，1992 年便发展到 278 人，增长了一倍多。洞前山坳景观的变迁，清晰地反映了人口增长的负面效果。据村民介绍，50 年代末，农用地只限于大约 1150 米以下的地带，上面是森林。60 年代末向上开发到大约 1200 米地带。70 年代进一步向上发展。1976 年以后政策放宽，扩大了开荒的规模，于是农用地扩展到 1300 余米的高地。目前只有部分山头还存在着少量树木，大部分山体已成为不毛之地。

人类为了生存，不仅需要田地，还需要森林，从这个意义上说，峰岩洞的土地开发显然严重过头了。当然，人们也早就注意到了这一点。为了最大限度地利用现有土地，他们不放过每一条石缝、每一个石坑。只要有土壤，哪怕是巴掌大小，也要点播几粒苞谷或者栽种一塘红薯。为了改造旮旯地，他们不惜吃大苦、出大力。只要有一点空闲，便撬石头、垒地埂、筑台地，称作"捶地埂"。峰岩洞人擅捶地埂是出了名的，它甚至成了和外村进行劳务换工的一种方式。峰岩洞人尽管如此地惜土如金，然而全村仍然有近一半的人家粮食不够吃，每年平均有 10 户左右需要购买国家补助的返销粮。

说到这里，峰岩洞人为何不搬出山洞，为何不在阳光普照、空气清新、视野开阔的山坡上建造家园，其原因也就不言而喻了。民以食为天，在贫困的状态中，人们首先必须想法吃饱肚子，而后才能考虑住好房子。

搬迁出洞，关键是没有建房的地皮。而且由于本村山林中的大树早已砍光，所以到外地购买、搬运木材就需要很多资金和大量劳动力，这对于村里大部分家庭来说是难以承受的。近两年，作为先驱者，已有两位年轻人闯出山洞建造了新房。那么让我们看一看他们为此付出了多少"代价"。

李朝义，男，30 岁。父亲李和普，54 岁。弟妹共 7 人，朝义为长兄，其下有两个弟弟、4 个妹妹，两个妹妹已出嫁。朝义 1982 年结婚，按当地风俗，婚后不久便与父亲分了家。虽说分家另起炉灶，但大家仍然住在一幢房屋之中，十分拥挤不便。而且两个弟弟一旦成家，也要自立门户。而在洞里已无发展余地，于是只得硬着头皮到外面想办法。新家的地址选择在从洞口往北步行 10 余分钟的山沟里。屋基一半是自己的土地，一半是岩石。炸平岩石，清理地基，投入了 300 多个工（1 个全劳动力劳动 1 天算 1 个工）。到 20 公里之外的董堡购买木材，花了 1046 元，人抬马驮搬运木料，花了 250 个工（1 匹骡子驮运 1 天算 2 个工）。加工木料用了 40 个工。建房子用了 100 多个工，房子竖好后请了 40 桌客、（每桌 8 人）。夯墙承包给别人，付工钱 440 元，合 230 余个工。上椽子等用了 30 个工。到那慕买瓦 1360 元，运输用了 184 个工。盖瓦用了 20 个工。以上累计花了近 1 万元，1000 多个工。新房 1990 年建成，目前内部还是一个空架子。随便加以装饰，尚需要四五百元，100 多个工。

李朝伍，男，36 岁。父亲李和才，弟弟李朝实。朝伍结婚，与父、弟分了家。房屋不够住，七年前便萌生了搬出洞外居住的念头。然而所分土地连种粮吃饭都困难，更不用说建房了。经过反复考虑，最后豁出去了，决定在洞对面的峭石上开辟地基。于是请村中风水先生看过地脉，于 1990 年 2 月开了工。面对巨石，人力不堪，只有使用炸药。除了自制的炸药之外，连买带借，共用去了 45 包，雷管用了 400 多个。在坚硬的石头上打炮眼，两人一整天只能打一个，深度不过 1 米。地基完成，钢钎打坏了 6 根。盖房期间，本村乡亲和邻村亲友来帮工者无计其数。光一个地基，少说也耗费了几千个工时。朝伍是峰岩洞出名的好石匠，雕狮凿凤栩栩如生。1974 年一跨出校门便开始学习石工技术，1979 年学成外出打工，每年外出两次，每次大约两个月。十多年积攒了不少工钱。此次建房，包括购买木材、瓦等材料在内，共花了 17000 余元。不仅把自己多年的积蓄全部用光，还欠债 2000 余元。房屋虽已建好，但屋外尽是白花花的石头，没有一个堆放东西的处所。屋内则空空如也，尚未装饰。为还债不得不节衣缩食，观其饮食，每顿只有水煮白菜和南瓜。由于所欠人工、人情太多，所以往往不得不既要为人帮工，又要操劳一家的衣食。正值壮年的一条汉子，给弄得形容憔悴、疲惫不堪。

继朝义、朝伍两家之后，又有 5 家准备到洞外建房。然而对于大多数人家而言，要花费那么多的资金和劳力眼下是不敢想象的，峰岩洞人要结束洞居的历史肯定还需要相当长的时间。

水贵如油

如果说峰岩洞人太苦，那么不仅仅是因为石头压得他们喘不过气来，还因为那石旮旯就像沙漠地一样缺水。

在那片石灰岩山区，没有河流，没有湖泊，甚至见不到哪怕是一条如线的小溪和如丝的山泉。人畜生存的水源完全依赖雨水，所以人们说靠天吃饭，靠天饮水，天大由天，任天摆布。每年春夏之交，人们总是惴惴不安地观察着、期盼着，如果老天慈悲多下雨，那么就有水喝、有饭吃了；反之，便将经受可怕的灾难。为了水，人们没有忘记到那仅存几根柱梁的土地庙中去烧香祭神。自然，更主要的是人们仍然沿袭着那祖辈传下的取水方式，艰难地、顽强地与大自然进行抗争。挖井蓄积雨水是石灰岩山区聚落的一个重要的特征。由于岩溶地貌渗漏严重，故蓄水十分困难。在过去不知水泥为何物或者根本买不起洋灰的年代，挖井很受条件的限制。有无黏土分布是选择井址的首要条件，只有开凿黏土，砌石为壁，填塞石隙，捶打严密，才能防止汇集的雨水渗漏流失。峰岩洞最早的水井开凿于徐家屋基，那里有一块被村民称为"白善泥"的黏土地。据说那里早先曾有姓徐的人家住过，而现在屋基已荡然无存。井址位于岩洞北方，从洞口到水井要步行大约 20 分钟，其间要过两道山垭口，井址海拔 1290 米。徐家屋基原有 3 口水井，现存 2 口。水井井壁以石块镶砌，从井口到井中沿壁砌着约 40 厘米宽盘旋而下的石级，供汲水者挑水。水井最早于何时开凿村民中无人记得，只知道最先开凿的是较大的一口井。大井直径约 7 米，深约 6 米。据说原来只有现在的三分之一大，而且石级又陡又窄，上下十分困难，曾使 3 个挑水妇女落入井中丧命，于是在大约 40 年前对其进行了一次改造。小井和大井相距 10 余米，其直径约 5 米，深度在五六米之间。徐家屋基的两口水井，20 世纪 50 年代曾是峰岩洞人畜饮水的主要水源。现在由于人口大增，所蓄水量最多只够全村饮用两个月，村民们通常于九月、十月间到此挑水。

在徐家屋基东面海拔 1300 余米的山坡上，有一个名为"新塘子堡堡"的水井。其直径约 3 米，深 4 米，所蓄水量仅够全村饮用 10 天左右。在新塘子堡堡凿井，也是因为那里有白善泥的缘故。从洞口到此井，步行需要 25 分钟，比徐家屋基远，坡度也更大。

为了缓解由于人口增长造成的饮水不足的困难，1958 年又修筑水井湾水池。水井湾位于村子的东北面，比徐家屋基和新塘子堡堡更远，步行需要 30 分钟左右。选择水井湾筑池，是因为那里有一块较平坦的天然大石板。石板呈倾斜状，一边高一边低，低处原先便常有积水。在低的一边修筑水泥石墙，在高的一边以炸药炸深数尺，便形成一个大水池。水池周长约 126 米，最深处 2.8 米，所蓄水量够吃 3—5 个月。每年 10 月以后，徐家屋基和新塘子堡堡的水井枯竭了，人们便到水井湾挑水。修筑水井湾水池时，附近几个村庄都来协作劳动，峰岩洞人则以捶地埂的形式分别换工。水井湾蓄水后，附近数里之外的白泥井和那慕人饮水困难时也到此挑水。

从上文可知，即使在雨水充沛的年份，洞外 3 处水井也只够从 9 月到翌年 3 月间大约半年的用水量。那么，以后的饮水问题怎么解决呢？一部分可以依赖洞中的岩石滴水。

初到峰岩洞，一种特别的景象很引人注目：不少房屋上或直或斜伸出一根根长长的竹竿，竿头附着大大的漏斗，一个个指向洞顶的钟乳石。那样既可防止岩石滴水落到房屋上，又可增加水源。滴水沿漏斗和打通了节子的竹竿直接流到家里的水缸之中，成了"自来水"。这种取水方法，可谓峰岩洞一绝。

不仅如此，洞中还有数十口水井。现在倒洞中有 2 口，其余分布于上洞。分布最为密集的地方是上洞东北角。那里黑暗潮湿，挑水必须打火把照明，稍有不慎，很容易失足落入井中。洞中水井属于私人所有，各家自行管理，有的水井还封盖上锁，互相不得取用。洞中水井因地制宜，形状五花八门，有深有浅，有方有圆，有锅状、桶状、罐状。容量小的可蓄水四个立方，大者可蓄水二十个立方。每年当雨季来临之前，必须修整水井。洞中土质为含硝的黏土，这种土挖凿容易，但需要特别地加工。修整前先要以水浇湿井壁，然后以木槌尖头细细地敲琢一遍，再用木槌平头敲击，最后用拍板拍打使之平滑即可。水槽和漏斗每年也需要修理，为了把岩石滴水引渡到井中，井区架满了纵横交错的竹槽，设置着大大小小的漏斗，有的渡槽长达四五十米。岩石滴水冰凉清澈，为石旮旯中难得的优质饮水。用其煮饭烧汤味道甜美，用其煮水沏茶则清爽香醇。这种水挑入家中水缸，数十日水质不变，而如果是洞外井水，则数日之后必生虫发臭。正因为如此，所以人们不轻易取用洞口井水，只是在洞外公共水井干涸之后，才转而取用。当然，如有贵宾到来，也会取一点供客人品尝，以表敬意和好客之情。

在利用自然环境凿井取水方面，峰岩洞人表现出非凡的智慧。然而由于客观条件的限制，峰岩洞人并没摆脱缺水的困境，多年以来，他们一直经受着缺水的困扰和折磨。

峰岩洞人饮水艰难，首先难在远距离挑水上。徐家屋基、新塘子堡堡和水井湾，距离村寨都比较远，来回一趟需要 50 分钟到一个小时。如果一家人一天用 3 挑水，几乎就占去了一个劳动力一个上午的时间。然而情况还远远不止如此，每年从三月到雨季来临，缺水时间长达近三个月。在此期间，只得到相距 15 公里外的龙树或者董堡乡的猫鼻梁去挑水或驮水。鸡叫头遍便摸黑出发，来回几十里山路，中午时分才能把水运到家。光这一趟水，就把人累得够呛，更何况农活也不敢懈怠，一天的劳动量便可想而知了。挑水太苦，只有尽量节约，骡马不敢在家喂水，赶到龙树、猫鼻梁去喂，洗脸水留着洗脚，洗脚水再用于煮猪食；冷饭不敢天天蒸，要隔两天才蒸一次，就为节约那么一点水，真可谓水贵如油！如果遇上干旱的年头，缺水时间就会长达六个月。说到那种情况，峰岩洞人不寒而栗，简直到了"谈水色变"的地步。

改善饮水条件是峰岩洞人梦寐以求的愿望，近年来，不少人家陆陆续续在洞外自己的土地上修筑水池，以备水荒，同时用于洗衣和灌溉。目前，这类私人水池已达 30 个。而为了彻底改变水资源不足的状况，经过长期商议策划，在政府的支持下，该村终于在洞口前面的凹地里修建了一座大水池。这项工程由村民集资 8000 余元，国家无偿提供 40 吨水泥、150 公斤炸药和 8 根铁链，总体设计由村长李朝旺和李朝义完成，其主体工程是一个长 28 米、宽 14.8 米、深 3 米，容水量为 1060 立方米的水池，附属设施有水池四周高约 1 米的防护过滤石墙和墙外西北面的水泥接水坡以及延伸自东北方向的全长 232 米的引水沟。此项工程于 1990 年 9 月初开工，1991 年 6 月完成了主体工程，1992 年 5 月基本完工，全部工程使用了 18000 多个工。为了保证饮水卫生，村里制定了几条规章制度和管理方法，例如不准孩子往池里丢石头，不准在池子周围放家畜，不准在池边洗任何东西。指定两人专门进行管理，其职责包括下雨之前打扫引水沟和接水坡，并经常清理池中沉积的泥沙。每年每个村民付给两个管理人员各 500 克粮食作为报酬。

这座水池于 1991 年夏季开始蓄水。从 1992 年的使用情况看，其蓄水量大致可供全村使用 11 个月。而且由于水池建在洞口，所以大大节约了挑水时间和劳动量。现在挑一担水只需要 10 分钟左右，人们终于可以睡几天安稳觉了。

然而，水源基本能够满足是一个问题，水质如何又是一个问题。由于水池蓄积的是沿山坡冲刷而下的雨水，水池周围又不能有效地禁止猪鸡活动，偌大一座水池露天无盖，加之地势低凹，其水质如何便可想而知了。自然，为水苦够了的峰岩洞人面对一池子黄泥巴水，已经感到从来没有过的轻松、欣慰和幸福。而在我们看来，如何加强管理，搞好周围的卫生，提高水的清洁度，还是一个有待努力解决的问题。

山穷柴尽

据了解本村历史的老人说，当他们的祖先于 100 多年前追逐马鹿来到此地时，到处都是茂密的森林。峰岩洞前长满了大树，碗口粗细的巨藤盘缠垂悬于洞口，把峰岩洞遮蔽得严严实实。为了便于进出和多一些明亮，人们不得不花大力气砍伐、焚烧、清除洞前的藤木。自那以后近百年的时间，峰岩洞的生态环境内没有发生多少变化。直到 20 世纪 50 年代初，除了那山坳里的盆地黄早坪及其边缘外，石旮旯里仍然是青山茂林。有森林就有野兽，豺狼闯入洞中危害牲畜的事件屡屡发生。然而从那时到现在不过短短 40 余年，生态环境竟然变化得面目全非，森林几乎消失殆尽了。

峰岩洞生态环境恶化的原因固然有普遍存在的人口增长因素，而这里持续了近 20 年的熬硝业，肯定是造成生态悲剧的主要原因。20 世纪 50 年代初，峰岩洞人刚刚迎来解放，人们便被告知国家收购土硝，而且领导对大家说，中国的土硝资源只有云南有，而云南的资源在文山，文山在广南，广南在马街（现南屏镇），马街就在峰岩洞。峰岩洞确实蕴藏着比较丰富的硝土资源。原先人们只知道硝土具有黏性，可以用其捶水井、冲房墙；硝土又具有肥力，可作为肥料施地，尤其是与厕肥混合使用效果更佳。不料硝土还是可供国家利用的制造炸药的原料，国家不仅热情鼓励生产，还负责包干收购，于是峰岩洞人从此干起了大挖、大熬土硝的行当。

挖硝伊始，不仅本村人积极，周围二十公里的村庄也一度争相到此挖运，把个峰岩洞搞得热闹非凡。人们先是挖掘地面的硝土，地面挖完了，便打洞往深处掏，地下掏空了，于是想到了天洞。天洞在下洞之上四十米高的地方，两侧是悬崖峭壁，无路可上。峰岩洞人自到此安家落户以来，就没有人敢想过要上天洞。然而在大挖硝土的年代，却创造了攀登天洞的奇迹。被迫接受并完成了这一任务的是洞中的地富分子和他们的子女，也不知道那些人是怎样冒着粉身碎骨的危险，把一束束竹木捆绑固定到绝壁之上，以此作为上下的依托。如果不是亲眼看到那架设于峭壁石缝中的竹木，大概谁也不会相信那曾经发生过的荒唐的历史。

硝土采掘之后，需要熬煮方成土硝。熬硝之法大致如下：在靠近水井的地方，挖掘一个直径为 1.3—1.4 米的土穴，以水泥糊其内壁，在壁底埋设一根管道。将烧好的草木灰和捣细筛过的硝土灰放入穴中混合，加水搅拌均匀，使之从管道流出，然后置入大铁锅中熬煮。熬制土硝，其原料的配合是有一定的比例的。以穴为单位，一穴配料，需要 17—18 挑水（1 挑约 50 公斤），8—10 背硝土（1 背约 50 公斤），7—8 背优质草木灰（1 背约 15—20 公斤），或者 16—17 背劣质草木灰。上一节曾经介绍过，峰岩洞的水资源是十分短缺的，而熬硝却特别费水，一穴需要 18 挑，相当于 1 吨水。可以想象，如果在缺水季节到十几公里外的龙树和猫鼻梁去挑运 1 吨水，那要付出多少汗水。但耗费最大的资源却不是水，而是草和树。熬硝所需优质草木灰系以荞秆、蕨叶、蒿枝等烧成，烧制一背灰需要原料 600—700 公斤，一穴需要优质灰八背，就要烧掉荞秆、蕨叶、蒿枝 4200—5600 公斤。如果是劣质灰，就要原料 10000 多公斤。一穴硝灰水熬制时间长达 24 小时，又需要烧柴 12—13 捆，一捆约 50

公斤，相当于 600 多公斤。一穴硝灰水熬成后可得 15—40 公斤硝，1 公斤硝售价原先为 0.6—0.8 元，后来提高到 1.2—1.4 元。也就是说，熬一穴硝灰水仅实现价值 9—56 元，而其所耗费的资源有 900 公斤水，400 公斤硝土，5000—11000 公斤草、叶和树木，这是何等惊人的数字！为了几十元钱，竟然不惜大量消耗尚不能满足人畜饮用的井水，不惜冒着生命危险去挖掘硝土，不惜大规模地毁坏人们赖以生存的生态环境！而且不是一年、两年，而是从 1957 年一直到 1975 年，后来据说硝土挖尽了、草木烧光了、国家也不收购了，这场残酷的浩劫才不得不收场。

历史的闹剧好容易降下了帷幕，然而大自然的报复却越来越严酷无情。苦难的峰岩洞人虽然为饮水松了一口气，但丝毫也舒展不开愁眉苦脸。要吃饭，有米有水还要有柴，而眼下却陷入了"无柴之炊"的困境。20 世纪 80 年代初各家分得的自留山，已面临砍光的危险。找柴又蹈入挑水的覆辙，越找越远了。每年当农作物秆茎烧光了，树根树叶也找不到了，便到树多的村庄去找熟人、朋友乞讨。讨几背可以，讨一次两次也可以，讨得多了，也就难以启齿了。在无可奈何的情况下，有的人家又想出新招，让孩子到外村拜干爹。传统的拜干爹的习俗本与烧柴问题怎么也联系不到一起，但目前却不失为一条途径，一个孩子拜干爹可多达 4 人，向孩子干爹讨柴烧毕竟容易通融一些。显然，峰岩洞的燃料问题已经发展到十分严重的地步，它比饮水问题更不容易解决，因为石旮旯再缺水，老天爷毕竟还年年下雨，植被被毁灭却不可能在短期内迅速复苏，靠乞讨和拜干爹亦不过是权宜之计。"火烧眉毛顾眼时"，这是峰岩洞人无可奈何的口头禅。然而俗话说"人无远虑，必有近忧"，时下峰岩洞人不得不为"眼时"而忧愁了。

生计方式

在特殊的生态环境之中，峰岩洞人依靠什么样的生计生活？这无疑是十分重要和饶有兴味的问题。当初一脚踏进峰岩洞,视野所见是那铺晒于屋顶上的黄灿灿的苞谷,充耳所闻的是那牛马鸡猪此起彼伏的喧嚣声,我们立即便强烈地感到了峰岩洞的生计特征。这是一个典型的传统农业聚落。

农业是生计的主要形式。峰岩洞的栽培作物有作为主粮的苞谷、红薯,有杂粮荞、小麦,有蔬菜南瓜、山药、蚕豆、豌豆、白菜、窝鸡菜、西红柿、辣椒、茄子、四季豆、小豆、粟米菜、姜等,还有烟叶,麻和甘蔗以及芭蕉芋等。

一年的农事由冬季犁板地开始。冬季把土犁松可保水分,同时达到压草的目的。正月挖地、除草、挑肥、晒肥、施肥,接着种草烟、麻和山药至3月,3月收获小麦、蚕豆、豌豆,收后挖地除草,播种苞谷,栽种或间种四季豆、小豆、南瓜、辣椒、茄子、白菜、窝鸡菜、粟米菜等。此后便薅草、间苗,苞谷中耕除草三次。4—5月种红薯,可单独种,亦可在玉米地中套种。6—8月割2次麻,7—9月收2次烟叶。8月初至8月底是收获苞谷和南瓜的农忙季节。收后接着芟草,待秋雨来临便犁地、挖地、播种小春作物。10月至冬月挖红薯、种甘蔗,其间稍有空闲便捶地埂筑台地。

饲养业在生计中也占有重要地位。峰岩洞虽然空间有限,但饲养牲畜密度极大,房屋旁、吊脚楼下、石窟中到处是牛、马、猪、鸡的圈栏。该村多数人家饲养黄牛,每家1—2头;三分之二的人家饲养骡子,每家1—2匹;猪鸡家家饲养,每家养猪少者五六头,多者十余头,每家养鸡一般也在10—20只之间。骡子是重要的运输工具,居住山区交通不便,没有骡子驮运重物很不方便。养骡子又是赚钱的手段,买1头小骡子花1000元左右,饲养两三年后便可使役,用上几年将其出售,可得1500元上下。不断买入卖出,也不失为一条有利可图的途径。养牛用于犁地,牛老后亦可出售。猪在饮食生活中具有特殊的意义,通常每家每年都要杀1—3头年猪,炼猪油、腌火腿,加工油炸肉,贮存起来供1年食用。如有建房婚嫁丧葬等红白喜事,更要杀猪待客。猪又是峰岩洞的主要商品,每年每

297

家出售生猪少者一头，多者六头，也算是重要财源。

一方水土养一方人，峰岩洞石多石匠也多。其实峰岩洞干石匠的历史并不算长，那是在土硝熬光之后才改换门庭找到的生财之道。凭着他们的勤劳和刻苦钻研精神，很快在峰岩洞普及了石匠技术，目前石匠已发展到30余人，技术娴熟者约20人。他们不仅会打一般的石料，而且能够打碑刻字，雕龙凿凤，在附近各村庄已经很有名气了。掌握了石工技术，峰岩洞人终于走出了石旮旯去闯荡世界了，先是到较近的广南、文山、富宁、砚山、丘北一带打工，后来越走越远，马关、墨江、曲靖等地也留下了他们的足迹。打工者往往于8—9月苞谷收运完毕外出，时间一般两个月，劳力多的人家一年可外出三次。虽说在外找活计不容易，收入也不固定，但似乎好运居多。石匠收入无疑给峰岩洞多数家庭注入了经济活力，不少人家粮食不够吃，依赖外出打工挣钱购买，前述李朝义、李朝伍两家之所以能够实现搬出岩洞建造新房的愿望，也是靠此攒下的钱财。

由农业、饲养业和石匠副业三个方面构成的峰岩洞的生计，与其他地区的农村相比似乎并无太大的区别和十分特殊的地方，然而峰岩洞人的劳动时间之长和劳动量之大却给我们留下了深刻的印象。在没到峰岩洞之前，曾不止一次听人们介绍说峰岩洞人太苦了，每天天不亮出洞干活，晚上很晚才打着火把回家，此话果真不假。我们在峰岩洞期间正值农闲，村民们（尤其是妇女）通常鸡叫两遍就起床，常常忙到半夜12点才入睡。农闲尚且如此，农忙就更不用说了。在交谈中每提及他们太辛苦，他们便答道：不是想苦，而是不得不苦。那么，峰岩洞人为什么特别劳苦呢？

通过对峰岩洞目前生计劳动的观察和分析，我们注意到其生计中的养猪业具有很大的生态负面效果。我们完全可以说，目前峰岩洞的养猪业是导致人们过劳、过耗和加剧生境恶化的最重要的原因。现在让我们以李和龙家为例来说明这个问题。

李和龙家1992年饲养着6头猪，不计苞谷、红薯、糠等精饲料，单算青饲料，6头猪每天要吃一背，重量为40—50公斤，那么一年总计需要青饲料14600—18250公斤。煮饲料两天就要烧去40—45公斤的一背柴，一年总计要烧6000—7000公斤的柴。再看劳动量。从3月到9月，采枸叶作青饲料，每天采一背来回需要五个小时；10月之后喂红薯藤，割一背来回要两个小时。切、煮、喂饲料，一天要花费三个小时。饲养6头猪平均每天要劳动约七个小时，一年劳动量高达2555个小时。李和龙家的孩子在外工作和读书，家中只有他和妻子雷仕莲。李常常外出帮人看风水看日子，其妻雷氏每天除了操劳养猪的各种活计之外，还要挑水、做饭、喂牛、喂鸡、磨苞谷、干农活，不起早贪黑自然不行。其他人家也如此，我们每天都可以看到，从四五岁的孩子到六七十岁的老人都在为养猪而忙碌。但养猪的收益却并不理想。李和龙1992年所养6头猪出售了5头，收入为1600余元，按此计算，6头猪价值不过1920元。1920元人民币与18750公斤青饲料（还不含精饲料）、7000公斤柴、2555小时的劳动量相比，这是一个什么样的比值，是名副其实的捡了芝麻丢了西瓜！让我们再进一步计算一下，如果以56户人家计，全村一年消耗的青饲料至少需要100万公斤以上，要烧掉大约40万公斤柴！如此看来，峰岩洞所谓粮食不够，土地不足，争相开荒，过垦过伐确与养猪过多有关！再这样下去，峰岩洞人就算抹下脸皮求朋友、拜干爹，或者下狠心竭泽而渔、杀鸡取卵，把仅仅残存于山头的一点点树林全部砍掉，斩草除根，顾不得子孙后代的死活，恐怕也维持不了几年了。

当然，峰岩洞人并不是丝毫不懂得其生计模式中的某些成分所带来的负面的、消极的经济生态效果。他们的所谓"火烧眉毛顾眼时"的行为方式，往往也是不自觉的或者说是无可奈何的。陷于泥沼而不能自拔，越穷越苦，越苦越穷，越穷生态环境越遭破坏，生态环境越遭破坏人越穷，这种越陷越深、不折不扣的恶性循环，就是峰岩洞以及同类地区贫困的根源。

饮食加工

峰岩洞十分贫苦，在饮食方面自然比较简单粗糙。然而在苞谷食物的加工方面，却极尽利用之能事。时下人们喜欢套用"文化"一词，譬如什么"茶文化""酒文化"，甚至"烟文化"等，照此演绎，把峰岩洞的食物加工誉为"苞谷文化"，恐怕也不至于太冤枉"文化"的雅意。

峰岩洞人吃苞谷，没有大米，麦面也少见。苞谷有糯、饭之分，糯苞谷有黄、白两种，饭苞谷有黄、白、红、花四种。白苞谷产量最高，且质软香甜；黄苞谷产量次之，质硬而经饱；红、花苞谷为老品种，产量较低。

苞谷主要加工做饭食用。经常吃的是饭苞谷，糯苞谷黏性大，只是偶尔食用。做法是先将干苞谷粒用大磨磨细，用筛子筛去麸皮，置于簸箕之中加水揉拌，加水只能到捏时成团放开即散的程度，如果加水过多，则蒸后会呈粗团。揉好后蒸一道，至半熟时，又倒入簸箕扒散，再加水搅拌，加到团粒消失为止。继而再蒸，直到熟透。

做苞谷饵块。先把干苞谷粒在水中泡 10 分钟，捞出用大磨磨细。放入石缸中泡 6 天，为防止发臭必须天天换水。再用小磨磨成浆状，置入纱布袋中吊起滤水，半干状态放到灶灰上，让灰进一步吸干其水分。干燥后筛一道，去掉渣和皮，将细粉放入甑子中蒸透，然后以脚碓舂，或在石臼中舂打。打至黏状，取出揉成块形，稍干燥即切片晒干贮存。苞谷饵块可煮吃，亦可用油炸了做菜吃。其状、色、味与大米所做饵块几乎没有区别。

做苞谷粑粑。做法开始与做饵块相同。磨成浆后，置入木盆中，摆 1—5 天，可放少许酒药。发酵后吊浆，把浆舀到木甑中蒸熟即成粑粑。若是糯苞谷，也可以其浆放入油锅中炸，这种食品叫汤粑。汤粑甜且黏，其味不在糯米食品之下。

做苞谷酸粑。先用大磨把苞谷粒磨细，再用小磨加水磨成浆，或先泡2—3天后直接用小磨磨浆。以木盆盛浆，摆一天使其稍微发酵，便可舀入甑子中蒸。其味甜中带酸。

做苞谷豆腐。以大磨磨细苞谷粒，在苞谷面中加石灰，一碗面加一小撮。再以小磨磨浆，放入锅中煮至糊状，然后舀入簸箕中，冷却后即成。

做苞谷麻汤。把苞谷粒泡入水中，待其出芽并长到十余厘米时，摘其芽在碓中舂细，滤出芽汁。把苞谷面放入锅中加水煮，注入芽汁。成稀糊状后取出过滤，渣可喂猪，汁即为麻汤，其味香甜可口。

苞谷熬糖。苞谷泡1天后，放入簸箕中滤水并覆盖青苞谷叶或树叶。过6天左右，出芽长约5厘米时，以碓舂细，使之与苞谷面或浆混合于锅中煮熬。中途取出过滤一次，滤后继续煮熬。到浓稠的程度，取出冷却后即成糖。

苞谷秆榨糖。以铡刀铡细苞谷秆，用碓舂，取其汁煮熬，或以木制的榨糖机榨汁煮熬。

苞谷酿酒。苞谷泡1天，煮12个小时，放入箩中加酒药，一般50公斤苞谷加400—500克酒药，热天可稍减。捂24小时后，又装入大坛子中约15天，使其充分发酵。最后蒸馏，通常要大半天的时间，一般50公斤苞谷可酿造20公斤酒。

峰岩洞除了苞谷食品颇具特点之外，猪肉和草烟的加工也值得一提。

峰岩洞常见的猪肉加工有两种方法，一是做油炸肉，二是腌火腿。做油炸肉，先烧，把生肉皮烧焦黄，加盐腌四天，滴干水。切成三厘米宽、十余厘米长的块状，放入油锅中炸，炸到肉漂起来为止，连肉带油装入坛子中。只要油盖过炸肉，便可保长时间不发霉。做火腿比较简单，只需加盐腌五天，便可吊到屋顶上干燥保存。

峰岩洞吸烟者一人一个月大约消费1公斤烟叶，每年一人吸烟者需栽200棵草烟。草烟味道特别辣，据说吸这种烟肚子不会痛，不会发痧，蚊虫不叮，连蛇都避而远之，但吸烟者多有气管炎。烟叶7—9月收割，收后捂三天，然后裹、捆一天一夜，再解开晒干。

如此反复晒五次，每次相应延长裹、捆的时间。做成之后，为保持干燥，或置于灶台棚架上，或吊挂到屋顶之上。

至于红薯、山药、魔芋等的加工和吃法，则和内地汉族大致相同。

结束语

以上记录了峰岩洞各方面的情况。峰岩洞人之所以洞居穴处，之所以劳苦贫困，原因显而易见，那就是生态环境特别恶劣、生存资源特别匮乏。然而，数百年前，峰岩洞人的祖先们不远万里、辗转迁徙，最后何以会选中此地而栖居呢？同样的生态环境，为什么昔日森林蔽日、流水潺潺、生机盎然，而今日却山荒岭秃、乱石遍野、满目荒凉了呢？这确实值得人们深思！"大跃进"等运动乱砍滥伐，炼硝土等闹剧乱挖乱烧，致使森林毁灭、资源枯竭，酿成了触目惊心的生态恶果。而越是"山穷水尽"，人们则越是"火烧眉毛顾眼时"，恶性循环，陷入了不能自拔的泥沼。自然，"天无绝人之路"。食尽苦果，痛定思痛之后，人们会反思自省，会重新认识大地母亲。在具备了这样的生态意识和觉悟的基础上，峰岩洞人、所有外来的移民，包括相关的政府干部和官员们，是否应该虚心地向长期生活于当地的壮族、彝族、苗族学习？学习他们适应喀斯特山地环境的某些观念和知识，学习他们持续生存的某些技术和智慧。例如，相对于周围少数民族对自然取之有度、对人生知足常乐的活法，峰岩洞人拼命种地、拼命养猪的生活方式固然是"勤劳"的传统，然而从能量的投入产出关系来看，从经济和生态效益的得失来看，却显得多少有些愚蠢和十分得不偿失。而且，在交通信息逐渐发达、市场经济迅速发展的今天，如果仍然只安于在石旮旯中盘石种地，在峰岩洞中坐洞观天，而不能走出大山、走进市场，那么无论生活还是生态都是难以改善的。总而言之，人口增长了，生态恶化了，小环境和大环境都改变了。喀斯特山地的人们不能再固守陈旧的生计方式和思想观念，必须重新审视环境与自我，与时俱进，努力改变观念，重建并开发新的生计方式。只有这样，才能结束洞居穴处的历史，石旮旯才会逐渐繁荣兴旺。

补记：从第一次去峰岩洞调查至今，转眼已是 10 年。10 年沧桑，换了人间。据 2002 年 1 月 26 日《春城晚报》报道，新年伊始，在当地政府的扶持下，峰岩洞村已经迁出洞外，村民全部住上了蓝天下的新房。这无疑是十分令人欣喜的好消息，我们为千里之外的峰岩洞人感到无比的高兴！报上还说，洞村景观要保留下去，以供人们参观。是的，我们应该记住历史，记住人类的生态史，只有这样，我们才能保持谨慎和理智，在自然母亲的哺育下，建设美好的家园。

后　记

　　云南大学民族学是教育部遴选的榜上有名的"双一流"学科，这是云南大学的荣耀。选编此文集意在为云大民族学"双一流"学科添砖加瓦，虽然大多是旧作，然而选编亦颇费事：收集文章，按专题挑选，逐一审读，增减修改，花了不少时间。尽管如此，第一次选编的文稿还是存在不少问题，幸蒙本书责任编辑和主编不厌其烦，反复审阅，文集始得定稿。值此付梓之际，谨向中国社会科学出版社和云南大学民族学与社会学学院表示衷心感谢！

尹绍亭

2020 年 12 月